工业帮自动化系列教材

从零学 PLC 与变频器

（彩图版）

杨锐　主编

武汉工邺帮教育科技有限公司　组编

华中科技大学出版社

中国·武汉

内 容 简 介

　　本书系统介绍了 PLC 的工作原理、编程方法、与各种设备的通信方式，以及变频器的功能、参数设置和调速原理，主要内容包括 S7-200 SMART PLC 硬件组成与编程基础，STEP 7-Micro/WIN SMART 编程软件快速应用，PLC 的数据类型、数据存储区与地址格式，S7-200 SMART PLC 基本指令等。

　　本书提供了丰富的实例和清晰的步骤讲解，内容丰富、通俗易懂，既适合初学者从零开始学习，也可作为相关技术人员的参考用书。

图书在版编目（CIP）数据

从零学 PLC 与变频器：彩图版 / 杨锐主编；武汉工邺帮教育科技有限公司组编 . -- 武汉：华中科技大学出版社，2025. 1. --（工业帮自动化系列教材）. -- ISBN 978-7-5772-0691-2

Ⅰ. TM571.6；TN773

中国国家版本馆 CIP 数据核字第 2024950P3J 号

从零学 PLC 与变频器（彩图版）　　　　　　　　　　　　　　　　　　　　　　杨　锐　主编

Cong Ling Xue PLC yu Bianpinqi（Caitu Ban）　　　　　　　　　　武汉工邺帮教育科技有限公司　组编

策划编辑：张少奇

责任编辑：杜筱娜

封面设计：原色设计

责任监印：朱　玢

出版发行：华中科技大学出版社（中国·武汉）　　　电话：（027）81321913
　　　　　武汉市东湖新技术开发区华工科技园　　　邮编：430223

录　　排：武汉工邺帮教育科技有限公司

印　　刷：武汉美升印务有限公司

开　　本：787mm×1092mm　1/16

印　　张：14.5

字　　数：341 千字

版　　次：2025 年 1 月第 1 版第 1 次印刷

定　　价：78.00 元

本书若有印装质量问题，请向出版社营销中心调换

全国免费服务热线：400-6679-118 竭诚为您服务

前　言

在工业自动化的浪潮中，西门子 PLC（可编程逻辑控制器）与变频器的应用日益广泛。无论是提升生产效率、实现精准控制，还是优化能源管理，它们都发挥着至关重要的作用。

本书介绍了 PLC 的工作原理、编程方法以及与各种设备的通信方式，同时，对于变频器的功能、参数设置和调速原理也有深入的讲解。本书通过丰富的实例和详细的讲解，能够让读者学会运用西门子 PLC 和变频器来解决实际的工业控制问题。本书既适合初学者从零开始学习，也可作为相关技术人员的参考用书。

本书共分 13 章，各章内容简介如下：

第 1 章介绍了西门子 S7-200 SMART PLC 的硬件组成、外部结构和硬件接线；第 2 章介绍了 STEP 7-Micro/WIN SMART 编程软件的应用；第 3 章介绍了 PLC 的数据类型、数据存储区与地址格式；第 4 章介绍了 S7-200 SMART PLC 的基本指令；第 5 章介绍了 S7-200 SMART PLC 的功能指令；第 6 章介绍了西门子 V20 变频器的外形与结构、端子功能与接线、操作面板的使用；第 7 章介绍了西门子 V20 变频器的常用参数设置，以及端子控制、模拟量控制、通信控制；第 8 章介绍了台达 VFD-EL 变频器的外形与结构、端子功能与接线、操作面板的使用；第 9 章介绍了台达 VFD-EL 变频器的常用参数设置，以及端子控制、模拟量控制、通信控制；第 10 章介绍了英威腾 GD20 变频器的外形与结构、端子功能与接线、操作面板的使用；第 11 章介绍了英威腾 GD20 变频器的常用参数设置，以及端子控制、模拟量控制、通信控制；第 12 章介绍了三菱 FR-D700 变频器的外形与结构、端子功能与接线、操作面板的使用；第 13 章介绍了三菱 FR-D700 变频器的常用参数设置，以及端子控制、模拟量控制、通信控制。

由于编者水平有限，书中难免有不足之处，敬请广大读者批评指正。

编　者
2024 年 6 月

目　录

第 1 章
S7-200 SMART PLC
硬件组成与编程基础

1.1 S7-200 SMART PLC 概述与控制系统硬件组成

1.1.1 S7-200 SMART PLC 概述

西门子 S7-200 SMART PLC 是在 S7-200 PLC 基础上发展起来的全新的自动化控制产品，该产品的以下特点使其成为经济型自动化市场的理想选择。

（1）机型丰富，选择更多。

该产品可以提供不同类型的 I/O 点数丰富的 CPU 模块。产品配置灵活，在满足不同需要的同时，又可以最大限度地控制成本，是小型自动化系统的理想选择。

（2）选件扩展，配置灵活。

S7-200 SMART PLC 新颖的信号板设计使其在不额外占用控制柜空间的前提下，可实现通信端口、数字量通道、模拟量通道的扩展，配置更加灵活。

（3）以太互动，便捷经济。

CPU 模块本身集成了以太网接口，用 1 根以太网线，便可以实现程序的下载和监控，省去了购买专用编程电缆的费用，经济便捷；同时，强大的以太网功能，可以实现与其他 CPU 模块、触摸屏和计算机的通信和组网。

（4）软件友好，编程高效。

STEP 7-Micro/WIN SMART 编程软件融入了新颖的带状菜单和移动式窗口设计，先进的程序结构和强大的向导功能使其编程效率更高。

（5）运动控制功能强大。

S7-200 SMART PLC 的 CPU 模块本体最多集成 3 路高速脉冲输出，支持 PWM/PTO 输出方式以及多种运动模式。配以方便易用的向导设置功能，能够快速实现设备调速和定位。

（6）完美整合，无缝集成。

S7-200 SMART PLC、SMART Line 系列触摸屏和 SINAMICS V20 变频器完美整合，可以满足用户人机互动、控制和驱动的全方位需求。

1.1.2 S7-200 SMART PLC 硬件系统组成

S7-200 SMART PLC 控制系统硬件由 CPU 模块、数字量扩展模块、信号板、模拟量模块、相关设备组成。S7-200 SMART PLC 的 CPU 模块、信号板及数字量扩展模块如图 1-1 所示。

图 1-1　S7-200 SMART PLC 的 CPU 模块、信号板及数字量扩展模块

（1）CPU 模块。

CPU 模块又称基本模块和主机，它由 CPU 单元、存储器单元、输入输出接口单元以及电源组成。CPU 模块（这里说的 CPU 模块指的是 S7-200 SMART PLC 基本模块的型号，绝不是中央微处理器 CPU 的型号）是一个完整的控制系统，它可以单独地完成一定的控制任务，主要功能是采集输入信号、执行程序、发出输出信号和驱动外部负载。CPU 模块有经济型和标准型两种。经济型 CPU 模块有 2 种，分别为 CPU CR40 和 CPU CR60，经济型 CPU 模块便宜，但不具有扩展能力；标准型 CPU 模块有 8 种，分别为 CPU SR20、CPU ST20、CPU SR30、CPU ST30、CPU SR40、CPU ST40、CPU SR60 和 CPU ST60，具有扩展能力。

标准型 CPU 模块技术参数如表 1-1 所示。

表 1-1　标准型 CPU 模块技术参数

特征	CPU SR20/ST20	CPU SR30/ST30	CPU SR40/ST40	CPU SR60/ST60
外形尺寸 /（mm × mm × mm）	$90 × 100 × 81$	$110 × 100 × 81$	$125 × 100 × 81$	$175 × 100 × 81$
程序存储器 /KB	12	18	24	30
数据存储器 /KB	8	12	16	20
本机数字量 I/O	12 入 /8 出	18 入 /12 出	24 入 /16 出	36 入 /24 出
数字量 I/O 映像区	256 位入 /256 位出	256 位入 /256 位出	256 位入 /256 位出	256 位入 /256 位出
模拟映像	56 字入 /56 字出	56 字入 /56 字出	56 字入 /56 字出	56 字入 /56 字出
高速计数器个数	4 路	4 路	4 路	4 路
单相高速计数器个数	4 路 200kHz	4 路 200kHz	4 路 200kHz	4 路 200kHz
正交相位	2 路 100kHz	2 路 100kHz	2 路 100kHz	2 路 100kHz
高速脉冲输出	2 路 100kHz（仅限 DC 输出）	3 路 100kHz（仅限 DC 输出）	3 路 100kHz（仅限 DC 输出）	3 路 100kHz（仅限 DC 输出）
DC 24V 电源 CPU 输入电流 /最大负载	430mA/160mA	624mA/365mA	470mA/190mA	500mA/220mA
AC 240V 电源 CPU	120mA/60mA	72mA/52mA	150mA/80mA	160mA/90mA

（2）数字量扩展模块。

数字量扩展模块功能如表 1-2 所示。

表 1-2　数字量扩展模块功能

模块类型	型号	说明
数字量输入模块	EM DE08	8×24V DC 输入
	EM DE16	16×24V DC 输入
数字量输出模块	EM DR08	8×继电器输出（点位额定电流 2A）
	EM DT08	8×24V DC 输出（点位额定电流 0.75A）
	EM QR16	16×继电器输出（点位额定电流 2A）
	EM QT16	16×24V DC 输出（点位额定电流 0.75A）
数字量输入/输出模块	EM DR16	8×24V DC 输入/8×继电器输出
	EM DR32	16×24V DC 输入/16×继电器输出
	EM DT16	8×24V DC 输入/8×24V DC 输出
	EM DT32	16×24V DC 输入/16×24V DC 输出

（3）信号板。

信号板功能如表 1-3 所示。

表 1-3　信号板功能

模块类型	型号	说明
模拟量输入模块	EM AE04	4 输入（支持 4 种量程：-10～10V，-5～5V，-2.5～2.5V，0～20mA；对应的数字量范围为 -27648～27648）
	EM AE08	8 输入
模拟量输出模块	EM AQ02	2 输出（支持 2 种量程：-10～10V，0～20mA；对应的数字量范围为 -27648～27648）
	EM AQ04	4 输出
模拟量输入/输出模块	EM AM03	2 输入/1 输出
	EM AM06	4 输入/2 输出
热电阻输入模块	EM AR02	2 通道（温度：0.1℃/0.1℉；电阻：15 位＋符号位）
	EM AR04	4 通道
热电偶输入模块	EM AT04	4 通道

（4）模拟量模块。

模拟量模块功能如表 1-4 所示。

表 1-4　模拟量模块功能

模块类型	型号	说明
数字量扩展信号板	SB DT04	2×24V DC 输入 /2×24V DC 输出
模拟量扩展信号板	SB AE01	1 输入（支持 4 种量程：−10～10V，−5～5V，−2.5～2.5V，0～20mA；对应的数字量范围为 −27648～27648）
	SB AQ01	1 输出（支持 2 种量程：−10～10V，0～20mA；对应的数字量范围为 −27648～27648）
通信信号板	SB CM01	RS-485/RS-232
电池信号板	SB BA01	支持 CR1025 纽扣电池

热电阻与热电偶扩展模块是模拟量模块的特殊形式，可直接连接热电偶和热电阻测量温度。热电阻与热电偶扩展模块可以支持多种热电阻和热电偶。热电阻输入模块的型号为 EM AR02，温度测量分辨率为 0.1℃ /0.1℉，电阻测量精度为 15 位 + 符号位；热电偶输入模块的型号为 EM AT04，温度测量分辨率和电阻测量精度与热电阻相同。

（5）相关设备。

相关设备是为了充分和方便地利用系统硬件和软件资源而开发和使用的一些设备，主要有编程设备、人机操作界面等。

① 编程设备主要用来对用户程序进行编制、存储和管理等，并将用户程序送入 PLC 中，在调试过程中，进行监控和故障检测。S7-200 SMART PLC 的编程软件为 STEP 7-Micro/WIN SMART。

② 人机操作界面主要是指专用操作员界面。常见的有触摸面板、文本显示器等，用户可以通过该设备轻松地完成各种调整和控制任务。

1.2　S7-200 SMART PLC 外部结构

S7-200 SMART PLC 的外部结构如图 1-2 所示，其 CPU 单元、存储器单元、输入 / 输出单元及电源集中封装在同一塑料机壳内。当系统需要扩展时，可选用需要的扩展模块与主机连接。

（1）输入端子。

输入端子是外部输入信号与 PLC 连接的接线端子，在顶部端盖下面。此外，顶部端盖下面还有输入公共端子和供电电源接线端子。

（2）输出端子。

输出端子是外部负载与 PLC 连接的接线端子，在底部端盖下面。此外，底部端盖下面还有输出公共端子和 24V 直流电源端子，24V 直流电源为传感器和光电开关等提供能量。

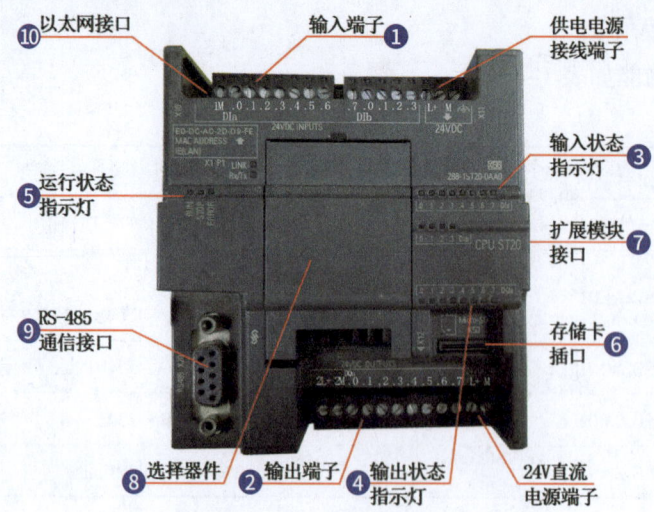

图 1-2　S7-200 SMART PLC 的外部结构

（3）输入状态指示灯（LED）。

输入状态指示灯用于显示是否有输入控制信号接入 PLC。当指示灯亮时，表示有控制信号接入 PLC；当指示灯不亮时，表示没有控制信号接入 PLC。

（4）输出状态指示灯（LED）。

输出状态指示灯用于显示是否有输出信号驱动执行设备。当指示灯亮时，表示有输出信号驱动外部设备；当指示灯不亮时，表示没有输出信号驱动外部设备。

（5）运行状态指示灯。

运行状态指示灯有 RUN、STOP、ERROR 3 个，其中 RUN、STOP 指示灯用于显示当前工作方式。当 RUN 指示灯亮时，表示处于运行状态；当 STOP 指示灯亮时，表示处于停止状态；当 ERROR 指示灯亮时，表示系统故障，PLC 停止工作。

（6）存储卡插口。

该插口插入 Micro SD 卡，可以下载程序和 PLC 固件版本更新。

（7）扩展模块接口。

该接口用于连接扩展模块，采用插针式连接，使模块连接更加紧密。

（8）选择器件。

可以选择信号板或通信板，实现精确化配置的同时，又可以节省控制柜的安装空间。

（9）RS-485 通信接口。

该接口可以实现 PLC 与计算机之间、PLC 与 PLC 之间、PLC 与其他设备之间的通信。

（10）以太网接口。

用于程序下载和设备组态。程序下载时，只需要 1 根以太网线即可，无须购买专用的程序下载线。

1.3　S7-200 SMART PLC 实物接线图

1.3.1　CPU ST20 DC/DC/DC 输入和输出接线

CPU ST20 DC/DC/DC 输入和输出接线如图 1-3 所示。

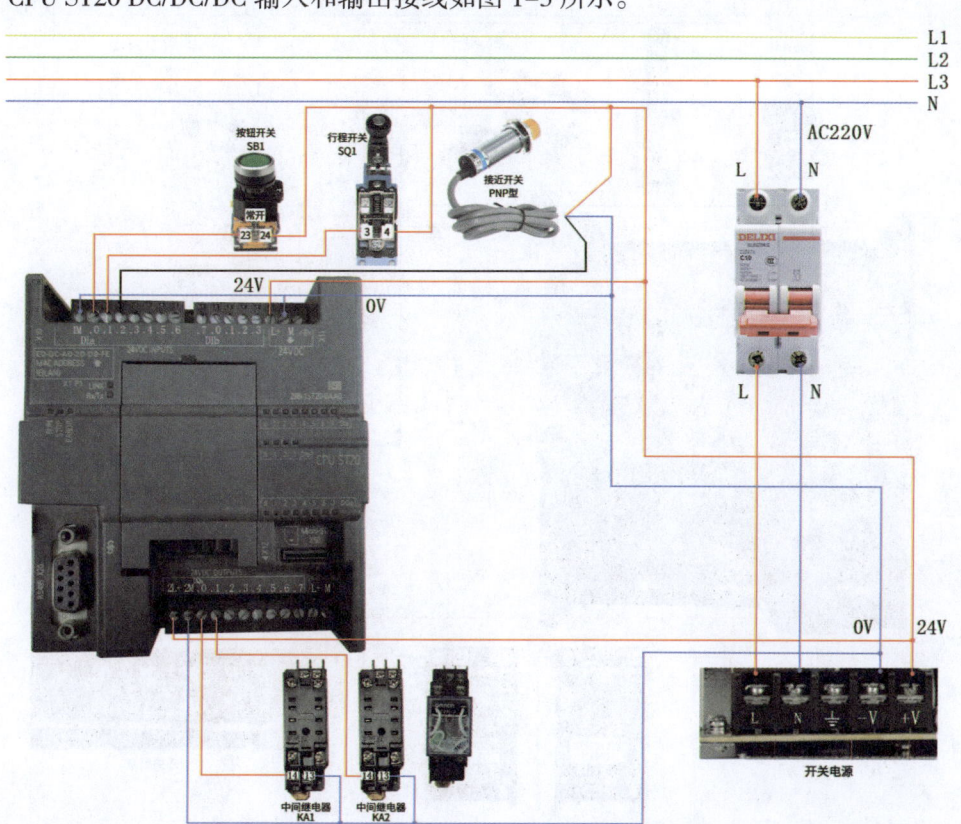

图 1-3　CPU ST20 DC/DC/DC 输入和输出接线

电源接线： S7-200 SMART PLC 电源接线柱 L+ 接开关电源 +V，接线柱 M 接开关电源 −V。

输入接线： 输入公共端 1M 接开关电源 −V，按钮开关 SB1 常开触点 24 接开关电源 +V，23 接端子 I0.0；行程开关 SQ1 常开触点 4 接开关电源 +V，3 接端子 I0.1；PNP 型接近开关的棕色线接开关电源 +V，蓝色线接开关电源 −V，黑色线接端子 I0.2。

输出接线： 输出公共端 2M 接开关电源 −V，输出公共端 2L+ 接开关电源 +V。中间继电器 KA1 线圈的 14 端子接 PLC 的输出端子 Q0.0，中间继电器 KA1 线圈的 13 端子接开关电源 −V。中间继电器 KA2 线圈的 14 端子接 PLC 输出端子 Q0.1，中间继电器 KA2 线圈的 13 端子接开关电源 −V。

1.3.2 CPU SR20 AC/DC/RLY 输入和输出接线

CPU SR20 AC/DC/RLY 输入和输出接线如图 1-4 所示。

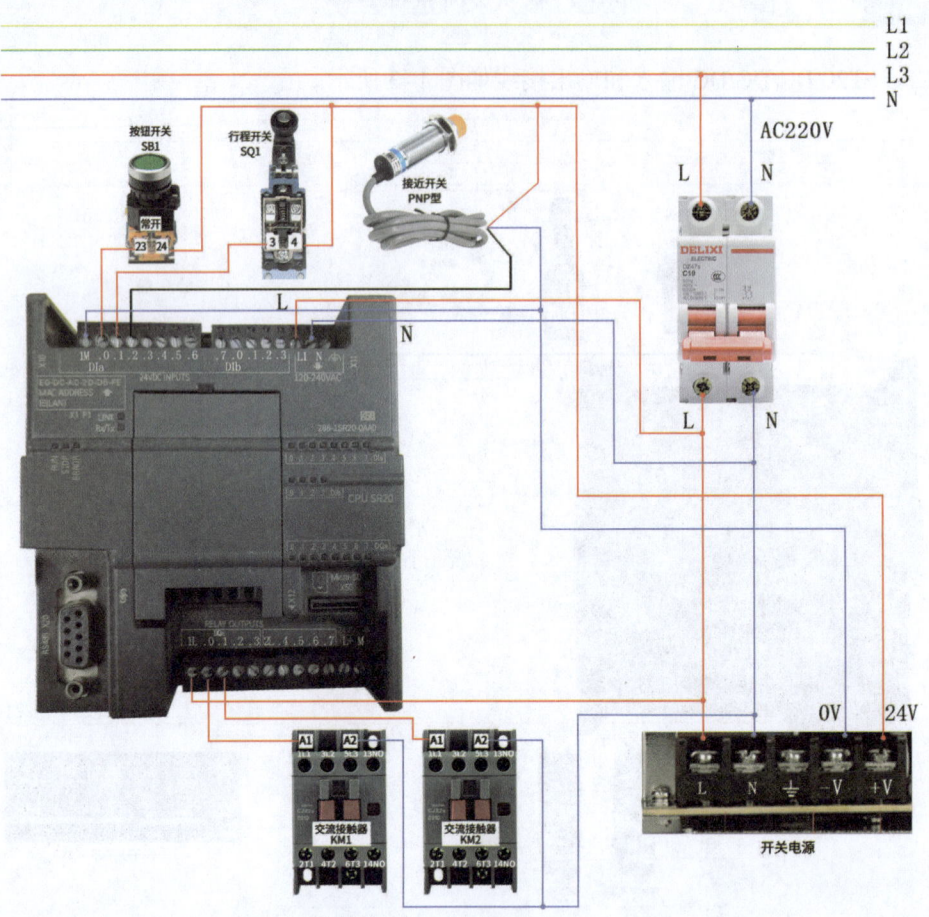

图 1-4　CPU SR20 AC/DC/RLY 输入和输出接线

电源接线： S7-200 SMART PLC 电源接线柱 L1 接断路器的出线端的火线 L，接线柱 N 接断路器的出线端的零线 N。断路器的进线端分别接 1 根火线和 1 根零线。

输入接线： 输入公共端 1M 接开关电源 –V。按钮开关 SB1 常开触点 24 接开关电源 +V，23 接端子 I0.0；行程开关 SQ1 常开触点 4 接开关电源 +V，3 接端子 I0.1；PNP 型接近开关的棕色线接开关电源 +V，蓝色线接开关电源 –V，黑色线接端子 I0.2。

输出接线： 输出公共端 1L 接断路器的出线端 L。交流接触器 KM1 线圈端子 A1 接 PLC 的输出端子 Q0.0，交流接触器 KM1 线圈端子 A2 接断路器的出线端的零线 N。交流接触器 KM2 线圈端子 A1 接 PLC 的输出端子 Q0.1，交流接触器 KM2 线圈端子 A2 接断路器的出线端的零线 N。

第 2 章
STEP 7–Micro/WIN SMART
编程软件快速应用

STEP 7-Micro/WIN SMART 是西门子公司专门为 S7-200 SMART PLC 设计的编程软件，其功能强大，可在 Windows XP SP3 和 Windows 7 操作系统上运行，支持梯形图、语句表、功能块图 3 种语言，可进行程序的编辑、监控、调试和组态。其安装文件不足 300MB。在沿用 STEP 7-Micro/WIN 优秀编程理念的同时，该软件采用了更多的人性化设计，使编程人员更容易上手，项目开发更加高效。

本书以 STEP 7-Micro/WIN SMART V2.7 编程软件为例，对相关知识进行讲解。

2.1 STEP 7-Micro/WIN SMART V2.7 编程软件的界面

STEP 7-Micro/WIN SMART V2.7 编程软件的界面如图 2-1 所示。其界面主要包括快速访问工具栏、导航栏、项目树、菜单栏、程序编辑器和状态栏。

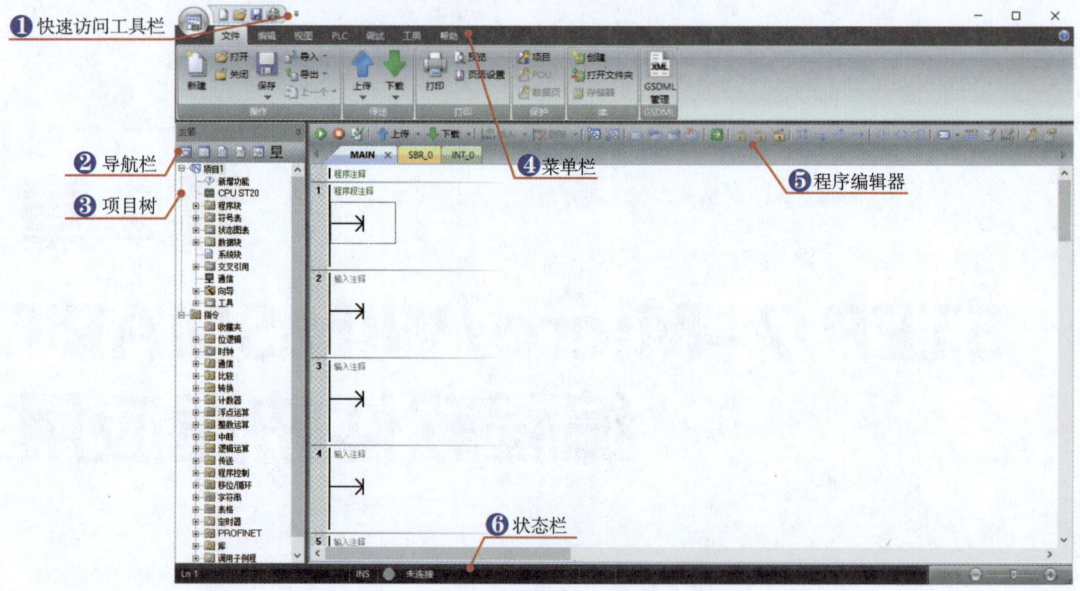

图 2-1　STEP 7-Micro/WIN SMART V2.7 编程软件的界面

（1）快速访问工具栏。

快速访问工具栏位于菜单栏的上方，如图 2-2 所示。点击快速访问文件按钮，可以简捷快速地访问文件菜单下的大部分功能和最近的文档。单击快速访问文件按钮后出现的下拉菜单如图 2-3 所示。快速访问工具栏上的其余按钮分别为新建、打开、保存和打印等。

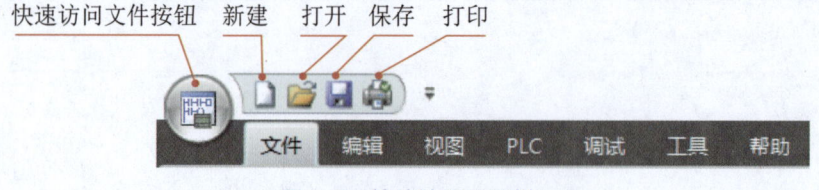

图 2-2　快速访问工具栏

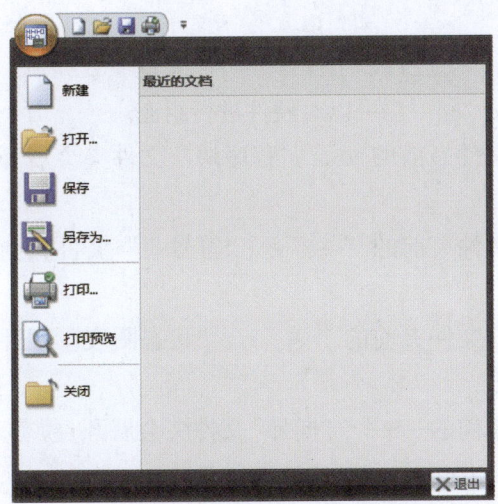

图 2-3 快速访问文件按钮的下拉菜单

此外，点击 ▼ 还可以自定义快速访问工具栏。

（2）导航栏。

导航栏位于项目树的上方，导航栏上有符号表、状态图表、数据块、系统块、交叉引用和通信按钮，如图 2-4 所示。点击相应按钮，可以直接打开项目树中的对应选项。

（3）项目树。

项目树位于导航栏的下方，如图 2-5 所示。项目树有两大功能：组织编辑项目和提供指令。

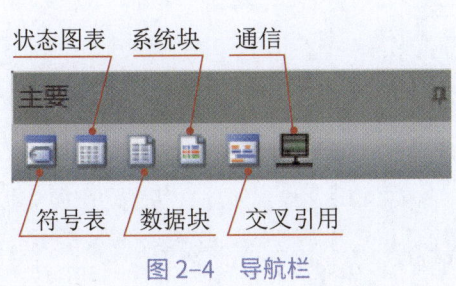

图 2-4 导航栏

图 2-5 项目树

① 组织编辑项目。

在项目树中"项目1"下进行以下操作，可以实现项目编辑。

a. 双击"系统块"或"⬛"，可以对硬件进行组态。

b. 单击"程序块"文件夹前的 ⊞，"程序块"文件夹会展开。单击鼠标右键可以插入子程序或中断程序。

c. 单击"符号表"文件夹前的"⊞"，"符号表"文件夹会展开。单击鼠标右键可以插入新的符号表。

d. 单击"状态图表"文件夹前的"⊞"，"状态图表"文件夹会展开。单击鼠标右键可以插入新的状态图表。

e. 单击"向导"文件夹前的"⊞"，"向导"文件夹会展开，操作者可以选择相应的向导。常用的向导有运动向导、PID 向导和高速计数器向导。

② 提供指令：单击相应指令文件夹前的 ⊞，相应的指令文件夹会展开，操作者双击或拖曳某一指令，该指令就会出现在程序编辑器的相应位置。此外，项目树右上角有一个小钉，当小钉竖放（⬛）时，项目树位置会固定；当小钉横放（⬛）时，项目树会自动隐藏。小钉隐藏时，会扩大程序编辑器的区域。

（4）菜单栏。

菜单栏包括文件、编辑、视图、PLC、调试、工具和帮助 7 个菜单项，如图 2-6 所示。

图 2-6　菜单栏

（5）程序编辑器。

程序编辑器是编写和编辑程序的区域，如图 2-7 所示。程序编辑器主要包括工具栏、POU 选择器、POU 注释、程序段注释等。其中，工具栏如图 2-8 所示。POU 选择器用于在主程序、子程序和中断程序之间进行切换。

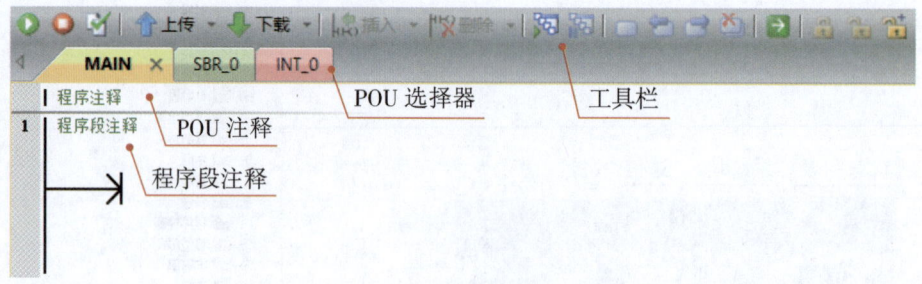

图 2-7　程序编辑器

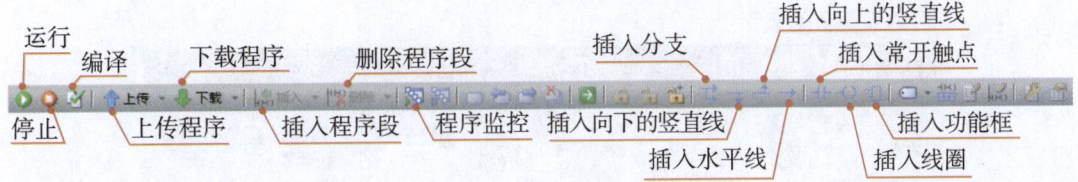

图 2-8　工具栏

（6）状态栏。

状态栏位于主窗口底部，显示软件中执行的操作信息。

2.2　项目创建与硬件组态

2.2.1　创建与打开项目　≪

（1）创建项目。

创建项目常用的方法有 2 种。

① 单击菜单栏中的"文件"→"新建"，如图 2-9 所示。

图 2-9　新建项目方法 1

② 单击快速访问工具栏的"新建"，如图 2-10 所示。

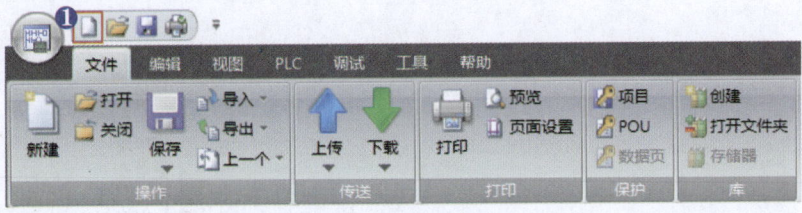

图 2-10　新建项目方法 2

（2）打开项目。

打开项目常用的方法也有 2 种。

① 单击菜单栏中的"文件"→"打开"，如图 2-11 所示。

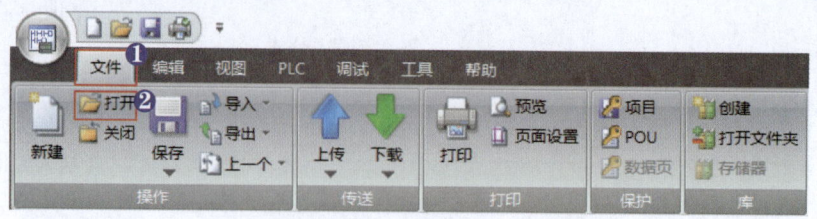

图 2-11　打开项目方法 1

② 单击快速访问工具栏中的"打开"按钮，如图 2-12 所示。

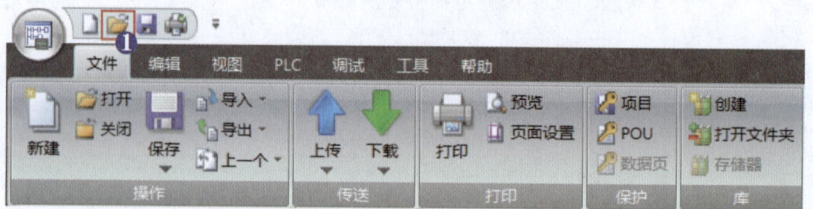

图 2-12　打开项目方法 2

2.2.2　硬件组态

　　硬件组态的目的是生成一个与实际硬件系统完全相同的系统。硬件组态包括 CPU 型号、扩展模块和信号板的添加，以及相关参数的设置。

　　（1）硬件配置。

　　硬件配置前，首先打开系统块。打开系统块有 2 种方法。

　　① 选择导航栏中的"系统块"按钮，如图 2-13 所示。

　　② 选择项目树中的系统块，如图 2-14 所示。

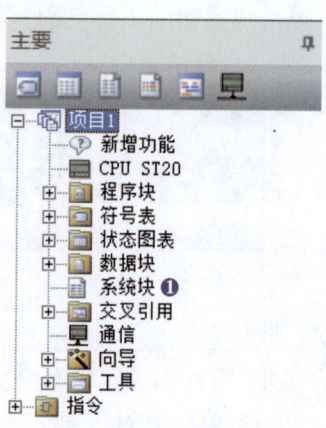

图 2-13　打开系统块 1　　　　　　　　　　图 2-14　打开系统块 2

　　"系统块"窗口如图 2-15 所示。

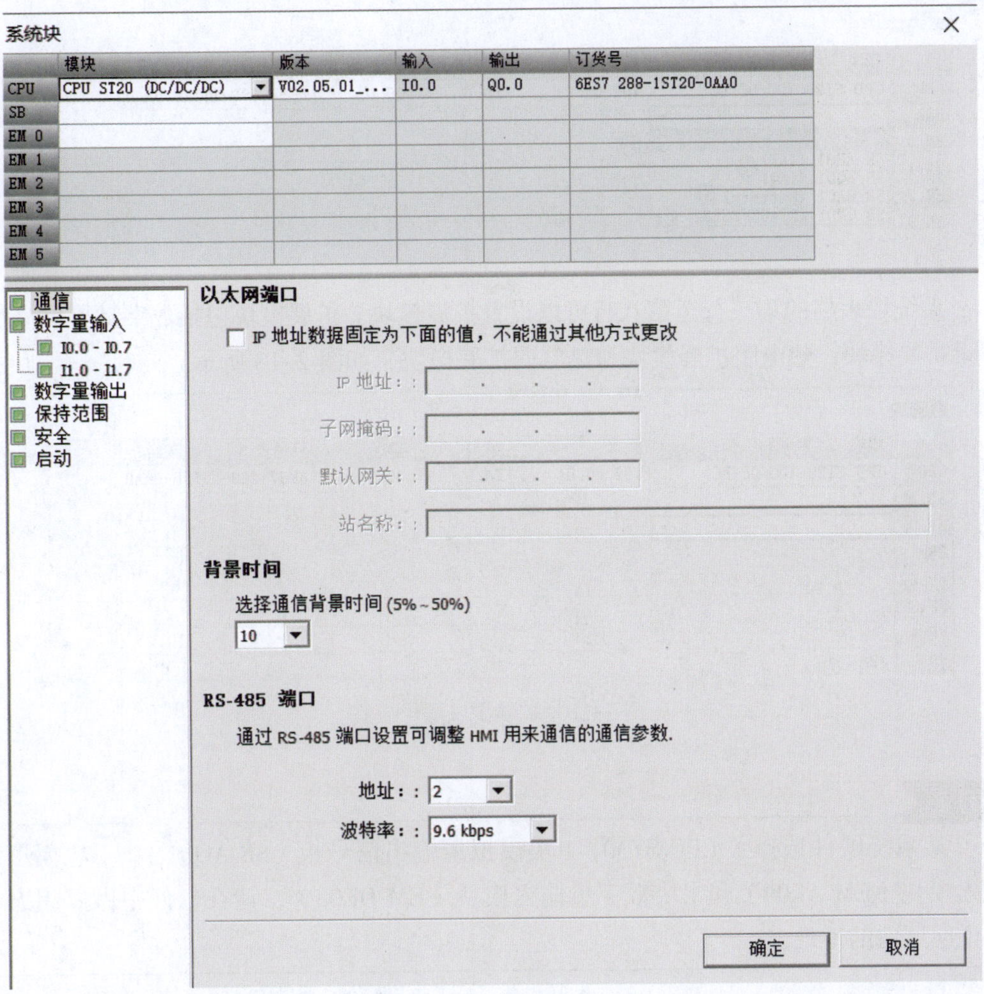

系统块　　　　　　　　　　　　　　　　　　　　　　　　　　　　　　　　　✕

	模块	版本	输入	输出	订货号
CPU	CPU ST20 (DC/DC/DC) ▼	V02.05.01_...	I0.0	Q0.0	6ES7 288-1ST20-0AA0
SB					
EM 0					
EM 1					
EM 2					
EM 3					
EM 4					
EM 5					

☑ 通信
☑ 数字量输入
  ├─ I0.0 - I0.7
  └─ I1.0 - I1.7
☑ 数字量输出
☑ 保持范围
☑ 安全
☑ 启动

以太网端口

☐ IP 地址数据固定为下面的值，不能通过其他方式更改

IP 地址：：
子网掩码：：
默认网关：：
站名称：：

背景时间

选择通信背景时间 (5% ~ 50%)
10 ▼

RS-485 端口

通过 RS-485 端口设置可调整 HMI 用来通信的通信参数.

地址：：2 ▼
波特率：：9.6 kbps ▼

确定　　取消

图 2–15　"系统块"窗口

　　a. 系统块表格的第一行可以设置 CPU 型号。单击第一行的第一列处，再单击▼按钮，选择与实际硬件匹配的 CPU 型号；第一行的第三列，显示的是 CPU 输入点的起始地址；第一行的第四列，显示的是 CPU 输出点的起始地址；两个起始地址均自动生成，不能更改；第一行的第五列，显示的是订货号，选型时需要填写。如图 2–16 所示。

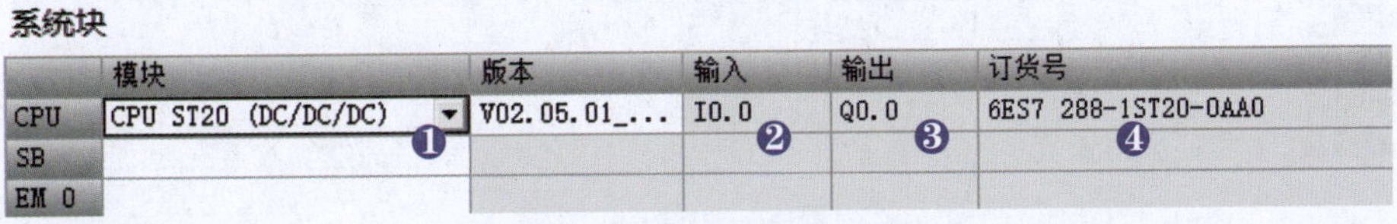

系统块

	模块	版本	输入	输出	订货号
CPU	CPU ST20 (DC/DC/DC) ▼❶	V02.05.01_...	I0.0 ❷	Q0.0 ❸	6ES7 288-1ST20-0AA0 ❹
SB					
EM 0					

图 2–16　CPU 型号设置

　　b. 系统块表格的第二行可以设置信号板。单击第二行的第一列，再单击▼按钮，选择与实际信号板匹配的类型，如图 2–17 所示。信号板有数字量扩展信号板、模拟量扩展信号板、电池信号板、通信信号板。

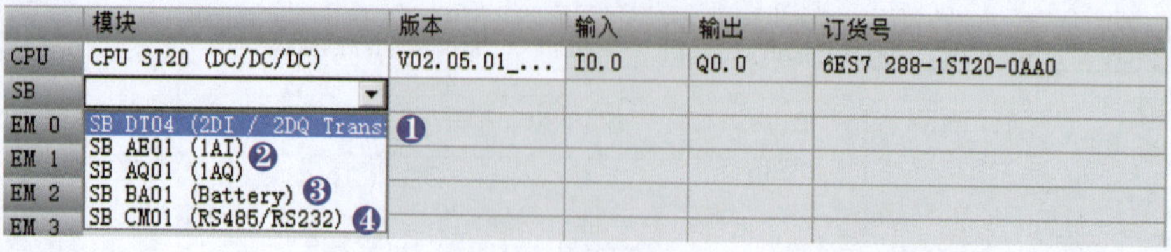

图 2-17　信号板设置

c.系统块表格的第三行至第八行可以设置扩展模块。扩展模块包括数字量扩展模块、模拟量扩展模块、热电阻扩展模块和热电偶扩展模块，如图 2-18 所示。

图 2-18　扩展模块型号设置

案例 1

　　某系统硬件选择了 CPU ST30、1 块模拟量输出信号板（SB AQ01）、1 块模拟量输入模块（EM AE04）和 1 块数字量输入模块（EM DE08），请在软件中做好组态，并说明所占的地址。

　　解：硬件组态结果如图 2-19 所示。

图 2-19　硬件组态结果

（2）组态模块的详细说明。

① CPU ST30 的输入点起始地址为 I0.0，占 IB0 和 IB1 两个字节，还有 I2.0、I2.1 两个输入点（注意不是整个 IB2 字节），共计 18 个输入点，按图 2-20 所示的方法可以确定实际输入量。

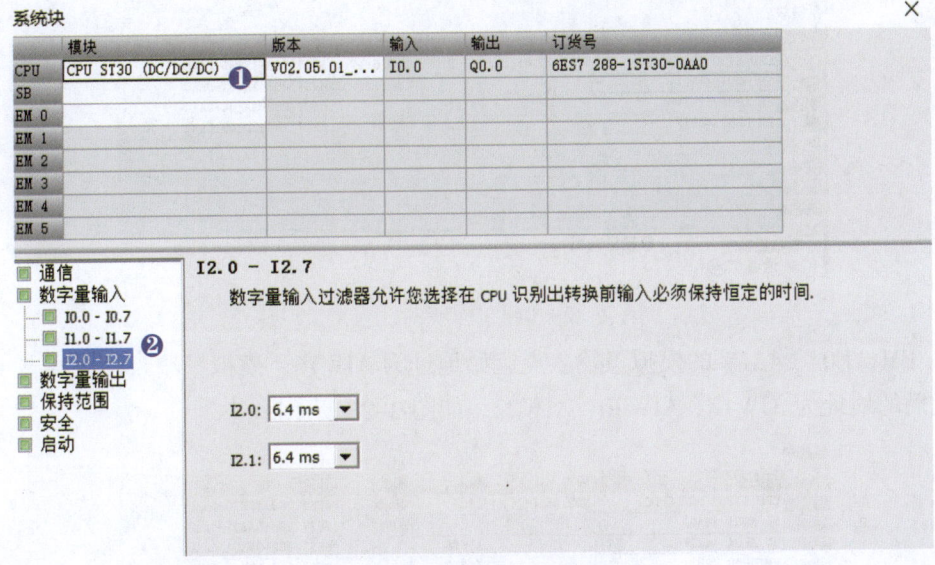

图 2-20 实际输入量确定

②CPU ST30 的输出点起始地址为 Q0.0,占 QB0 一个字节,还有 Q1.0 ~ Q1.3 4 个输出点,共计 12 个输出点,CPU 实际输出量确定方法如图 2-21 所示。

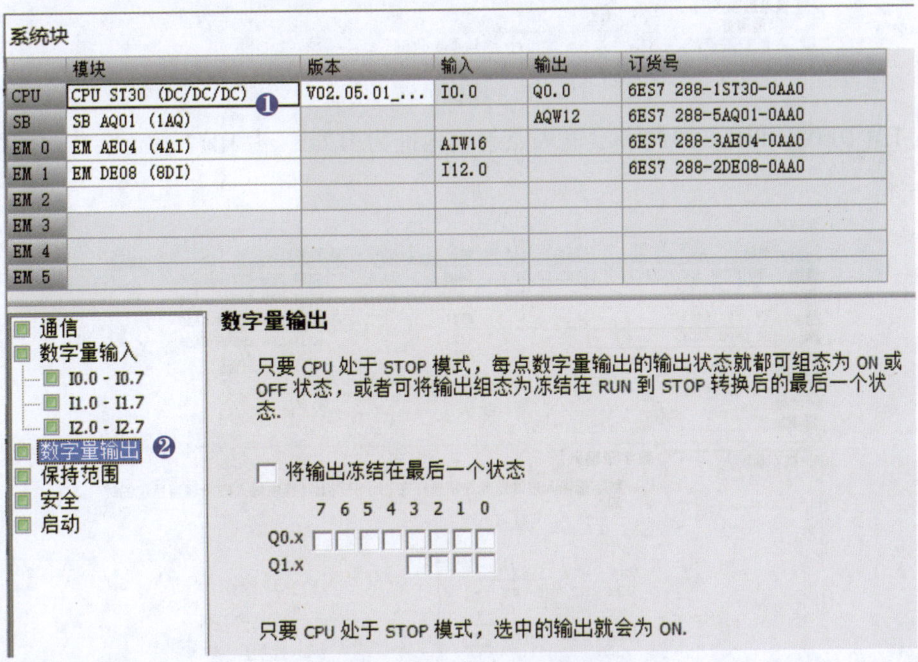

图 2-21 CPU 实际输出量确定

③SB AQ01(1AQ)只有 1 个模拟量输出点,模拟量输出起始地址为 AQW12,如图 2-22 所示。

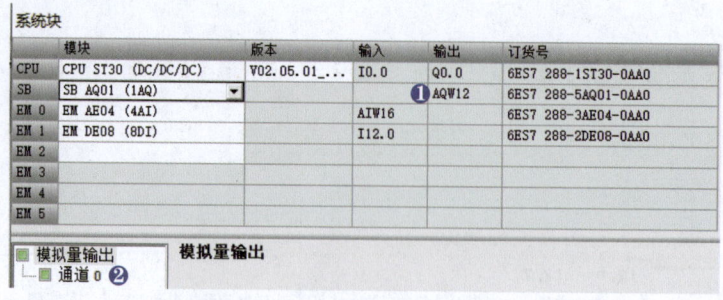

图 2-22　信号板实际输出量地址

④ EM AE04（4AI）的模拟量输入点起始地址为 AIW16，模拟量输入模块共有 4 路通道，此后的地址为 AIW18、AIW20、AIW22，如图 2-23 所示。

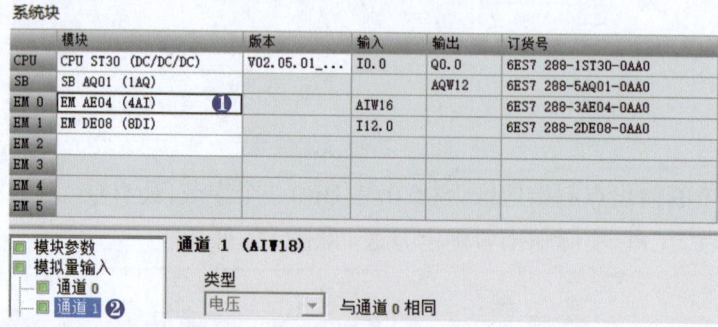

图 2-23　模拟量输入地址

⑤ EM DE08（8DI）的数字量输入点起始地址为 I12.0，占 IB12 一个字节，如图 2-24 所示。

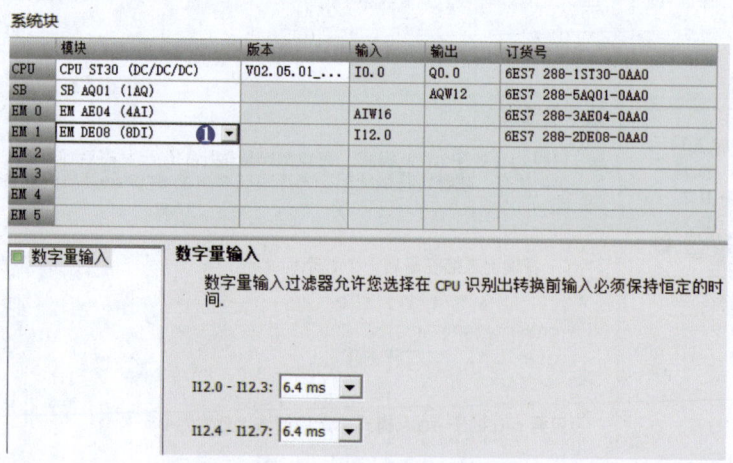

图 2-24　数字量输入地址

（3）相关参数设置。

① 组态数字量输入。

a. 设置滤波时间。

S7-200 SMART PLC 可允许为数字量输入点设置 1 个延时输入过滤器，通过设置滤波时间，可以减小由触点抖动等因素造成的干扰。具体设置如图 2-25 所示。

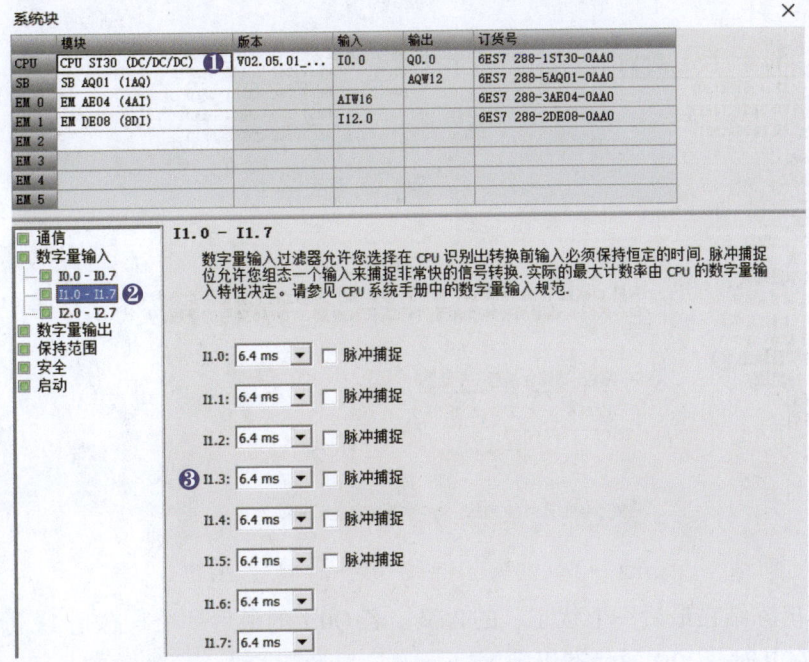

图 2-25　设置滤波时间

b. 脉冲捕捉设置。

S7-200 SMART PLC 为数字量输入点提供脉冲捕捉功能，脉冲捕捉功能可以捕捉到比扫描周期还短的脉冲。具体设置如图 2-26 所示，勾选"脉冲捕捉"即可。

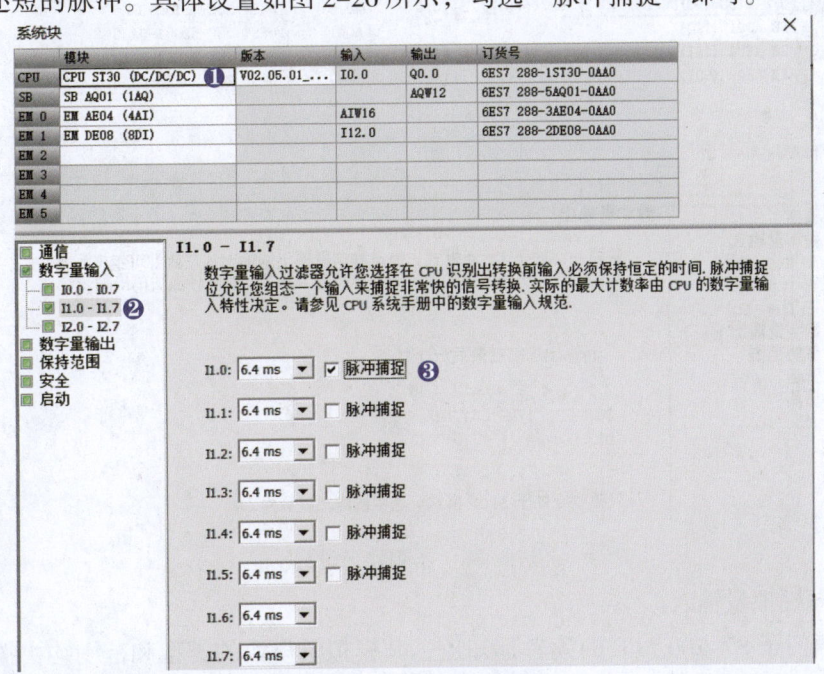

图 2-26　设置脉冲捕捉

② 组态数字量输出。

a. 将输出冻结在最后一个状态。具体设置如图 2-27 所示。

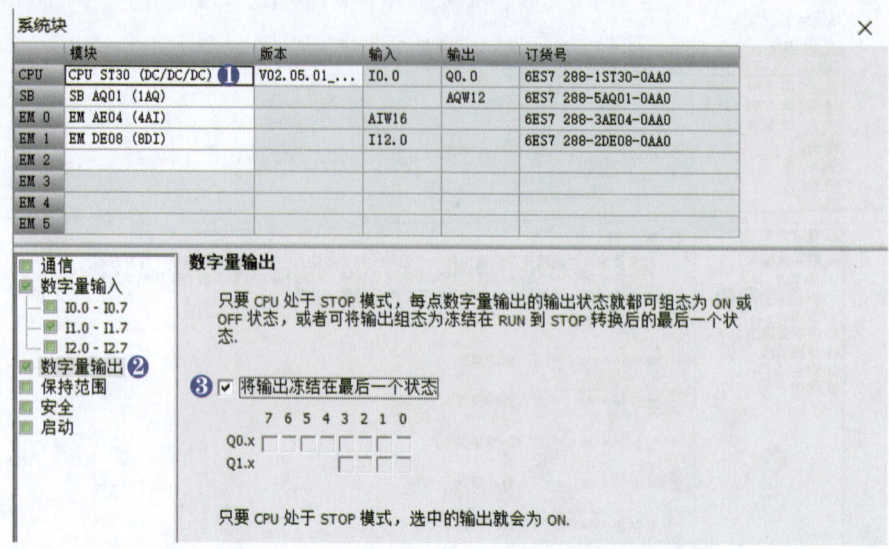

图 2-27　将输出冻结在最后一个状态的设置

"将输出冻结在最后一个状态"的含义：若 Q0.1 的最后一个状态是 1，那么 CPU 由 RUN 转为 STOP 时，Q0.1 的状态仍为 1。

b. 强制输出设置。具体设置如图 2-28 所示。

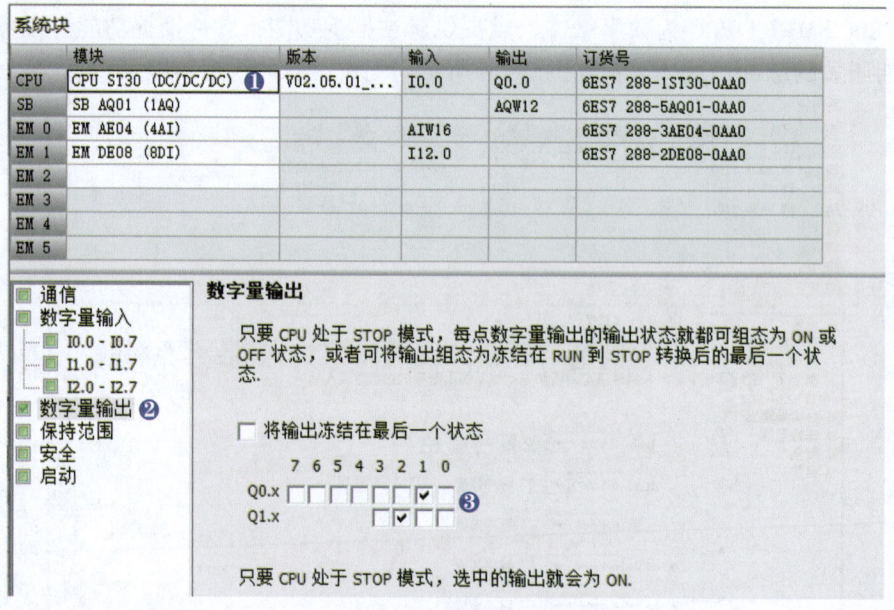

图 2-28　强制输出设置

③ 组态模拟量输入。

了解西门子 S7-200 PLC 的读者都知道，其模拟量模块的类型和范围均由拨码开关来设置，而 S7-200 SMART PLC 模拟量模块的类型和范围由软件来设置。

先选中模拟量输入模块，再选中要设置的通道，模拟量输入的类型有电压和电流两类，

电压范围有 ±2.5V、±5V、±10V 三种，电流范围只有 0 ~ 20mA 一种。

　　值得注意的是，通道 0 和通道 1 的类型相同，通道 2 和通道 3 的类型相同。具体设置如图 2-29 所示。

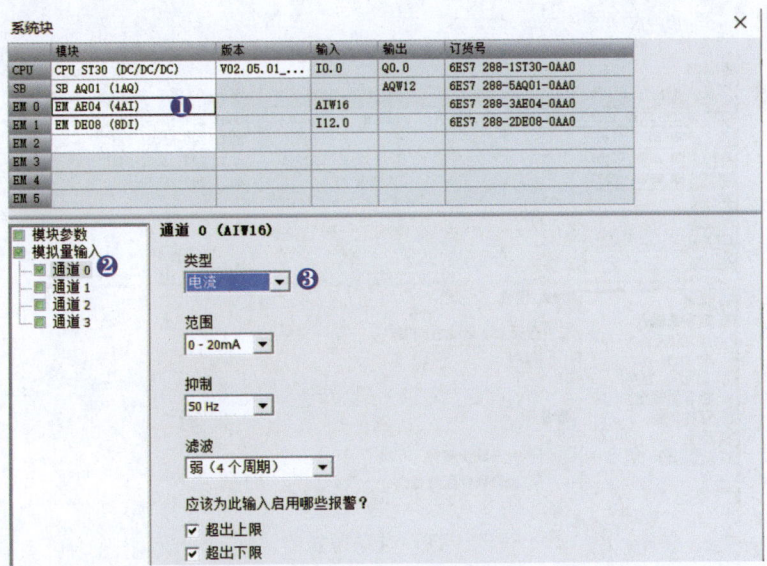

图 2-29　组态模拟量输入

　　④ 组态模拟量输出。

　　先选中模拟量输出模块，再选中要设置的通道，模拟量输出的类型有电压和电流两种，电压范围只有 –10 ~ 10V 一种，电流范围只有 0 ~ 20mA 一种。

　　组态模拟量输出如图 2-30 所示。

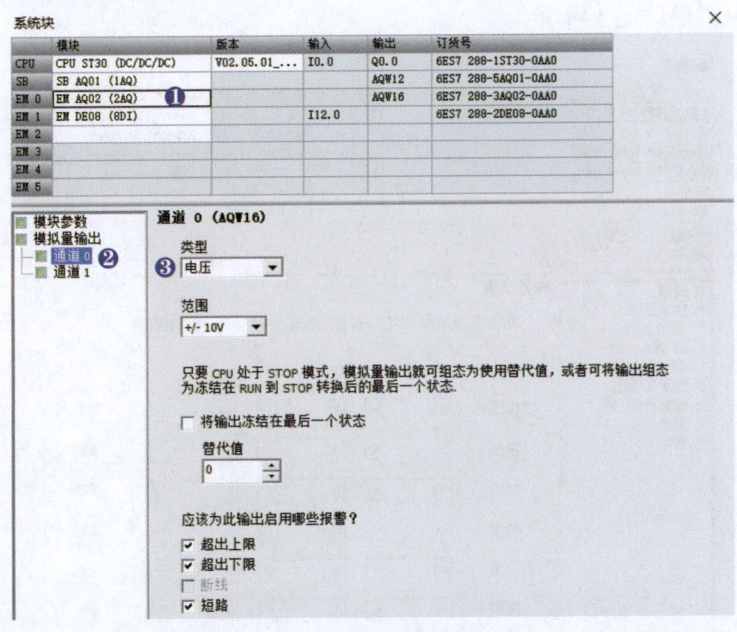

图 2-30　组态模拟量输出

（4）启动模式组态。

打开"系统块"窗口，在选中 CPU 时，点击"启动"，用户可以对 CPU 的启动模式进行选择。CPU 的启动模式有 STOP、RUN 和 LAST 3 种，用户可以根据自己的需要进行选择。具体操作如图 2-31 所示。

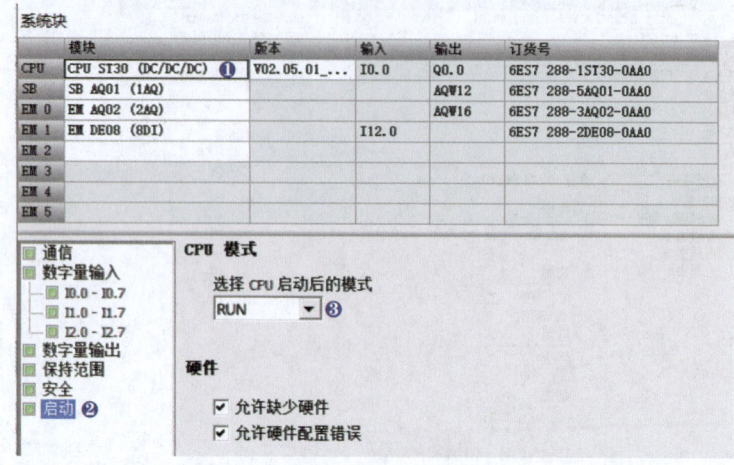

图 2-31　启动模式设置

（5）设置断电数据保持。

S7-200 SMART PLC 的 CPU 提供了多种参数和选项以适应具体应用，这些参数和选项在"系统块"窗口内设置。系统块必须下载到 CPU 中才起作用。有的初学者修改程序后往往会忘记重新下载程序，而在软件中更改参数后却忘记了重新下载程序，这是不对的。

单击工具浏览条"视图"中的"组件"按钮，在下拉框中选择"系统块"，进而打开"保持范围"窗口，如图 2-32 所示。

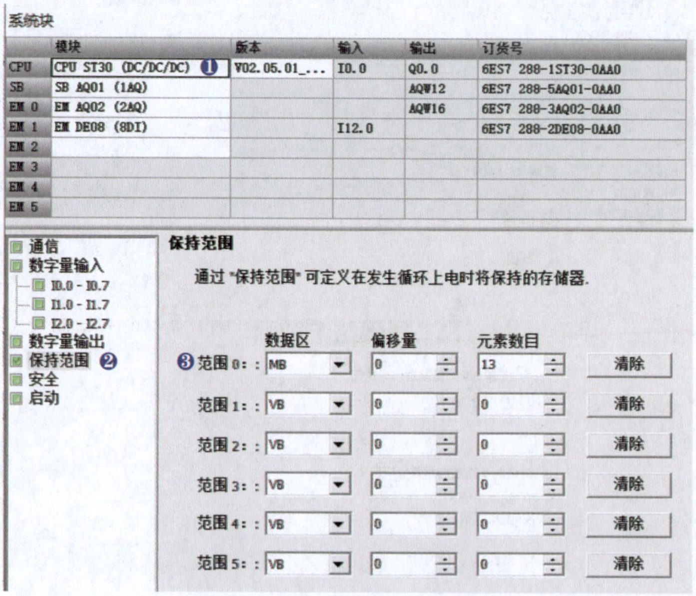

图 2-32　"保持范围"窗口

断电时，CPU 将指定的保持性存储器范围保存到永久存储器。

上电时，CPU 先将 V、M、C 和 T 存储器清零，将所有初始值都从数据块复制到 V 存储器，然后将保存的保持值从永久存储器复制到 RAM（随机存取存储器）。

2.3 程序编辑、下载、监控与调试

2.3.1 程序编辑 《《

（1）程序输入。

生成新项目后，系统会自动打开主程序 MAIN（OB1），操作者先将光标定位在程序编辑器中要放元件的位置，然后就可以进行程序输入。

程序输入常用的方法有 2 种，具体如下。

① 用程序编辑器中的工具栏进行输入。可选择常开触点、常闭触点、线圈以及分支连接等元件，根据实际编程的需要，必须为相应元件赋予相应的地址，如 I0.0、I0.1、Q0.0 等，如图 2-33 所示。

图 2-33　程序编辑

② 用键盘上的快捷键输入。触点快捷键为 F4，线圈快捷键为 F6，功能块快捷键为 F9，分支快捷键为"Ctrl+↓"，向上竖直线快捷键为"Ctrl+↑"，水平线快捷键为"Ctrl+→"。

例如：将图 2-34 所示梯形图程序输入 STEP 7–Micro/WIN SMART 编程软件。

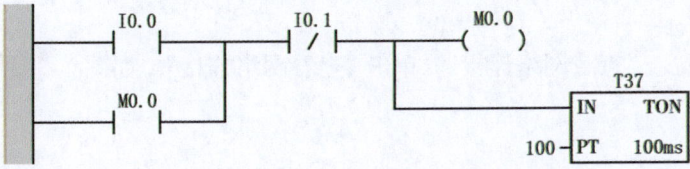

图 2-34　梯形图输入程序

（2）程序编译。

在下载程序前，为了避免程序出错，最好进行程序编译。

程序编译的方法：单击程序编辑器工具栏上的"编译"按钮 ，输入程序就可编译了。如果语法有错误，输出窗口将会显示错误的个数、错误的原因和错误的位置，如图 2-35 所示。双击某一条错误，将会打开出错的程序块，用光标指示出错的位置。待错误改正后，方可下载程序。

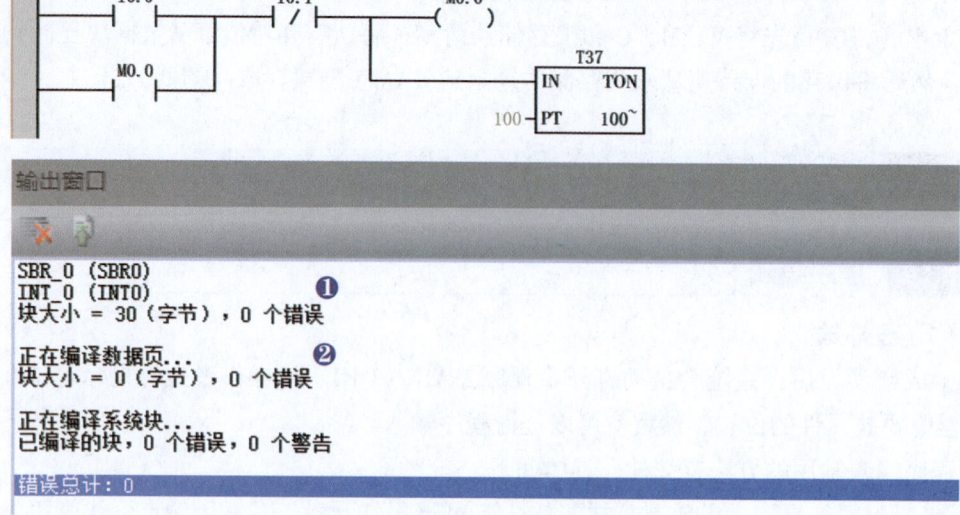

图 2-35　编译后出现的错误信息

需要指出，程序如果未编译，下载前软件会自动编译，编译结果会显示在输出窗口。

2.3.2　程序下载

在下载程序之前，必须先保障 S7-200 SMART PLC 的 CPU 和计算机之间能正常通信。设备能实现正常通信的前提如下：

① 设备之间进行了物理连接。若单台 S7-200 SMART PLC 与计算机连接，则只需要 1 条普通的以太网线；若多台 S7-200 SMART PLC 与计算机连接，则还需要交换机。

② 设备进行了正确的通信设置。

（1）计算机 IP 设置。

① 单击计算机左下角的"开始"，选择"设置"，打开 Windows 设置界面，如图 2-36 所示。

② 在"查找设置"框中输入"查看网络连接"，单击"查看网络连接"，如图 2-37 所示，打开"网络连接"窗口。

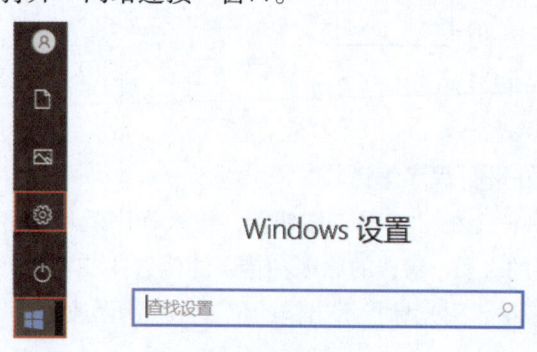

图 2-36　Windows 设置界面

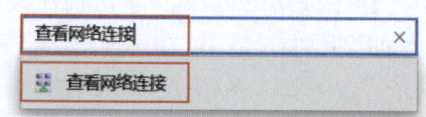

图 2-37　选择"查看网络连接"

③在"网络连接"窗口中选择"以太网"，右键选择"属性"，打开"以太网属性"窗口，如图 2-38 所示，

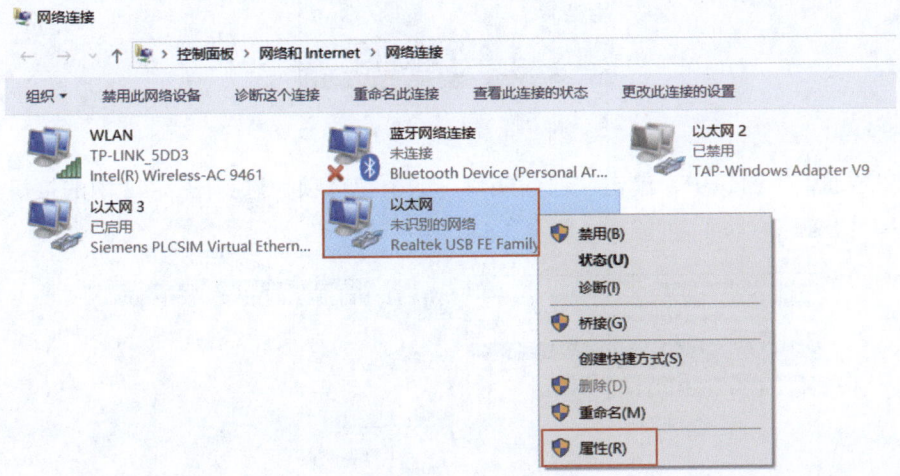

图 2-38　选择属性

④在"以太网属性"窗口中，双击"Internet 协议版本 4（TCP/IPv4）"，打开"Internet 协议版本 4（TCP/IPv4）属性"窗口，如图 2-39 所示。

⑤在"Internet 协议版本 4（TCP/IPv4）属性"窗口中，勾选"使用下面的 IP 地址"，将 IP 地址设为"192.168.2.10"，将子网掩码设为"255.255.255.0"，单击"确定"，保存设置。如图 2-40 所示。

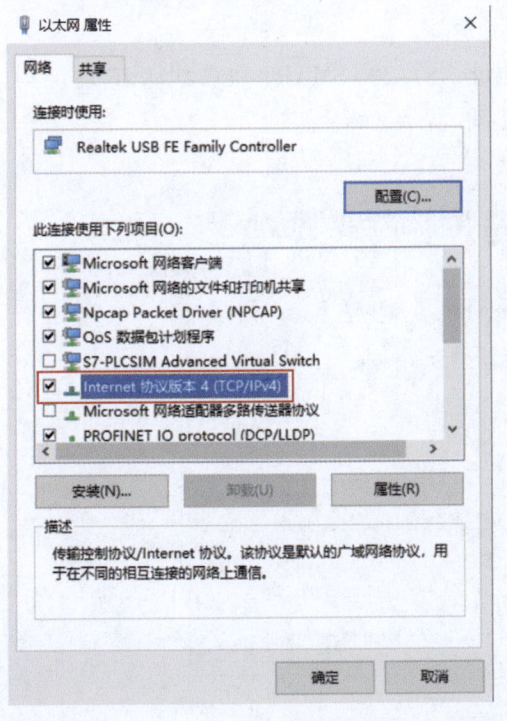

图 2-39　选择"Internet 协议版本 4（TCP/IPv4）"

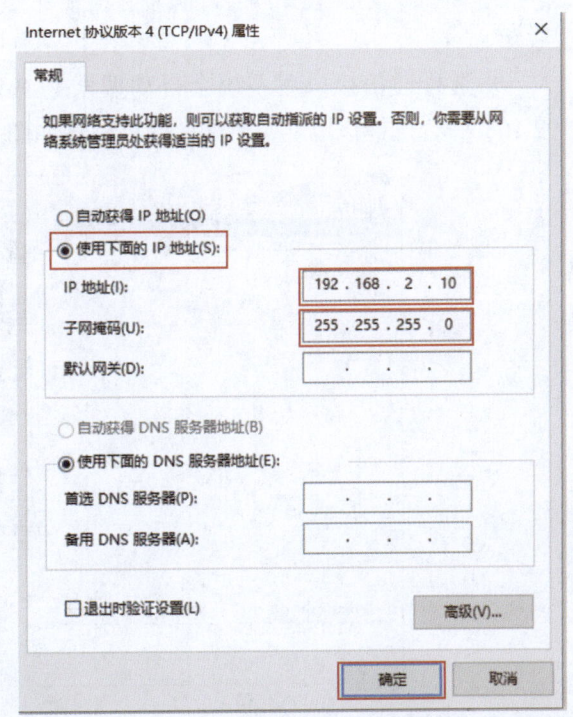

图 2-40　IP 地址设置

（2）编程软件与 PLC 通信连接。

① 在编程软件界面点击"通信"按钮，如图 2-41 所示，打开"通信"窗口。

图 2-41　选择"通信"

② 在"通信"窗口中，单击"通信接口"的下拉选项，选择图 2-42 中的接口。

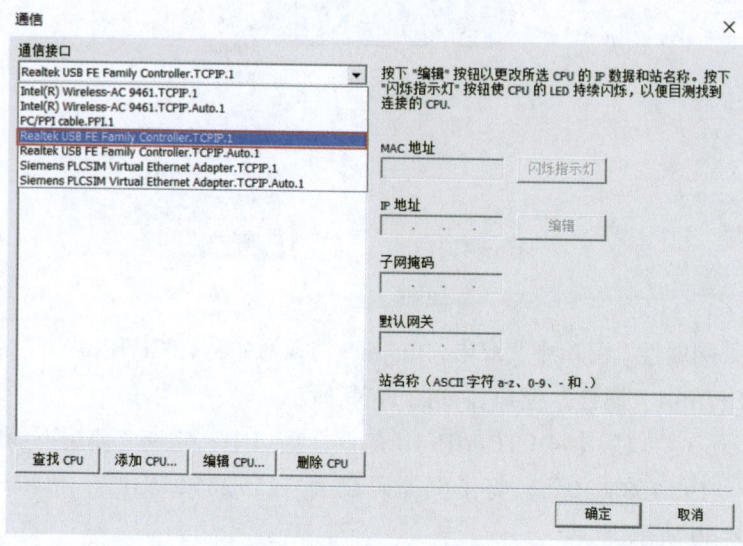

图 2-42　选择通信接口

③ 选择通信接口后系统会自动搜索 PLC 地址，S7-200 SMART PLC 默认 IP 地址为192.168.2.1，选择该地址，单击"确定"，如图 2-43 所示。

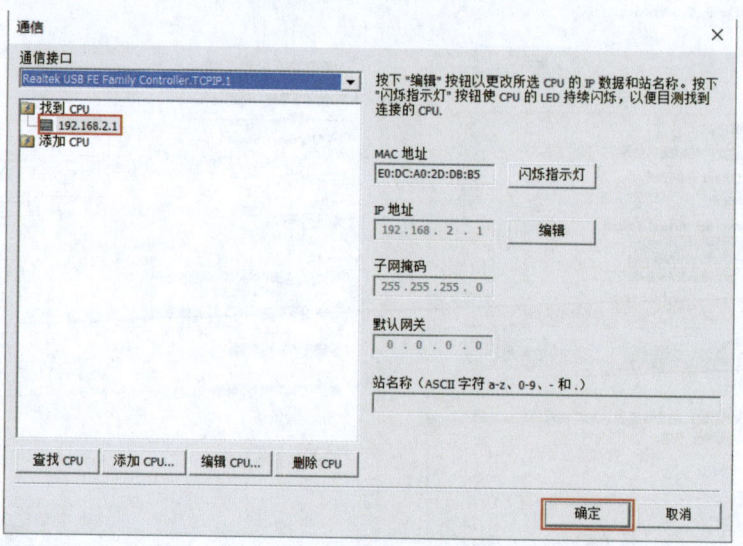

图 2-43　选择地址

④ 软件界面最下方会提示"已连接",表明计算机与 PLC 通信连接完成,如图 2-44 所示。

图 2-44　提示"已连接"

(3)下载程序。

单击程序编辑器中工具栏上的"下载"按钮，会弹出"下载"对话框,如图 2-45 所示。用户可以在"块"的多选框中选择是否下载程序块、数据块和系统块,如选择,则勾选该项;可以在"选项"的多选框中选择是否从 RUN 切换到 STOP 时提示、是否从 STOP 切换到 RUN 时提示、是否成功后关闭对话框。

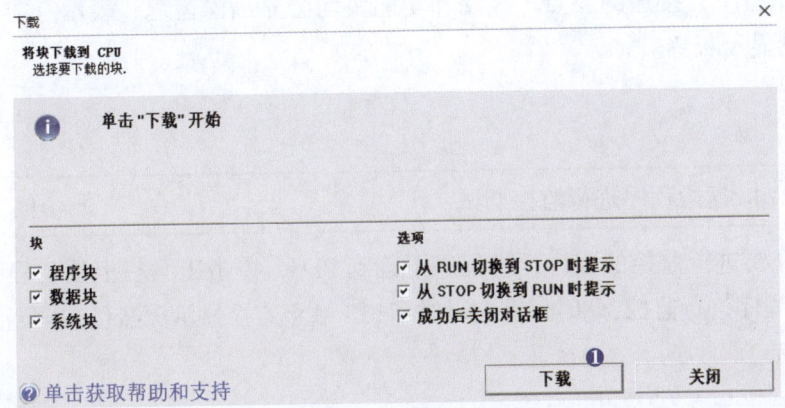

图 2-45　"下载"对话框

如需运行下载到 PLC 中的程序,则单击工具栏中的"运行"按钮；如需停止运行,则单击工具栏中的"停止"按钮。如图 2-46 所示。

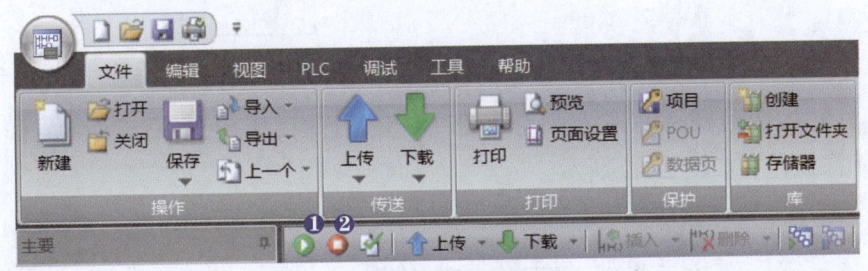

图 2-46　运行与停止

2.3.3　程序监控

首先,打开要进行监控的程序,单击工具栏上的"程序监控"按钮，开始对程序进行监控。CPU 中存在的程序与打开的程序可能不同,此时会出现"时间戳不匹配"对话框,如图 2-47 所示。单击"比较"按钮,确定 CPU 中的程序与打开的程序是否相同,如果相同,对话框会显示"已通过",单击"继续"按钮,开始监控;如果不相同,则关闭"时间戳不匹配"窗口,重新下载程序,再单击工具栏上的"程序监控"按钮。

· 27 ·

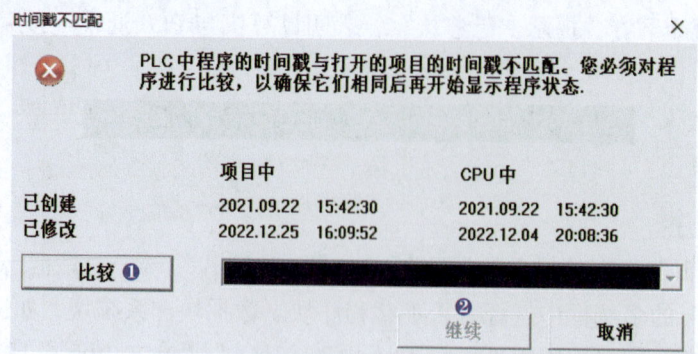

图 2-47　"时间戳不匹配"对话框

在监控状态下，接通的触点、线圈和功能块均会显示深蓝色，表示有能流流过，如无能流流过则显示灰色。

案例 2

对图 2-48 这段程序进行监控调试。

解： 打开要进行监控的程序，将程序下载到 PLC，单击工具栏上的"程序监控"按钮▓，开始对程序进行监控，此时仅有左母线和 I0.1 触点监控显示深蓝色，其余元件为灰色，如图 2-48 所示。

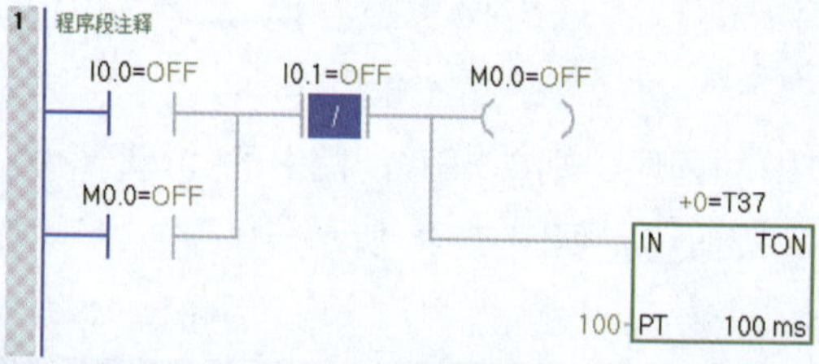

图 2-48　监控状态（一）

闭合 I0.0，M0.0 线圈得电并自锁，定时器 T37 开始计时，因此，所有元件均有能流流过，故此均显示深蓝色，如图 2-49 所示。

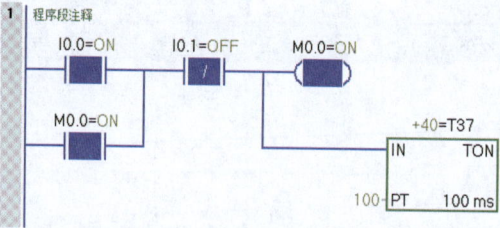

图 2-49　监控状态（二）

断开 I0.1，M0.0 和定时器 T37 均失电，因此，除 I0.0（I0.0 为常动触点）外，其余元件均显示灰色，如图 2-50 所示。

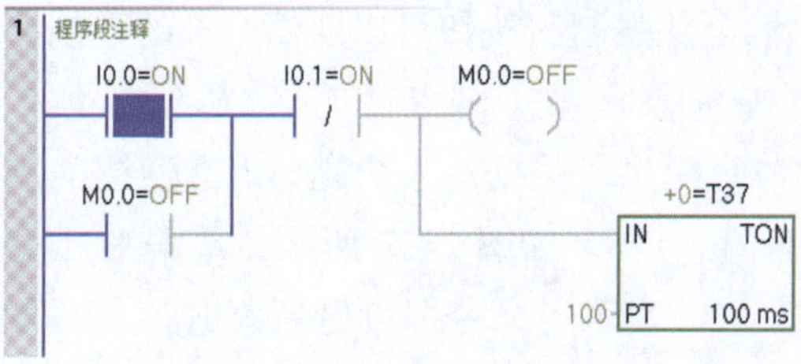

图 2-50 监控状态 (三)

2.3.4 程序调试

程序调试是工程中的一个重要步骤,因为初步编写完成的程序不一定正确,有时虽然逻辑正确,但需要修改参数,因此程序调试十分重要。STEP 7-Micro/WIN SMART 提供了丰富的程序调试工具供用户使用,下面分别介绍。

(1) 状态表。

使用状态表可以监控数据,各种参数(如 CPU 的 I/O 开关状态、模拟量的当前数值等)都在状态表中显示。此外,配合强制功能还能将相关数据写入 CPU,改变参数的状态,例如可以改变 I/O 开关状态。单击菜单栏中的"调试"→"图表状态",弹出"状态图表"窗口,如图 2-51 所示,在其中可以设置相关参数。单击工具栏中的"图表状态"按钮可以监控数据。

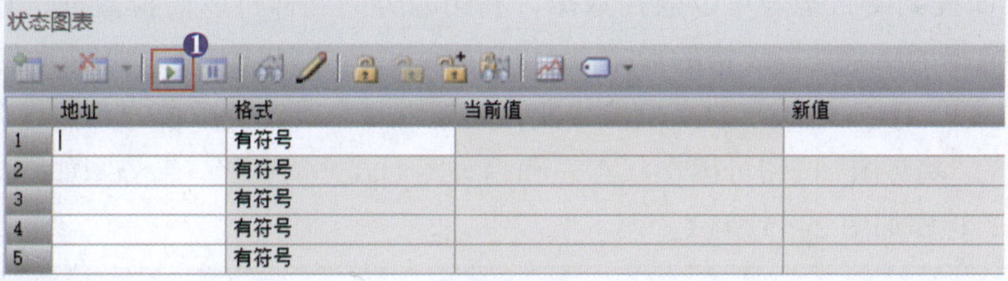

图 2-51 "状态图表"窗口(一)

(2) 强制。

S7-200 SMART 系列 PLC 提供了强制功能,以方便调试工作,在现场不具备某些外部条件的情况下模拟工艺状态。用户可以对数字量(DI/DO)和模拟量(AI/AO)进行强制。强制时,运行状态指示灯变成黄色,取消强制后指示灯变成绿色。在没有实际的 I/O 连线时,可以利用强制功能调试程序。先打开"状态图表"窗口并使其处于监控状态,在"新值"数值框中写入要强制的数据,然后单击工具栏中的"强制"按钮,此时,被强制的变量数值上有一个标志,如图 2-52 所示。

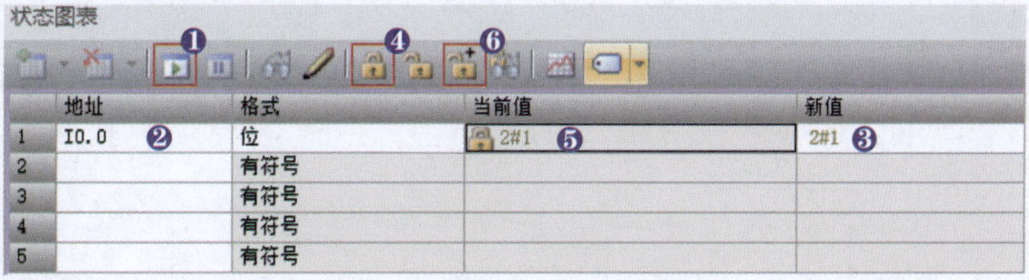

图 2-52 "状态图表"窗口(二)

单击工具栏中的"取消全部强制"按钮可以取消全部的强制。

（3）写入数据。

S7-200 SMART 系列 PLC 提供了数据写入功能，以方便调试工作。例如，在"状态图表"窗口中输入 M0.0 的新值"1"，如图 2-53 所示，单击工具栏上的"写入"按钮，或者单击菜单栏中的"调试"→"写入"命令即可更新数据。

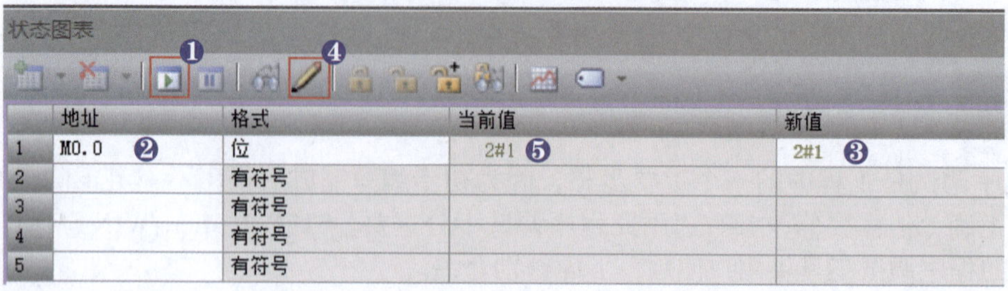

图 2-53　写入数据

利用"写入"功能可以同时输入几个数据。"写入"的作用类似于"强制"。但两者是有区别的：强制功能的优先级别要高于"写入"，"写入"的数据可能会改变参数的状态，但当与逻辑运算的结果抵触时，写入的数值也可能不起作用。

（4）趋势图。

利用前面提到的状态表可以监控数据，利用趋势图同样可以监控数据，只不过使用状态表监控数据的结果是以表格的形式表示的，而使用趋势图时则是以曲线的形式表示的。利用后者能够更加直观地观察数字量信号变化的逻辑时序或者模拟量的变化趋势。单击调试工具栏上的"趋势图"按钮可以在状态表和趋势图形式之间切换。趋势图如图 2-54 所示，趋势图对应的程序如图 2-55 所示。

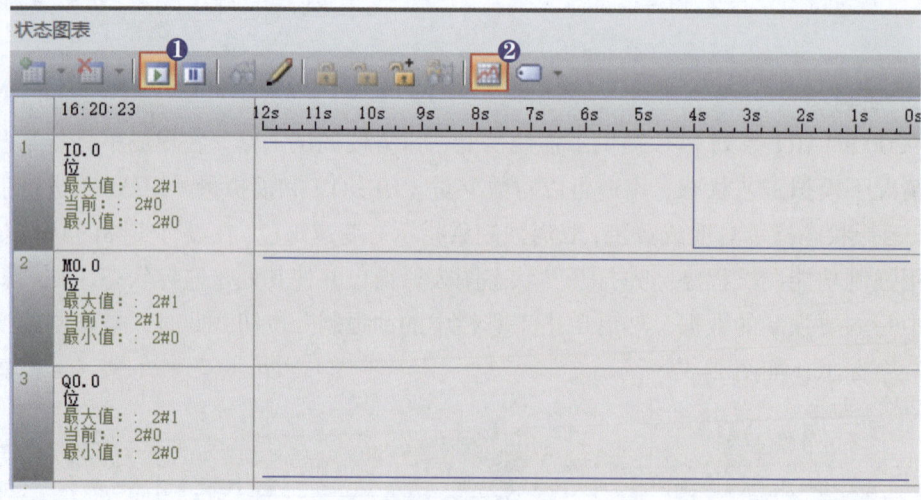

图 2-54　趋势图

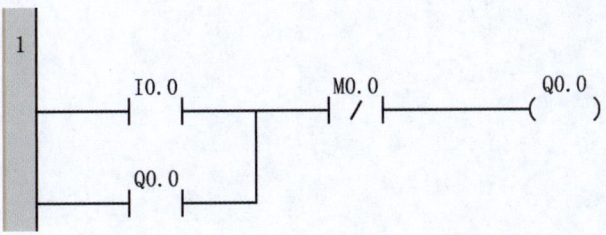

图 2-55 趋势图对应的程序

（5）帮助菜单。

STEP 7-Micro/WIN SMART 软件虽然界面友好且比较容易使用，但在操作中遇到问题是难免的。STEP 7-Micro/WIN SMART 软件提供了详尽的帮助信息。使用菜单栏中的"帮助"命令可以打开图 2-56 所示的"帮助"窗口，其中有"目录"和"索引"选项卡。"目录"选项卡中显示的是 STEP 7-Micro/WIN SMART 软件的帮助主题，单击帮助主题可以查看详细内容。而在"索引"选项卡中，可以根据关键字查询帮助主题。

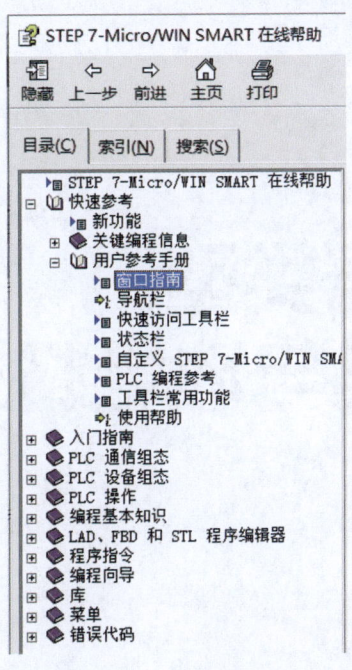

图 2-56 "帮助"窗口

第 3 章
PLC 的数据类型、
数据存储区与地址格式

3.1 数据格式及要求

数据格式：数据的长度和表示方式。

要求：S7-200 SMART PLC 要求指令与数据之间的格式一致才能正常工作。

（1）用一位二进制数表示开关量。

（2）一位二进制数：一位二进制数有 0（OFF）和 1（ON）两种不同的取值，分别对应开关量（或数字量）的两种不同的状态。

（3）位数据的数据类型：布尔（Bool）型。

（4）位地址：由存储器标识符、字节地址和位号组成，如 I3.4 等。

（5）其他 CPU 存储区的地址格式：由存储器标识符和起始字节号（一般取偶字节）组成，如 VB100、VW100、VD100 等。

3.2 数据长度：字节、字、双字

（1）字节（B）：从 0 号位开始的连续 8 位二进制数称为一个字节。

（2）字（W）：相邻的两个字节组成一个字。

（3）双字（DW）：相邻的四个字节或相邻的两个字组成一个双字。

（4）字、双字长数据的存储特点：高位存低字节、低位存于高字节。

数据长度如图 3-1 所示。

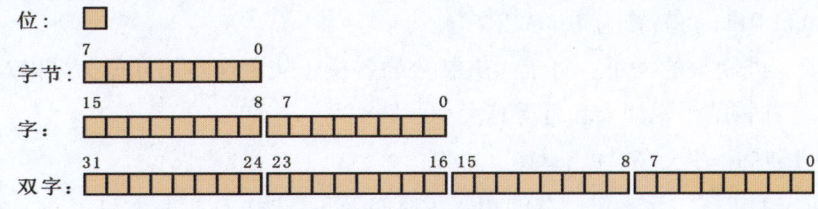

图 3-1　数据长度

3.3 数据长度及数值范围

S7-200 SMART PLC 寻址时，可以使用不同的数据长度。不同的数据长度表示的数值范围不同。存储单元所存放的数据类型有字节型、整数型、实数型和字符串型 4 种。数据长度和数值范围如表 3-1 所示。

表 3-1　数据长度和数值范围

数据类型	数据长度		
	字节（8 位值）	字（16 位值）	双字（32 位值）
无符号整数	0 ~ 255 0 ~ FF	0 ~ 65535 0 ~ FFFF	0 ~ 4294967295 0 ~ FFFF FFFF
有符号整数	−128 ~ +127 80 ~ 7F	−32768 ~ +32767 8000 ~ 7FFF	−2147483648 ~ +2147483647 8000 0000 ~ 7FFF FFFF
实数 / 浮点数	—	—	+1.175495E− ~ +3.402823E+38（正数） −1.175495E−38 ~ −3.402823E+38（负数）

3.4 S7-200 SMART PLC 进制和转换

3.4.1 二进制数

（1）数及数制：数用于表示一个量的具体大小。根据计数方式的不同，数制有十进制（D）、二进制（B）、十六进制（H）和八进制（O）等几种。

（2）二进制数的表示：在 S7-200 SMART PLC 中用 2# 来表示二进制常数，例如 "2# 10111010"。

（3）二进制数的大小：将二进制数的各位（从右往左数的第 n 位）乘以对应的位权（2^{n-1}），并将结果累加求和可得其大小。

如：$2\# 10111010 = 1 \times 2^{8-1} + 0 \times 2^{7-1} + 1 \times 2^{6-1} + 1 \times 2^{5-1} + 1 \times 2^{4-1} + 0 \times 2^{3-1} + 1 \times 2^{2-1} + 0 \times 2^{1-1} = 186$。

3.4.2 十六进制数

（1）十六进制数的引入：将二进制数从右往左每 4 位用一个十六进制数表示，可以实现对多位二进制数的快速、准确的读写。

（2）十六进制数的表示：在 S7-200 SMART 中用 16# 来表示十六进制常数，例如："2# 1010 1110 1111 0111 可转换为 16# AEF7"。

（3）十六进制数的大小：将十六进制数的各位（从右往左第 n 位）乘以对应的位权（$\times 16^{n-1}$），并将结果累加求和可得其大小。

例如：$16\# 2F = 2 \times 16^{2-1} + 15 \times 16^{1-1} = 47$

二进制、十进制、十六进制数的相互转换如表 3-2 所示。

表 3-2　二进制、十进制、十六进制数的相互转换表格

二进制	十进制	十六进制	二进制	十进制	十六进制
2#0000	0	16#0	2#1000	8	16#8
2#0001	1	16#1	2#1001	9	16#9
2#0010	2	16#2	2#1010	10	16#A
2#0011	3	16#3	2#1011	11	16#B
2#0100	4	16#4	2#1100	12	16#C
2#0101	5	16#5	2#1101	13	16#D
2#0110	6	16#6	2#1110	14	16#E
2#0111	7	16#7	2#1111	15	16#F

3.4.3　BCD 码 《

（1）BCD 码释义：BCD 码就是用 4 位二进制数的组合来表示 1 位十进制数，即用二进制编码的十进制数（binary coded decimal number）缩写。例如，十进制数 23 的 BCD 码为 2#0010 0011 或表示为 16#23，但其二进制数为 2#00010111。

（2）BCD 码的应用：BCD 码常用于输入输出设备，例如拨码开关输入的是 BCD 码，送给七段显示器的数字也是 BCD 码。

BCD 码与十进制、十六进制数的转换如表 3-3 所示。

表 3-3　BCD 码与十进制、十六进制数的转换表格

BCD 码	十进制	十六进制	BCD 码	十进制	十六进制
2#0000	0	16#0	2#0101	5	16#5
2#0001	1	16#1	2#0110	6	16#6
2#0010	2	16#2	2#0111	7	16#7
2#0011	3	16#3	2#1000	8	16#8
2#0100	4	16#4	2#1001	9	16#9

3.5　S7-200 SMART 系列 PLC 数据存储区及元件功能

S7-200 SMART PLC 存储器有 3 个存储区，分别为程序区、系统区和数据区。

程序区用来存储用户程序，存储器为 EEPROM。

系统区用来存储 PLC 配置结构的参数，如 PLC 主机信息、扩展模块 I/O 配置和编制、PLC 站地址等，存储器为 EEPROM。

数据区是用户程序执行过程中的内部工作区域。该区域用来存储工作数据和作为寄存器使用，存储器为 EEPROM 和 RAM。

1. 输入继电器（I）

输入继电器用来接受外部传感器或开关元件发来的信号，是专设的输入过程映像寄存器。它只能由外部信号驱动程序驱动。在每个扫描周期的开始，CPU 总对物理输入进行采样，并将采样值写入输入过程映像寄存器中。输入继电器一般采用八进制编号，一个端子占用一个点。它可以按位、字节、字或双字来存取输入过程映像寄存器中的数据。

位：I【字节地址】【位地址】，如 I0.1。

字节、字或双字：I【长度】【起始字节地址】，如 IB3、IW4、ID0。

2. 输出继电器（Q）

输出继电器用来将 PLC 的输出信号传递给负载，是专设的输出过程映像寄存器。它只能用程序指令驱动。在每个扫描周期的结尾，CPU 将输出映像寄存器中的数值复制到物理输出点上，并将采样值写入，以驱动负载。输出继电器一般采用八进制编号，一个端子

占用一个点。它可以按位、字节、字或双字来存取输出过程映像寄存器中的数据。

位：Q【字节地址】【位地址】，如 Q0.2。

字节、字或双字：Q【长度】【起始字节地址】，如 QB2、QW6、QD4。

3. 变量存储区（V）

用户可以用变量存储区存储程序执行过程中控制逻辑操作的中间结果，也可以用它来保存与工序或任务相关的其他数据。它可以按位、字节、字或双字来存取变量存储区中的数据。

位：V【字节地址】【位地址】，如 V10.2。

字节、字或双字：V【数据长度】【起始字节地址】，如 VB100、VW200、VD300。

4. 位存储器（M）

在逻辑运算中通常需要一些存储中间操作信息的元件，它们并不直接驱动外部负载，只起暂存中间状态的作用，类似于继电器接触系统中的中间继电器。在 S7-200 SMART 系列 PLC 中，可以将位存储器作为控制继电器来存储中间操作状态和控制信息。位存储器一般以位为单位使用。

位存储器有 4 种寻址方式，即可以按位、字节、字或双字来存取位存储器中的数据。

位：M【字节地址】【位地址】，如 M0.3。

字节、字或双字：M【长度】【起始字节地址】，如 MB4、MW10、MD4。

5. 特殊标志位（SM）

有些内部标志位存储器具有特殊功能或用来存储系统的状态变量和有关控制参数及信息，这样的内部标志位存储器被称为特殊标志位存储器。它用于实现 CPU 与用户之间的信息交换，其位地址有效范围为 SM0.0 ~ SM179.7，共有 180 个字节，其中 SM0.0 ~ SM29.7 这 30 个字节为只读型区域，用户只能使用其触点特殊标志。如表 3-4 所示。

表 3-4　S7-200 SMART PLC 特殊标志位

符号名	地址	说明（0= 关闭 = 低，1 = 打开 = 高）
Always On	SM0.0	始终打开
First Scan On	SM0.1	仅在首次扫描循环时打开
Retentive Lost	SM0.2	该位可用作错误存储器位或用来调用特殊启动顺序
RUN Power Up	SM0.3	从通电状态进入 RUN（运行）模式，即为一次扫描循环打开
Clock 60s	SM0.4	时钟脉冲打开 30s，关闭 30s，工作循环时间为 1min
Clock 1s	SM0.5	时钟脉冲打开 0.5s，关闭 0.5s，工作循环时间为 1s
Clock Scan	SM0.6	扫描循环时钟，一个循环时打开，下一个循环时关闭
Mode Switch	SM0.7	表示模式开关的当前位置：0 表示终止，1 表示运行

可读可写特殊标志位用于特殊控制功能，如用于自由口设置的 SMB30、SMB130，用

于定时中断时间设置的 SMB34、SMB35，用于高速计数器设置的 SMB36 ~ SMB62，用于脉冲输出和脉冲调制的 SMB66 ~ SMB85 和 SMB566 ~ SMB579。

6. 定时器区（T）

在 S7-200 SMART PLC 中，定时器的作用相当于时间继电器，可用于时间增量的累计。其分辨率有三种：1ms、10ms、100ms。

定时器有以下两种寻址方式。

（1）当前值寻址：16 位有符号整数，存储定时器所累计的时间。

（2）定时器位寻址：根据当前值和预置值的比较结果置位或者复位。

两种寻址方式使用同样的格式：T【定时器编号】，如 T37。

7. 计数器区（C）

在 S7-200 SMART CPU 中，计数器用于累计从输入端或内部元件送来的脉冲数。计数器包括增计数器、减计数器及增 / 减计数器 3 种类型。由于计数器频率会受到扫描周期的限制，当需要对高速信号计数时，用高速计数器（HSC）。

计数器有以下两种寻址方式。

（1）当前值寻址：16 位有符号整数，存储累计脉冲数。

（2）计数器位寻址：根据当前值和预置值的比较结果置位或者复位。

同定时器一样，两种寻址方式使用同样的格式，即 C【计数器编号】，如 C0。

8. 高速计数器（HC）

高速计数器用于对频率高于扫描周期的外界信号进行计数，高速计数器使用主机上的专用端子接收这些高速信号。高速计数器实际上是对高速事件计数，它独立于 CPU 的扫描周期，其数据为 32 位有符号的高速计数器的当前值。

格式：HC【高速计数器号】，如 HC1。

9. 局部变量存储器（L）

局部变量存储器与变量存储器类似，二者的主要区别在于局部变量存储器是局部有效的，而变量存储器则是全局有效的。全局有效是指同一个存储器可以被任何程序（如主程序、中断程序或子程序）存取，局部有效是指存储区和特定的程序相关联。局部变量存储器常用来作为临时数据的存储器或者为子程序传递函数。可以按位、字节、字或双字来存取局部变量存储器中的数据，格式如下：

位：L【字节地址】.【位地址】，如 L0.5。

字节、字或双字：L【长度】【起始字节地址】，如 LB34、LW20、LD4。

10. 模拟量输入（AI）

S7-200 SMART PLC 将模拟量值（如温度或电压）转换成 1 个字长（16 位）的数字量。可以用区域标识符（AI）、数据长度（W）及字节的起始地址来存取这些值。因为模拟量为 1 个字长，且从偶数位字节（如 0、2、4）开始，所以必须用偶数字节地址（如 AIW16、AIW18、AIW20）来存取这些值。模拟量输入值为只读数据。模拟量转换的实际精度是 12 位。

格式：AIW【起始字节地址】，如 AIW16。

11. 模拟量输出（AQ）

S7–200 SMART 将 1 个字长（16 位）数字值按比例转换为电流或电压。可以用区域标识符（AQ）、数据长度（W）及字节的起始地址来改变这些值。因为模拟量为 1 个字长，且从偶数位字节（如 0、2、4）开始，所以必须用偶数字节地址（如 AQW16、AQW18、AQW20）来改变这些值。模拟量输出值为只写数据。模拟量转换的实际精度是 12 位。

格式：AQW【起始字节地址】，如 AQW16。

3.6　数据区存储器的地址格式

在 S7–200 SMART 系列 PLC 中，可以按位、字节、字和双字对存储单元进行寻址。寻址时，数据地址从代表存储区类型的字母开始，随后是表示数据长度的标记，然后是存储单元编号；按位寻址时，还需要在分隔符后指定位编号。在表示数据长度时，分别将 B、W、D 字母作为字节、字和双字的标识符。

3.6.1　位寻址地址格式

位寻址是指按位对存储单元进行寻址，位寻址也称为【字节 . 位】寻址，一个字节占有 8 个位。位寻址时，一般将该位看作一个独立的软元件，像一个继电器一样，有线圈及常开、常闭触点，且当该位置"1"时，即线圈"得电"时，常开触点接通，常闭触点断开。由于取用这类元件的触点只是访问该位的"状态"，因此可以认为这些元件的触点有无数多对。【字节 . 位】一般用来表示开关量或逻辑量。I1.5 表示输入映像寄存器 1 号字节的 5 号位。

位寻址地址的格式：【区域标识符】【字节地址】.【位地址】。

若要存取存储区的某一位，则必须指定地址，包括区域标识符、字节地址和位地址。

如图 3–2 所示，存储器区、字节地址（I 代表输入，1 代表字节 1）和位地址（第 5 位）之间用点号"."隔开。

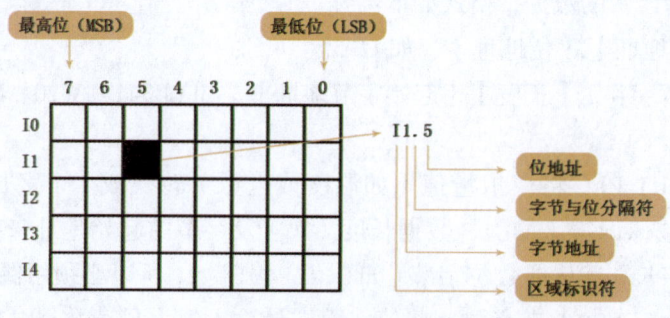

图 3–2　位寻址地址格式

3.6.2 字节寻址地址格式

字节寻址地址格式如图 3-3 所示。

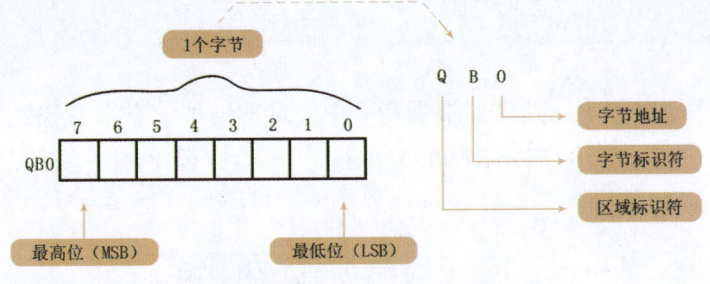

图 3-3 字节寻址地址格式

字节寻址的地址由区域标识符、字节标识符、字节地址组合而成，如 QB0。
字节寻址的地址格式：【区域标识符】【字节标识符】【字节地址】。

3.6.3 字寻址地址格式

字寻址地址格式如图 3-4 所示。

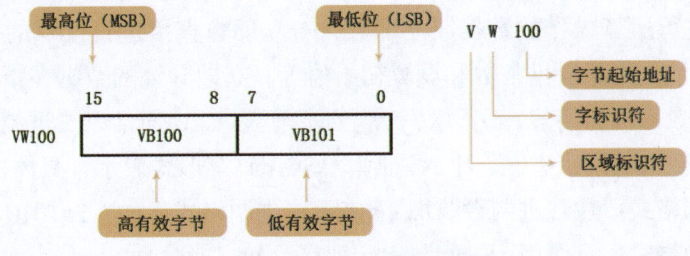

图 3-4 字寻址地址格式

字寻址的地址由区域标识符、字标识符、字节起始地址组合而成，如 VW100。
字寻址的地址格式：【区域标识符】【字标识符】【字节起始地址】。

3.6.4 双字寻址地址格式

双字寻址地址格式如图 3-5 所示。

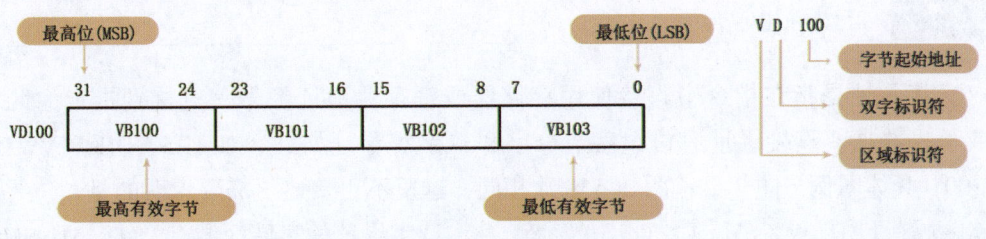

图 3-5 双字寻址地址格式

双字寻址的地址由区域标识符、双字标识符及字节起始地址组合而成，如 VD100。双字寻址的地址格式：【区域标识符】【双字标识符】【字节起始地址】。

3.7　S7–200 SMART PLC 的寻址方式

在执行程序的过程中，处理器根据指令中所给的地址信息来寻找操作数的存放地址的方式叫寻址方式。S7–200 SMART PLC 的寻址方式有立即寻址、直接寻址和间接寻址，如图 3–6 所示。

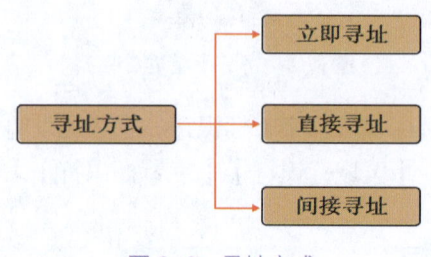

图 3-6　寻址方式

3.7.1　立即寻址

可以立即进行运算操作的数据叫立即数，对立即数直接进行读写的操作寻址称为立即寻址。立即寻址可用于提供常数和设置初始值等。立即寻址的数据在指令中常常以常数的形式出现，常数可以为字节、字、双字等数据类型。CPU 通常以二进制方式存储所有常数，指令中的常数也可用十进制、十六进制、ASCII 码等形式表示，具体格式如下。

（1）二进制格式：在二进制数前加 2# 表示二进制格式。如：2#1010。

（2）十进制格式：直接用十进制数表示即可。如：8866。

（3）十六进制格式：在十六进制数前加 16# 表示十六进制格式。如：16#2A6E。

（4）ASCII 码格式：用单引号 ASCII 码文本表示。如：'Hi'。

需要指出，"#"为常数格式的说明符，若无"#"，则默认为十进制数。

重点提示：此段文字很短，但点明了数值的格式，请读者加以重视，尤其是在功能指令中，对此应用很多。

3.7.2　直接寻址

直接寻址是指在指令中直接使用存储器或寄存器地址编号，直接到指定的区域读取或写入数据。直接寻址有位、字节、字和双字等寻址格式，如 I1.5、QB0、VW100、VD100，具体图例与图 3–2 ～图 3–5 大致相同，这里不再赘述。需要说明的是，位寻址的存储区域有 I、Q、M、SM、L、V、S；字节、字、双字寻址的存储区域有 I、Q、M、SM、L、V、S、AI、AQ。

3.7.3　间接寻址

　　间接寻址是指数据存放在存储器或寄存器中，在指令中只出现所需数据所在单元的内存地址，即指令给出的是存放操作数地址的存储单元的地址，我们把存储单元的地址称为地址指针。在 S7-200 SMART PLC 中，只允许使用指针对 I、Q、M、L、V、S、T（仅当前值）、C（仅当前值）存储区域进行间接寻址，而不能对独立位（bit）或模拟量进行间接寻址。

　　进行指针间接寻址前必须建立指针，指针为双字（即 32 位），存放的是另一个存储器的地址，指针只能为变量存储器（V）、局部存储器（L）或累加器（AC1、AC2、AC3）。建立指针时，要使用双字传送指令（MOVD）将数据所在单元的内存地址传送到指针中，双字传送指令（MOVD）的输入操作数前需加"&"号，表示送入的是某一存储器的地址，而不是存储器中的内容。例如，"MOVD &VB200，AC1"指令，表示将VB200 的地址送入累加器 AC1，其中累加器 AC1 就是指针。

　　在利用指针存取数据时，指令中的操作数前需加"*"号，表示该操作数作为指针，如"MOVW*AC1，AC0"指令，表示把 AC1 中的内容送入 AC0。

　　间接寻址举例如图 3-7 所示。在图 3-7 中，用累加器（AC1）作地址指针，将变量存储器 VB200、VB201 中的 2 个字节数据内容 16#1234 移入标志位寄存器 MB0、MB1。

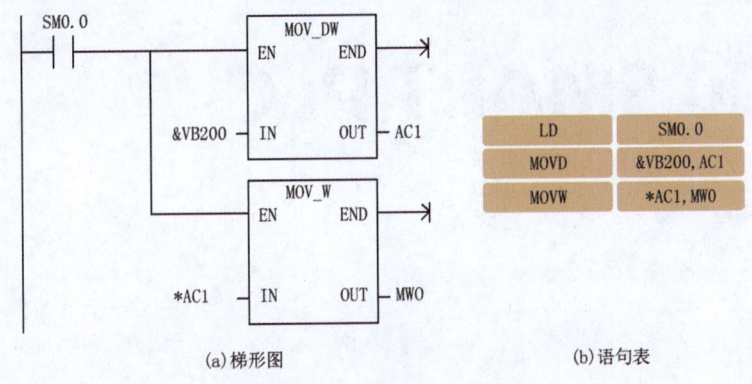

图 3-7　间接寻址举例

　　（1）建立指针，用双字传送指令 MOVD 将 VB200 的地址移入 AC1。

　　（2）用字移位指令 MOVW 将 AC1 中的地址 &VB200 所存储的内容（VB200 中的值为 16#12，VB201 中的值为 16#34）移入 MW0。

第 4 章

S7–200 SMART PLC
基本指令

4.1　位逻辑指令

位逻辑指令针对触点和线圈进行运算操作，触点和线圈指令是应用最多的指令。使用时要弄清指令的逻辑含义以及指令的梯形图表达形式。位逻辑指令示例如图 4-1 所示。

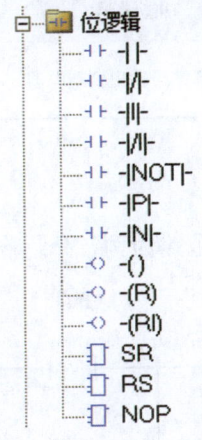

图 4-1　位逻辑指令示例

4.1.1　常开、常闭指令 «

常开、常闭指令的梯形图和功能说明及操作数如表 4-1 所示。

表 4-1　常开、常闭指令的梯形图、功能说明及操作数

指令名称	梯形图	功能说明	操作数
常开	⊣　├	当位等于 1 时，通常常开触点为 1 当位等于 0 时，通常常开触点为 0	I、Q、V、M、SM、S、T、C、L
常闭	⊣ / ├	当位等于 0 时，通常常闭触点为 1 当位等于 1 时，通常常闭触点为 0	I、Q、V、M、SM、S、T、C、L

指令说明

当 I0.0 等于 1 时，I0.0 常开触点闭合，左母线的能流通过 I0.0 到 Q0.0。如图 4-2 所示。

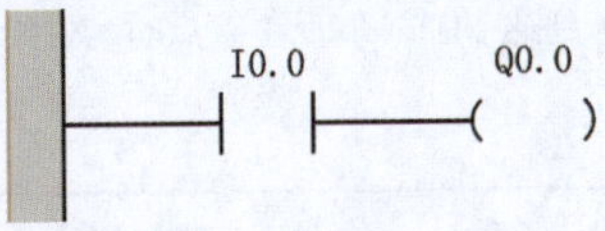

```
        I0.0      Q0.0
  ──────┤ ├──────(   )
```

图 4-2　指令说明（一）

当 I0.0 等于 0 时，I0.0 常闭触点闭合，左母线的能流通过 I0.0 到 Q0.0。如图 4-3 所示。

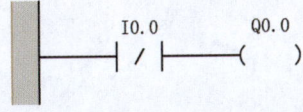

图 4-3　指令说明（二）

4.1.2 输出线圈指令

输出线圈指令的梯形图、功能说明及操作数如表 4-2 所示。

表 4-2　输出线圈指令的梯形图、功能说明及操作数

指令名称	梯形图	功能说明	操作数
输出线圈	─( )	将运算结果输出到继电器	I、Q、V、M、SM、S、T、C、L

程序编写

以电动机的启动/停止的启保停电路为例,介绍输出线圈指令,如图 4-4 所示。

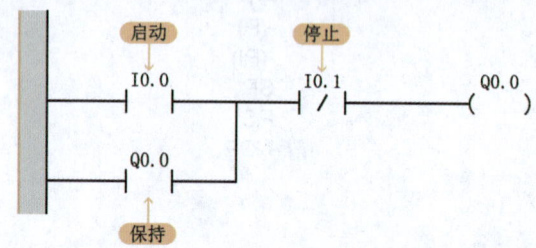

图 4-4　输出线圈指令程序示例

程序解释

当 I0.0 接通时,Q0.0 输出,Q0.0 的常开触点自锁,构成保持。I0.1 接通时,Q0.0 断开。

4.1.3 取反指令

取反指令的梯形图、功能说明及操作数如表 4-3 所示。

表 4-3　取反指令的梯形图、功能说明及操作数

指令名称	梯形图	功能说明	操作数
取反	─┤NOT├─	当使能位到达 NOT(取反)触点时,停止;当使能位未到达 NOT(取反)触点时,供给使能位	I、Q、V、M、SM、S、T、C、L

指令说明

取反触点将它左边电路的逻辑运算结果取反,逻辑运算结果为 1,则变为 0 输出,逻辑运算结果为 0,则变为 1 输出。

程序编写

取反指令示例如图 4-5 所示。

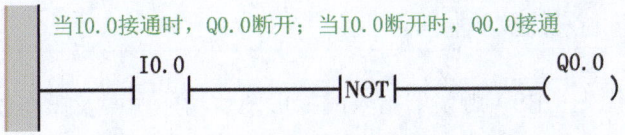

当I0.0接通时，Q0.0断开；当I0.0断开时，Q0.0接通

图 4-5　取反指令示例

4.1.4　置位、复位线圈指令

置位、复位线圈指令的梯形图、功能说明及操作数如表 4-4 所示。

表 4-4　置位、复位线圈指令的梯形图、功能说明及操作数

指令名称	梯形图	功能说明	操作数
置位线圈	bit （ S ） N	把操作数（bit）从指定地址开始的 N 个点都置 1 并保持	bit：通常为 Q、M、V N：范围为 1～255
复位线圈	bit （ R ） N	把操作数（bit）从指定地址开始的 N 个点都复位（清零）并保持	

指令说明

（1）执行置位线圈指令时，若满足相关工作条件，则从指定的位地址开始的 N 个位地址都被置位（变为 1），N=1～255。工作条件失去后，这些位仍保持置 1。

（2）执行复位线圈指令时，从指定的位地址开始的 N 个位地址都被复位（变为 0），N=1～255。

程序编写

如图 4-6 所示，按下 I0.0，置位 Q0.0 并保持信号为 1 的状态；按下 I0.1，复位 Q0.0 并保持信号为 0 的状态。

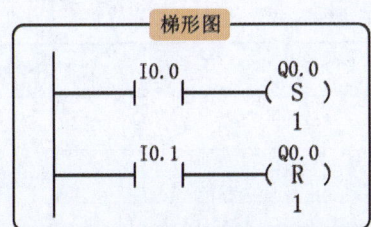
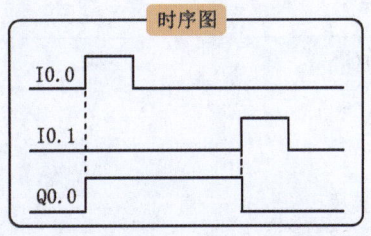

图 4-6　置位、复位线圈指令梯形图与时序图

4.1.5 置位优先、复位优先触发器指令

置位优先（SR）、复位优先（RS）触发器指令的梯形图、功能说明及操作数如表 4-5 所示。

表 4-5　SR、RS 触发器指令的梯形图、功能说明及操作数

指令名称	梯形图	功能说明	操作数
SR 触发器	bit S1　OUT SR R	如果设置（S1）和复原（R）信号均为 1，则输出（OUT）为 1	I、Q、V、M、SM、S、T、C、L
RS 触发器	bit S　OUT RS R1	如果设置（S）和复原（R1）信号均为 1，则输出（OUT）为 0	

指令说明

SR 和 RS 触发器指令真值分别见表 4-6 和表 4-7。

（1）SR 触发器：当置位信号（S1）为真时，输出为真。

（2）RS 触发器：当复位信号（R1）为真时，输出为假。

（3）bit 参数用于指定被置位或者复位的位变量。可选的输出反映位变量的信号状态。

表 4-6　SR 触发器指令真值表

指令名称	S1	R	OUT（bit）
SR 触发器	0	0	保持前一状态
	0	1	0
	1	0	1
	1	1	1

表 4-7　RS 触发器指令真值表

指令名称	S	R1	OUT（bit）
RS 触发器	0	0	保持前一状态
	0	1	0
	1	0	1
	1	1	0

程序编写

SR、RS 触发器指令的梯形图与时序图如图 4-7 所示。

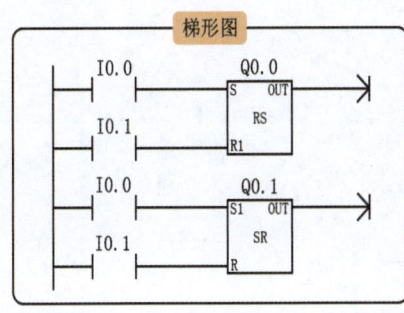
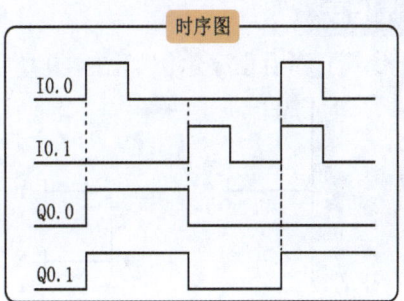

图 4-7　SR、RS 触发器指令的梯形图与时序图

程序解释

① 按下 I0.0，Q0.0 和 Q0.1 置位。

② 按下 I0.1，Q0.0 和 Q0.1 复位。

③ 同时按下 I0.0 和 I0.1：复位优先，则 Q0.0 复位；置位优先，则 Q0.1 置位。

4.1.6　跳变指令上升沿、下降沿

跳变指令上升沿、下降沿的梯形图和功能说明如表 4-8 所示。

表 4-8　跳变指令上升沿、下降沿的梯形图和功能说明

指令名称	梯形图	功能说明
上升沿	─┤ P ├─	执行由 OFF → ON 的正跳变（上升沿），产生一个宽度为一个扫描周期的脉冲，驱动后面的输出线圈
下降沿	─┤ N ├─	执行由 ON → OFF 的负跳变（下降沿），产生一个宽度为一个扫描周期的脉冲，驱动后面的输出线圈

指令说明

上升沿、下降沿信号波形如图 4-8 所示。

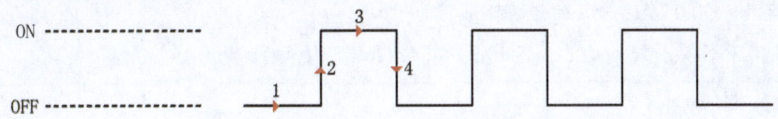

图 4-8　上升沿、下降沿信号波形

如图 4-8 所示的 I0.0 的信号波形图，一个周期由 4 个过程组合而成。

过程 1：断开状态。

过程 2：接通的瞬间状态，即由断开到接通的瞬间，为脉冲上升沿（P）。

过程 3：接通状态。

过程 4：断开的瞬间状态，即由接通到断开的瞬间，为脉冲下降沿（N）。

程序编写

上升沿、下降沿程序示例如图 4-9 所示。

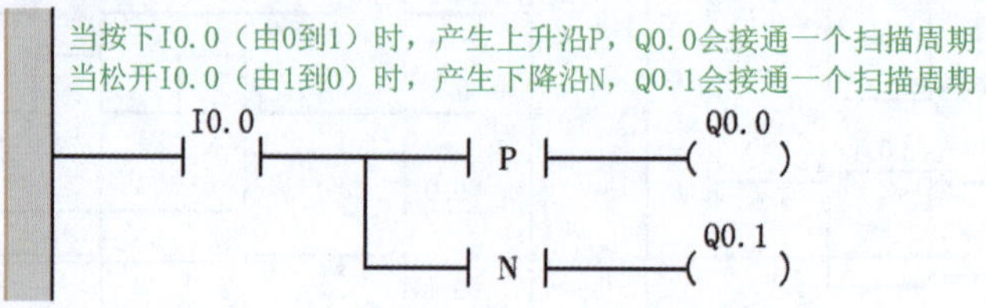

当按下I0.0（由0到1）时，产生上升沿P，Q0.0会接通一个扫描周期
当松开I0.0（由1到0）时，产生下降沿N，Q0.1会接通一个扫描周期

```
     I0.0                      Q0.0
  ───┤ ├───────────┤ P ├────────( )
                    │
                    │           Q0.1
                    └──────┤ N ├────────( )
```

图 4-9 上升沿、下降沿程序示例

4.1.7 位逻辑指令的使用练习

案例 1

电动机 M 有两个启动按钮和两个停止按钮。要求 A、B 两地控制，即在两个不同的地点都能控制电动机启动和停止。A 地启动按钮接 I0.0，停止按钮接 I0.1。B 地启动按钮接 I0.2，停止按钮接 I0.3。

程序编写

控制电路的梯形图如图 4-10 所示。

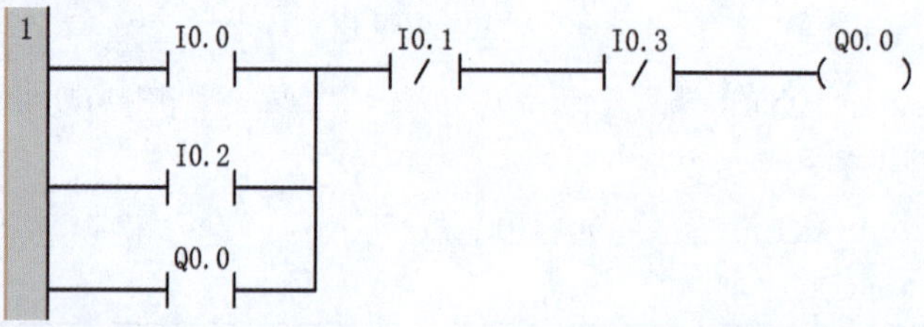

```
1    I0.0        I0.1        I0.3        Q0.0
  ───┤ ├─────────┤/├─────────┤/├─────────( )
  │
  │  I0.2
  ├───┤ ├───
  │
  │  Q0.0
  └───┤ ├───
```

图 4-10 两地控制电路梯形图（一）

程序解释

① I0.0 与 I0.2 并联，按下 I0.0 或者 I0.2 都可以导通，使 Q0.0 输出。

② Q0.0 输出，Q0.0 常开触点导通，构成自锁。

③ I0.1 与 I0.3 串联，按下 I0.1 或者 I0.3 都可以断开，使 Q0.0 断开。

案例 2

电动机 M 要求两地控制，在两个不同的地点需同时按下 SB1 和 SB3 才能启动电动机，按下 SB2 和 SB4 都能使电动机停止。

接线：SB1 接 I0.0，SB2 接 I0.1，SB3 接 I0.2，SB4 接 I0.3。

程序编写

控制电路梯形图如图 4-11 所示。

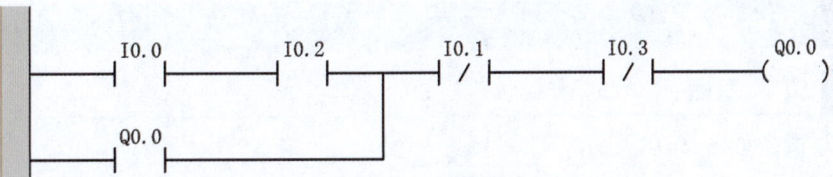

图 4-11 两地控制电路梯形图（二）

程序解释

① I0.0 与 I0.2 串联，同时按下 I0.0 和 I0.2 才可以导通，使 Q0.0 输出。

② Q0.0 输出，Q0.0 常开触点导通，构成自锁。

③ I0.1 与 I0.3 串联，按下 I0.1 或者 I0.3 都可以断开，使 Q0.0 断开。

案例 3

电动机正反转互锁控制：电动机 M 正转由接触器 KM1 控制，反转由接触器 KM2 控制。SB1 为正转启动按钮，SB2 为反转启动按钮，SB3 为停止按钮。必须保证在任何情况下，正、反转接触器不能同时接通。电路采取将正、反转启动按钮 SB1、SB2 互锁及接触器 KM1、KM2 互锁的措施。

接线： SB1 接 I0.0，SB2 接 I0.1，SB3 接 I0.2，Q0.0 控制 KM1 实现正转，Q0.1 控制 KM2 实现反转。

程序编写

控制电路的梯形图如图 4-12 所示。

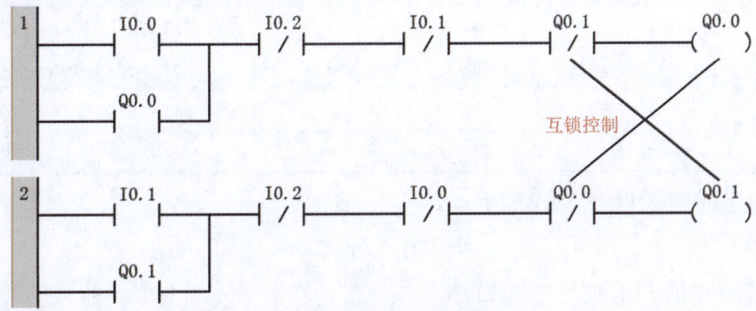

图 4-12 控制电路的梯形图

程序解释

① 按下 I0.0，使 Q0.0 输出。

② Q0.0 输出，Q0.0 常开触点导通，构成自锁。

③ Q0.0 的常闭触点与 Q0.1 的常闭触点构成互锁。

④ 按下 I0.0 时，由于 Q0.0 输出，Q0.0 常闭触点断开，使 Q0.1 无法输出。同理，先启动 Q0.1，按下 I0.1 时，由于 Q0.1 输出，Q0.1 常闭触点断开，无法使 Q0.0 输出。

⑤ 按下停止按钮 I0.2 以后，才可以正常启动 Q0.1 或 Q0.0。

4.2 定时器指令

4.2.1 定时器概述

定时器指令如图 4-13 所示。

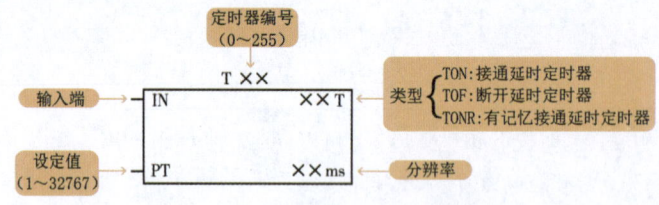

图 4-13　定时器指令图解

（1）定时器指令用来规定定时器的功能，S7-200 SMART PLC CPU 提供了 256 个定时器，共有 3 种类型：接通延时定时器（TON）、有记忆接通延时定时器（TONR）和断开延时定时器（TOF）。

（2）定时器对时间间隔计数，时间间隔称为分辨率，又称为时基。S7-200 SMART PLC 定时器有 3 种分辨率：1ms、10ms 和 100ms。

定时器分类及特征如表 4-9 所示。

表 4-9　定时器分类（定时器编号）及特征

定时器类型	分辨率 /ms	最长定时值 /s	定时器编号
TONR	1	32.767	T0，T64
	10	327.67	T1 ~ T4，T65 ~ T68
	100	3276.7	T5 ~ T31，T69 ~ T95
TON、TOF	1	32.767	T32，T96
	10	327.67	T33 ~ T36，T97 ~ T100
	100	3276.7	T37 ~ T63，T101 ~ T255

定时器的定时时间计算公式如下：

$$T = PT \times 分辨率$$

PT：设定定时值，范围为 1 ~ 32767。

分辨率：选择定时器编号时，PLC 按照定时器特征分配 1ms、10ms、100ms 中的一种分辨率。

例如，TON 指令使用 T37 的定时器，设定值为 10，则时间 $T = 10 \times 100ms = 1s$。

定时器指令的数据类型及有效操作数如表 4-10 所示。

表 4-10　定时器指令的数据类型及有效操作数

输入 / 输出	数据类型	操作数
T××	字（WORD）	常数（T0 ~ T255）
IN	位（BOOL）	I、Q、V、M、SM、S、T、L、能流
PT	字（WORD）	IW、QW、VW、MW、SMW、T、C、LW、AC、AIW、常数

4.2.2 接通延时定时器

接通延时定时器指令如图 4-14 所示。

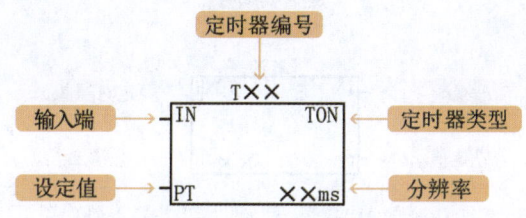

图 4-14 接通延时定时器指令图解

指令说明

（1）首次扫描时，定时器位为 OFF，当前值为 0。

（2）当输入端（IN）接通时，定时器从 0 开始计时。

（3）当前值大于或等于设定值时，定时器置位，即定时器状态位为 ON，定时器常开触点闭合，常闭触点断开。

（4）定时器累计值达到设定值后继续计数，达到最大值 32767 后不再增加。

（5）当输入端（IN）断开时，定时器复位，即定时器状态位为 OFF，当前值为 0，也可用复位指令使定时器复位。

程序编写

接通延时定时器的梯形图与时序图如图 4-15 所示。

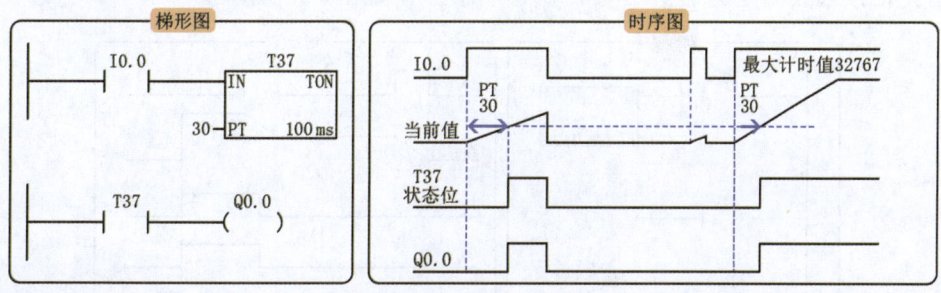

图 4-15 接通延时定时器的梯形图与时序图

程序解释

① 当 I0.0 接通时，输入端（IN）输入有效，定时器 T37 开始计时，当前值从 0 开始递增，当当前值大于或等于预置值 30 时，定时器对应的常开触点 T37 闭合，驱动线圈 Q0.0 吸合。

② 当 I0.0 断开时，输入端（IN）输出无效，T37 复位清零，定时器常开触点 T37 断开，线圈 Q0.0 断开。

③ 若输入端输入一直有效，则计时值到达预置值以后，当前值仍然增加，直至达到 32767，在此期间定时器 T37 输出状态仍为 1，线圈 Q0.0 仍处于吸合状态。

4.2.3 有记忆接通延时定时器

有记忆接通延时定时器指令如图 4-16 所示。

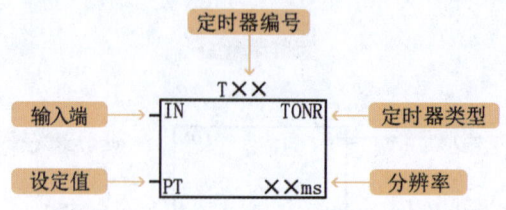

图 4-16　有记忆接通延时定时器指令图解

指令说明

首次扫描时，定时器位为 OFF，当前值保持断电前的值。

当 IN 接通时，定时器位为 OFF，定时器从 0 开始计时。

当前值大于或等于设定值时，定时器位为 ON。

定时器累计值达到设定值后继续计数，至达到最大值 32767 时停止增加。

当 IN 断开时，定时器的当前值被保持，定时器状态位不变。

当 IN 再次接通时，定时器的当前值从原保持值开始向上增加，因此可累计多次输入信号的接通时间。

此定时器必须用复位（R）指令清除当前值。

程序编写

有记忆接通延时定时器指令的梯形图与时序图如图 4-17 所示。

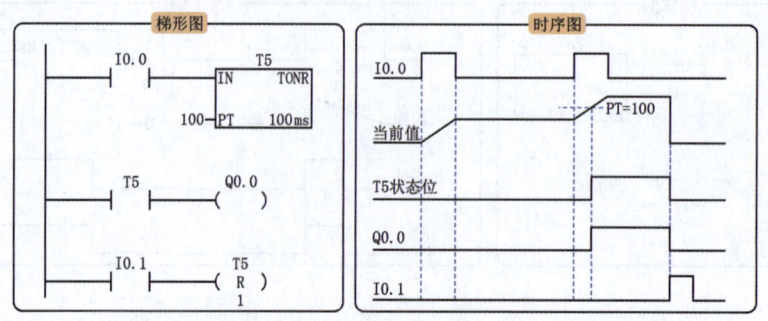

图 4-17　有记忆接通延时定时器指令的梯形图与时序图

程序解释

① 当 I0.0 接通时，输入端（IN）有效，定时器开始计时。

② 当 I0.0 断开时，输入端无效，但当前值仍然保持并不复位。当输入端再次有效时，当前值在原来的基础上开始递增，当当前值大于或等于设定值时，定时器 T5 常开触点导通，线圈 Q0.0 有输出，此后当输入端无效时，定时器 T5 状态位仍然为 1。

③ 当 I0.1 闭合时，执行复位操作，定时器 T5 状态位被清零，定时器 T5 常开触点断开，线圈 Q0.0 断电。

4.2.4 断开延时定时器

断开延时定时器指令如图 4-18 所示。

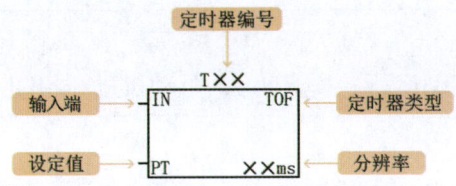

图 4-18 断开延时定时器指令图解

指令说明

首次扫描时,定时器位为 OFF,当前值为 0。

当 IN 接通时,定时器位即被置为 ON,当前值为 0。

当输入端由接通到断开时,定时器开始计时。

当前值等于设定值时,定时器状态位为 OFF,当前值保持设定值,并停止计时。

可用 R 指令使定时器复位,复位后,定时器位为 OFF,当前值为 0。

定时器复位后,当输入端 IN 从 ON 转到 OFF 时,定时器可再次启动。

程序编写

断开延时定时器指令梯形图与时序图如图 4-19 所示。

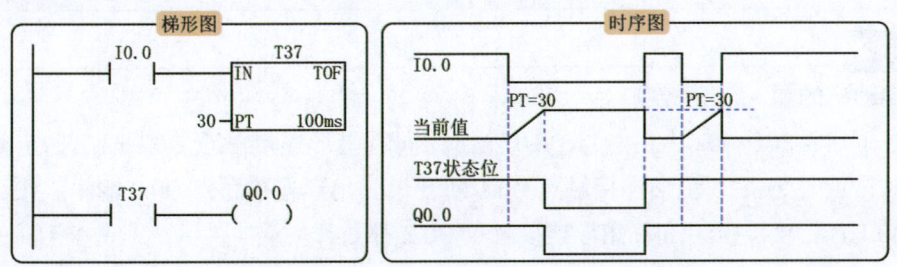

图 4-19 断开延时定时器指令梯形图与时序图

程序解释

① 当 I0.0 接通时,输入端(IN)输入有效,当前值为 0,定时器 T37 输出状态为 1,常开触点导通,线圈 Q0.0 有输出。

② 当 I0.0 断开时,输入端输入无效,T37 开始计时,当前值从 0 开始递增。当当前值达到设定值时,定时器 T37 复位,线圈 Q0.0 无输出,但当前值保持。

③ 当 I0.0 再次接通时,线圈 Q0.0 复位清零。

▶4.2.5　定时器应用举例

案例 4

电动机的延时停止

按下 I0.0，电动机启动运行。按下 I0.1，电动机过 5s 停止工作。

程序编写

电动机的延时停止程序如图 4-20 所示。

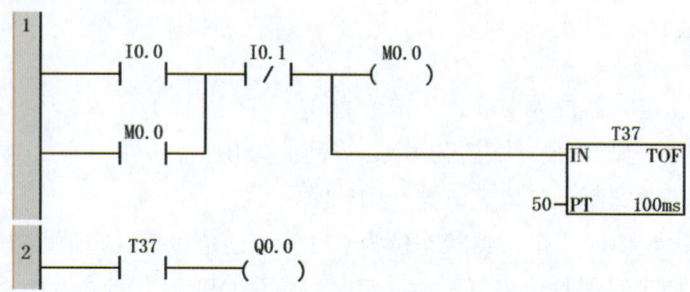

图 4-20　电动机的延时停止程序

程序解释

① 按下 I0.0，M0.0 导通并自锁，T37 常开触点导通，Q0.0 得电，电动机运行。

② 按下 I0.1，M0.0 失电，T37 开始计时，5s 后 T37 常闭触点断开，Q0.0 失电，电动机停止运行。

案例 5

电动机的星-三角控制

按下启动按钮 I0.0，主触点 Q0.0 输出，同时星形连接触点 Q0.1 输出，定时器开始计时；延时 5s 后，星形连接触点 Q0.1 断开，三角形连接触点 Q0.2 输出。按下停止按钮 I0.1，主触点 Q0.0 和三角形连接触点 Q0.2 都断开。

程序编写

电动机的星-三角控制程序如图 4-21 所示。

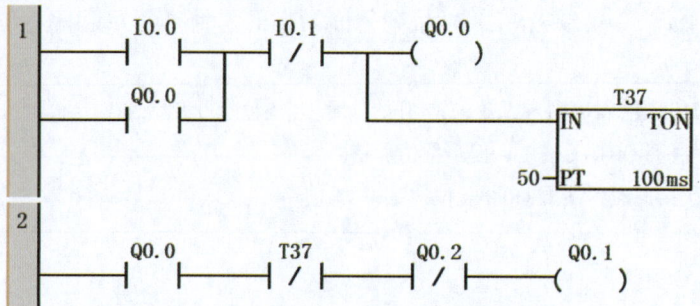

图 4-21　电动机的星-三角控制程序

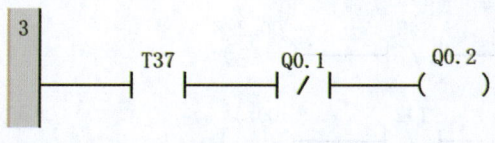

续图 4-21

程序解释

① 按下启动按钮 I0.0，主触点 Q0.0 输出并自锁。定时器 T37 开始计时。

② Q0.0 的常开触点导通，T37 常闭触点导通（T37 没有到达设定的时间），星形连接触点 Q0.1 输出。

③ 到达设定时间 5s 后，T37 常闭触点断开，星形连接触点 Q0.1 断开；T37 常开触点导通，三角形连接触点 Q0.2 输出。

④ T37 常闭触点与常开触点构成互锁，使星形连接触点 Q0.1 和三角形连接触点 Q0.2 也构成互锁。

⑤ 按下停止按钮 I0.1，主触点 Q0.0 断开，T37 复位清零，常开触点断开，三角形连接触点 Q0.2 断开。

案例 6

五台电动机顺序启动、逆序停止

按下启动按钮 I0.0，第一台电动机启动，Q0.0 输出，每过 3s 启动一台电动机，直至五台电动机全部启动。按下停止按钮 I0.1，3s 后第五台电动机停止运行，之后每过 3s 逆向关停一台电动机，直至五台电动机全部停止运行。

程序编写

五台电动机顺序启动、逆序停止控制程序如图 4-22 所示。

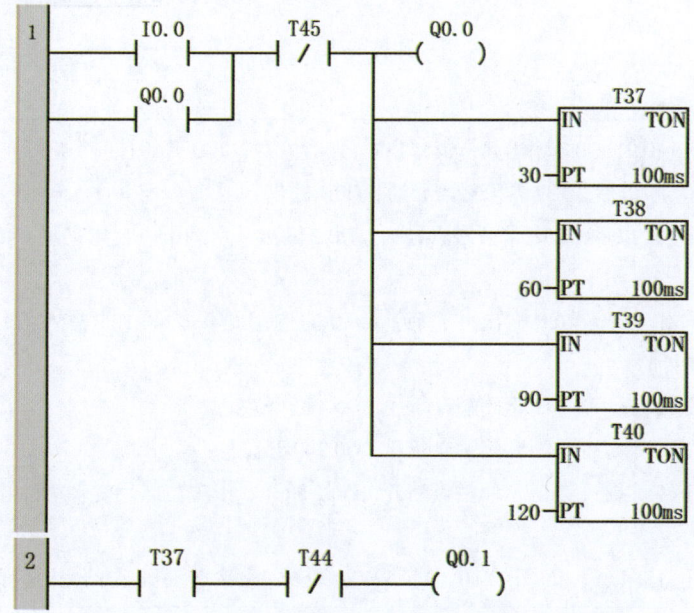

图 4-22 五台电动机顺序启动、逆序停止控制程序

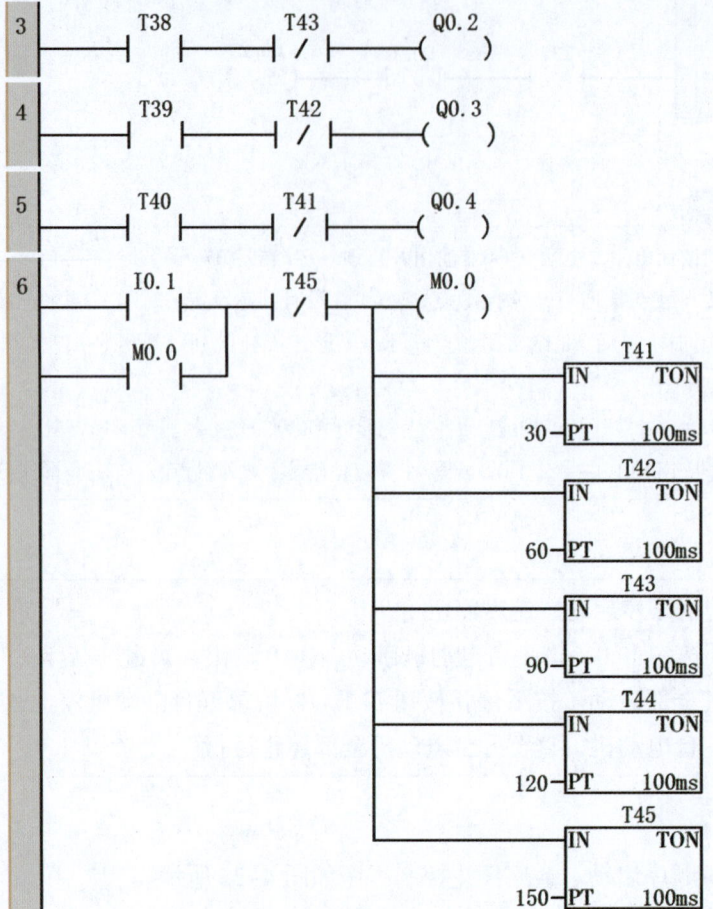

续图 4-22

程序解释

①按下启动按钮 I0.0，Q0.0 输出并自锁。T37、T38、T39、T40 开始计时。

②T37 时间到达 3s 以后，T37 常开触点导通，Q0.1 输出。

③T38 时间到达 3s 以后，T38 常开触点导通，Q0.2 输出，启动下一台电动机。依次类推，顺序启动五台电动机。

④按下停止按钮 I0.1，M0.0 输出并自锁。M0.0 的作用是保持 I0.1 的输入信号。T41、T42、T43、T44、T45 开始计时。

⑤T41 时间到达 3s 以后，T41 常闭触点断开，Q0.4 断开。

⑥T42 时间到达 6s 以后，T42 常闭触点断开，Q0.3 断开。

⑦T43 时间到达 9s 以后，T43 常闭触点断开，Q0.2 断开。依次类推，剩余两台电动机的 Q0.1 和 Q0.0 断开。

⑧T45 时间到达 15s 以后，断开 Q0.0，同时 M0.0 断开，五台电动机逆序停止运行。

4.3 计数器指令

4.3.1 计数器概述

定时器是对 S7–200 SMART PLC 内部的时钟脉冲进行计数，而计数器是对 S7–200 SMART PLC 外部或由程序产生的计数脉冲进行计数，即用来累计输入脉冲的次数。S7–200 SMART PLC 提供了三种类型的计数器，即增计数器（CTU）、减计数器（CTD）和增 / 减计数器（CTUD），如图 4–23 所示。

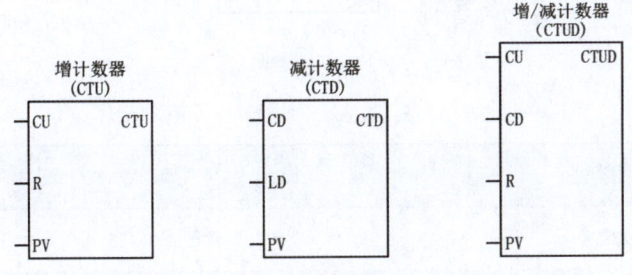

图 4-23 计数器指令

计数器的操作包括四种：编号、设定值、脉冲输入和复位输入。

（1）编号：用计数器名称 + 常数来表示，即 C××，范围为 C0 ~ C255。计数器编号还包含计数器状态位和计数器当前值等信息。

① 计数器状态位：当计数器当前值达到设定值 PV 时，该位被置为 "1"。

② 计数器当前值：存储计数器当前所累计的脉冲个数，用 16 位整数来表示，最大计数值为 32767。通过编号访问计数器的状态位和当前值。

（2）CU：增计数器脉冲输入端，上升沿有效。

（3）CD：减计数器脉冲输入端，上升沿有效。

（4）R：复位输入端，复位当前值和状态位。

（5）LD：装载复位输入端，只用于减计数器。

（6）PV：计数器设定值，数据类型为整数。

4.3.2 增计数器

增计数器指令图解如图 4–24 所示。增计数器指令的数据类型及有效操作数如表 4–11 所示。

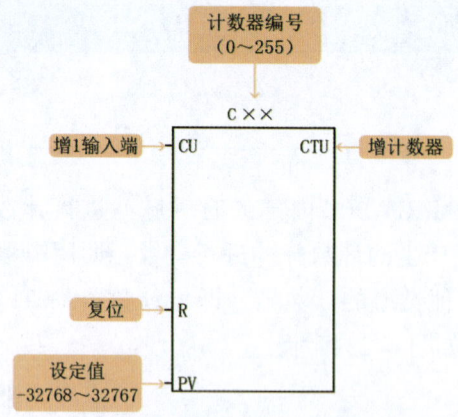

图 4-24　增计数器指令图解

表 4-11　增计数器指令的数据类型及有效操作数

输入 / 输出	数据类型	操作数
C××	常数	常数（0～255）
CU、R	位（BOOL）	I、Q、V、M、SM、S、T、V、L、能流
PV	整数（INT）	IW、QW、VW、MW、SMW、T、C、LW、AC、AIW、常数

应注意，每台计数器都有一个当前值，请勿将相同的号码设置给一台以上的计数器。

> 指令说明

首次扫描时，计数器位为 OFF，当前值为 0。

当 CU 端接通一个上升沿时，计数器计数 1 次，当前值增加 1 个单位。

当当前值达到设定值 PV 时，计数器置位为 ON，当前值持续计数至 32767。

当复位输入端 R 接通时，计数器复位为 OFF，当前值为 0。

> 程序编写

增计数器程序示例如图 4-25 所示。

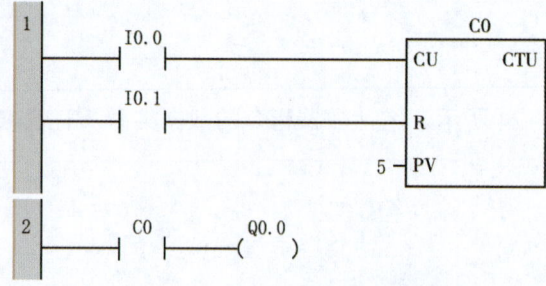

图 4-25　增计数器程序示例

程序解释

① 按一次 I0.0，CU 端会产生一个上升沿，计数器计数 1 次，直到最大值 32767。

② PV 值设置为 5，计数器计数到大于或等于 5 时，C0 常开触点导通，Q0.0 输出。

③ 按下 I0.1，C0 数值复位清零。C0 常开触点断开，Q0.0 断开。

4.3.3 减计数器

减计数器指令图解如图 4-26 所示。减计数器指令的数据类型及有效操作数如表 4-12 所示。

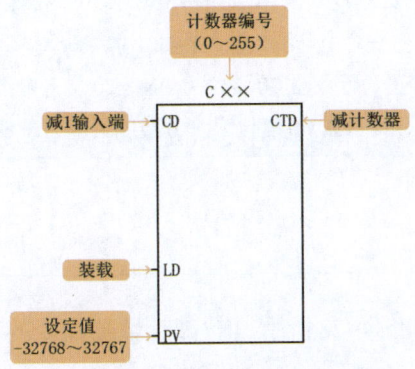

图 4-26　减计数器指令图解

表 4-12　减计数器指令的数据类型及有效操作数

输入 / 输出	数据类型	操作数
C × ×	常数	常数（0～255）
CD、LD	位（BOOL）	I、Q、V、M、SM、S、T、L、能流
PV	整数（INT）	IW、QW、VW、MW、SMW、T、C、LW、AC、AIW、常数

应注意，每台计数器都有一个当前值，请勿将相同的号码设置给一台以上的计数器。

指令说明

首次扫描时，计数器位为 OFF，当前值等于设定值。

当 CD 端接通一个上升沿时，计数器当前值减小 1 个单位。

当当前值递减至 0 时，计数停止，该计数器置位为 ON。

当装载端 LD 接通时，计数器复位为 OFF，并把设定值 PV 装入计数器，即当前值为设定值，而不是 0。

程序编写

减计数器程序示例如图 4-27 所示。

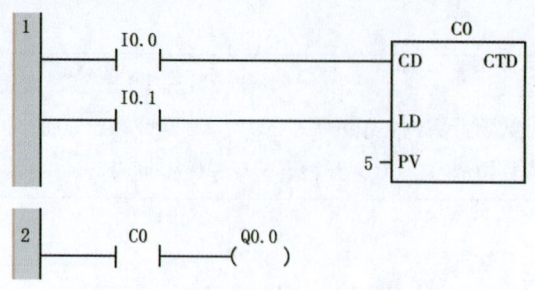

图 4-27 减计数器程序示例

程序解释

① 按下 I0.1，LD 接通，计数器 C0 复位，设定值 PV=5 装入计数器。

② 按一次 I0.0，CD 端会产生一个上升沿，计数器减 1。

③ 当 C0 减至 0 时，计数停止，计数器 C0 置位为 ON，C0 常开触点导通，Q0.0 线圈得电。

④ 再次按下 I0.1，LD 接通，计数器 C0 复位，Q0.0 线圈失电，设定值 PV=5 装入计数器。

4.3.4 增 / 减计数器

增/减计数器指令图解如图 4-28 所示。增/减计数器指令的有效操作数如表 4-13 所示。

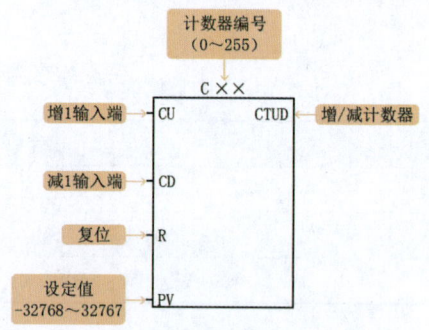

图 4-28 增 / 减计数器指令图解

表 4-13 增 / 减计数器指令的有效操作数

输入 / 输出	数据类型	操作数
C××	常数	常数（0～255）
CU、CD、R	位（BOOL）	I、Q、V、M、SM、S、T、L、能流
PV	整数（INT）	IW、QW、VW、MW、SMW、T、C、LW、AC、AIW、常数

应注意，每台计数器都有一个当前值，请勿将相同的号码设置给一台以上的计数器。

指令说明

（1）首次扫描时，计数器位为 OFF，当前值为 0。

（2）当 CU 在上升沿接通时，计数器当前值增加 1 个单位，当前值持续计数至 32767；若在 CU 端再输入一个上升沿脉冲，则其当前值立刻跳变为最小值 −32768。当 CD 在上升沿接通时，计数器当前值减少 1 个单位，当前值持续减至 −32768；若在 CD 端再输入一个上升沿脉冲，则其当前值立刻跳变为最大值 32767。

（3）当前值达到设定值 PV 时，计数器置位为 ON。

（4）当复位输入端 R 接通时，计数器复位为 OFF，当前值为 0。

程序编写

增 / 减计数器程序示例如图 4-29 所示。

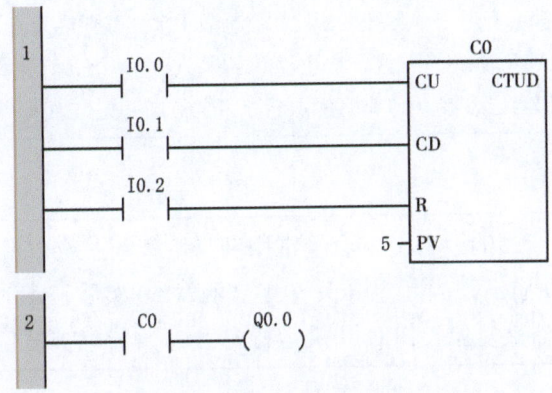

图 4-29   增 / 减计数器程序示例

程序解释

① 按一次 I0.0，CU 端产生一个上升沿，计数器 C0 计数加 1。

② 按一次 I0.1，CD 端产生一个上升沿，计数器 C0 计数减 1。

③ PV 值设置为 5，计数器计数到大于或等于 5 时，C0 常开触点导通，Q0.0 线圈得电。

④ 按下 I0.2，C0 数值复位清零，C0 常开触点断开，Q0.0 线圈失电。

4.3.5   计数器应用举例 ≪

案例 7

当按钮 SB1 按 4 次时灯点亮，当按钮 SB2 按下时灯熄灭。

接线：I0.0 接 SB1，I0.1 接 SB2，Q0.0 接灯。

程序编写

计数灯亮和灯灭控制程序如图 4-30 所示。

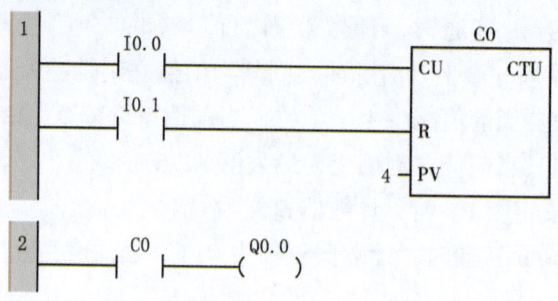

图 4-30　计数灯亮和灯灭控制程序

程序解释

① 按一次 I0.0，CU 端会产生一个上升沿，计数器计数 1 次，直到最大值 32767。

② 当计数器 C0 计数到 4 时，C0 置位，常开触点导通，Q0.0 输出，灯亮。

③ 按下 I0.1，C0 数值复位清零。C0 常开触点断开，Q0.0 断开，灯熄灭。

案例 8

　　在一台自动生成产品的设备上，会经常用到当生产到一定数量后停止机器的功能。按下按钮 I0.0 后 Q0.0 输出，当光电开关 I0.1 被触发 50 次后，定时器开始计时，5s 后 Q0.0 断开，同时计数器被复位，PLC 开机运行时，计数器也被复位。

程序编写

生产计数程序如图 4-31 所示。

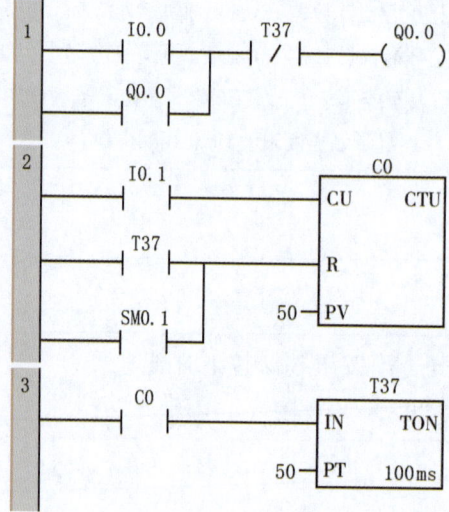

图 4-31　生产计数程序

程序解释

① 按下按钮 I0.0，T37 常闭触点闭合，Q0.0 线圈得电并自锁，电动机启动。

② 光电开关 I0.1 接通一次，计数器 C0 记录一次，当数量记录到 50 次时，计数器 C0 常开触点闭合，定时器 T37 开始延时，定时器 T37 延时 5s 时间到，同时复位计数器 C0。

③ 定时器 T37 延时 5s 时间到，T37 常闭触点断开，Q0.0 线圈失电，Q0.0 控制的接触器线圈失电，电动机停止。

④ PLC 第一次开机时有初始化脉冲 SM0.1，复位计数器当前值。

案例 9

有一台冲床在冲垫片，要对所冲的垫片进行计数，即冲床的滑块下滑一次，接近感应开关动作，计数器计数，计到 50000 次时，输出指示灯亮，表示已经完成目标。按下复位开关，随时对计数器进行复位。计数器的最大值是 32767，如果需要记录 50000 个产品，如何编写程序？

接线：I0.0 接接近开关，I0.1 接复位开关，Q0.0 接指示灯。

程序编写

编程方法一如图 4-32 所示。

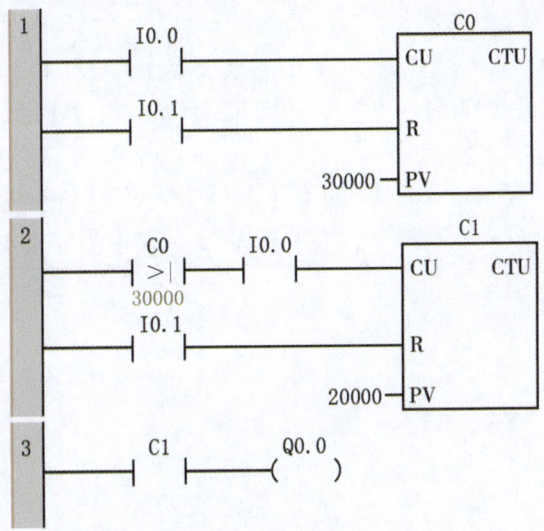

图 4-32　编程方法一

程序解释

① 通过 I0.0 光电开关记录产品个数。

② 当 C0 的数值大于 30000 时，C1 才开始计数，当计数到 20000 次时，有 30000+20000=50000。

③ 当计数到 50000 次时，Q0.0 线圈接通，指示灯亮，直到按下复位按钮 I0.1，C0 和 C1 计数器复位。

程序编写

编程方法二如图 4-33 所示。

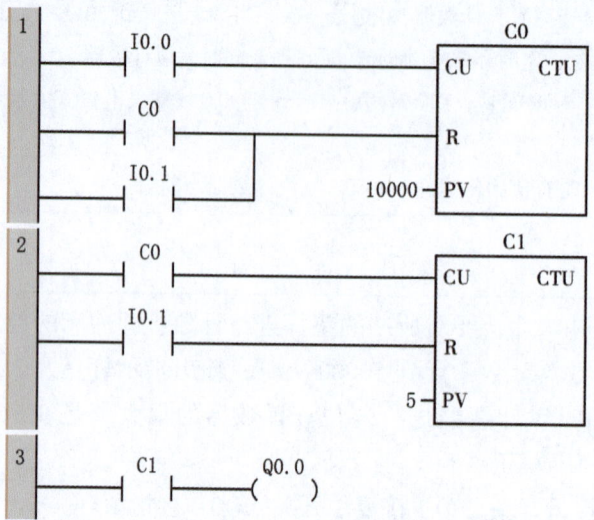

图 4-33 编程方法二

程序解释

① 计数器计数，要计到 50000 次，超过了计数器最大值 32767，因此必须用两个计数器来完成，50000=10000×5。

② 接近开关感应一次，CU 端会产生一次上升沿，计数器计数 1 次。

③ 当计数器 C0 计数至 10000 时，C0 置位，常开触点导通，C1 计数 1 次，C0 数值复位清零。重新开始计数。

④ 当计数器 C1 计数到 5 时，C1 置位，C1 常开触点导通，Q0.0 输出，指示灯亮。

⑤ 按下 I0.1，C0、C1 数值复位清零。C1 常开触点断开，Q0.0 断开，指示灯熄灭。

第 5 章

S7-200 SMART PLC
功能指令

5.1 比较指令

比较指令如图 5-1 所示。

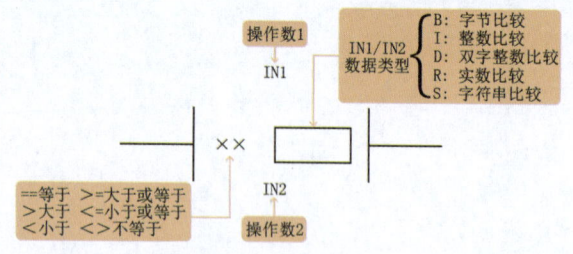

图 5-1 比较指令图解

5.1.1 比较指令功能介绍

比较指令用于比较两个数值或字符串，满足比较关系式给出的条件时，触点闭合。比较指令为实现上、下限控制以及数值条件判断提供了方便。

数值比较指令的运算有==、>=、<=、>、<和<>6 种。而字符串比较指令只有==和<>两种。

比较指令的功能如下：

（1）字节比较用于比较两个字节型无符号整数值 IN1 和 IN2 的大小。

（2）整数比较用于比较两个有符号整数值 IN1 和 IN2 的大小，其范围是 16#8000 ～ 16#7FFF。

（3）双字整数比较用于比较两个有符号双字 IN1 和 IN2 的大小，其范围是 16#80000000 ～ 16#7FFFFFFF。

（4）实数比较用于比较两个实数 1N1 和 IN2 的大小，是有符号的比较。

（5）字符串比较用于比较两个字符串的 ASCII 码。

5.1.2 比较指令应用举例

案例 1

某轧钢厂的成品库可存放钢卷 1000 个，因为不断有钢卷入库、出库，需要对库存的钢卷进行统计。当库存低于下限 100 时，指示灯 HL1 亮；当库存大于 900 时，指示灯 HL2 亮；当达到库存上限 1000 时，报警器 HA 响，停止入库。入库、出库分别接感应光电开关。按下复位按钮，数值清零。

接线： I0.0 接入库感应开关，I0.1 接出库感应开关，I0.2 接复位按钮，Q0.0 接指示灯 HL1，Q0.1 接指示灯 HL2，Q0.2 接报警器 HA。

程序编写

轧钢厂的成品库存控制程序如图 5-2 所示。

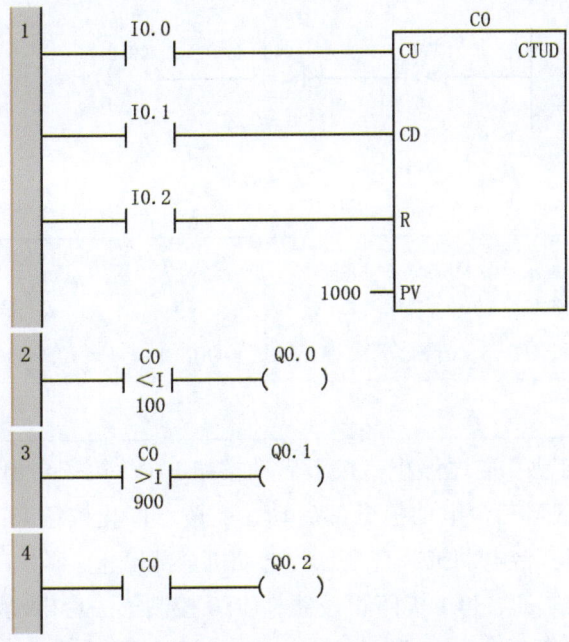

图 5-2 轧钢厂的成品库存控制程序

程序解释

① I0.0 感应到入库信号，计数器 C0 计数加 1 次，钢卷数量加 1。

② I0.1 感应到出库信号，计数器 C0 计数减 1 次，钢卷数量减 1。

③ 当计数器 C0 数值小于 100 时，Q0.0 输出，指示灯 HL1 亮。

④ 当计数器 C0 数值大于 900 时，Q0.1 输出，指示灯 HL2 亮。

⑤ 当计数器 C0 数值超过 1000 时，C0 常开触点导通，Q0.2 输出，报警器 HA 响。

⑥ 当按下复位按钮 I0.2 时，C0 复位端接通，清零。

案例 2

温度低于 15℃时黄灯亮，温度高于 35℃时红灯亮，其他情况绿灯亮。

接线： Q0.0 接黄灯，Q0.1 接红灯，Q0.2 接绿灯。S7-200 SMART PLC 采集的温度放到 VW0 里面。

程序编写

温度的比较控制程序如图 5-3 所示。

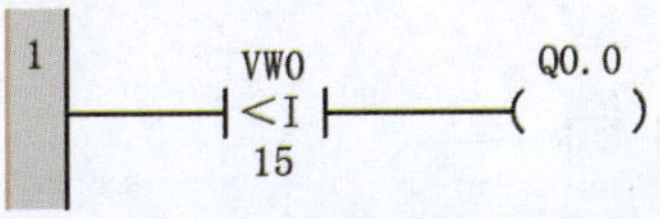

图 5-3 温度的比较控制程序

续图 5-3

程序解释

① VW0 数值小于 15，黄灯（Q0.0）亮。

② VW0 数值大于 35，红灯（Q0.1）亮。

③ VW0 数值大于或等于 15 且小于或等于 35，绿灯（Q0.2）亮。

案例 3

　　三台电动机顺序启动、逆序停止：按下启动按钮 I0.0，第一台电动机启动，每过 3s 启动一台电动机，直至三台电动机全部启动；当按下停止按钮 I0.1 时，每过 3s 关停一台电动机，先停第三台电动机，直至三台电动机全部停止。

　　接线：I0.0 接启动按钮，I0.1 接停止按钮；Q0.0 控制第一台电动机，Q0.1 控制第二台电动机，Q0.2 控制第三台电动机。

程序编写

　　三台电动机顺序启动、逆序停止控制程序如图 5-4 所示。

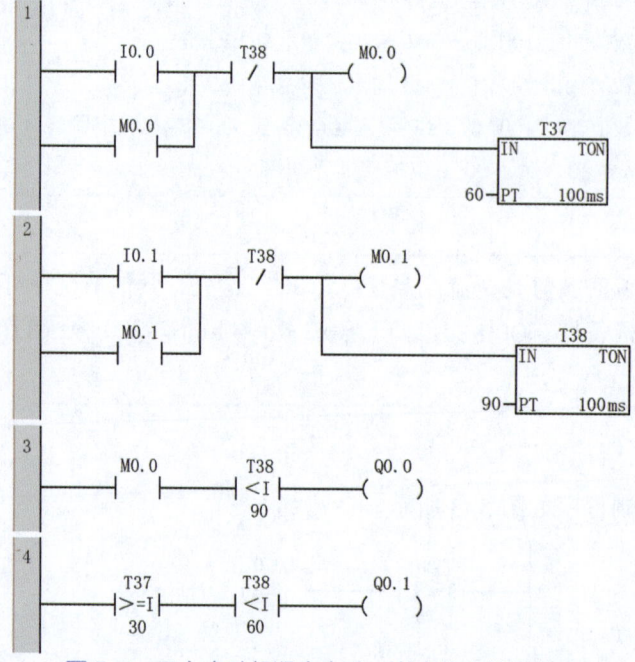

图 5-4　三台电动机顺序启动、逆序停止控制程序

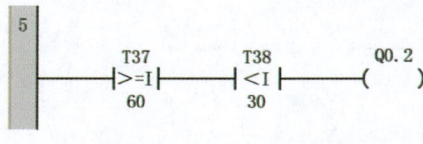

续图 5-4

程序解释

① 按下启动按钮 I0.0，M0.0 输出并自锁。T37 开始计时。

② M0.0 常开触点导通，Q0.0 输出；T37 时间到达 3s 以后，Q0.1 输出；T37 时间到达 6s 以后，Q0.2 输出。顺序启动完成。

③ 按下停止按钮 I0.1，M0.1 输出并自锁。T38 开始计时。

④ T38 时间到达 3s 以后，Q0.2 断开；T38 时间到达 6s 以后，Q0.1 断开；T38 时间到达 9s 以后，Q0.0 断开。逆序停止完成。

⑤ T38 时间到达 9s 以后，T38 常闭触点断开，M0.0 和 M0.1 断开。按下启动按钮，电动机又可以正常顺序启动，逆序停止。

案例 4

有四个灯，要求按下启动按钮，每隔 1s，灯依序点亮，再依序灭灯，如此循环。按下停止按钮，灯都熄灭。

接线： I0.0 接启动按钮，I0.1 接停止按钮，Q0.0 控制第一个灯，Q0.1 控制第二个灯，Q0.2 控制第三个灯，Q0.3 控制第四个灯。

程序编写

四个灯的顺序控制程序如图 5-5 所示。

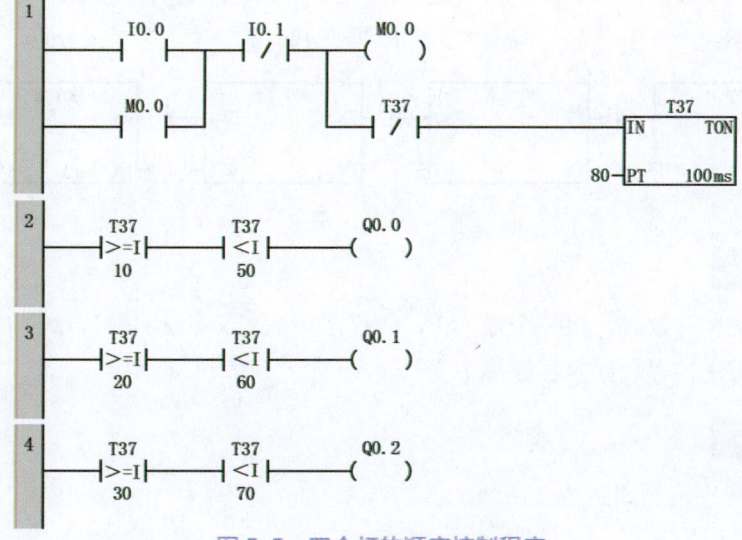

图 5-5　四个灯的顺序控制程序

续图 5-5

程序解释

① 按下启动按钮 I0.0，M0.0 输出并自锁。T37 开始计时。

② T37 时间到达 8s 以后，T37 常闭触点断开，T37 清零。T37 清零以后，T37 常闭触点又导通，T37 又开始正常计时，实现 8s 的循环。

③ T37 时间到 1s 以后，Q0.0 输出；T37 时间到达 2s 以后，Q0.1 输出；T37 时间到达 3s 以后，Q0.2 输出；T37 时间到达 4s 以后，Q0.3 输出。

④ T37 时间到达 5s 以后，Q0.0 断开；T37 时间到达 6s 以后，Q0.1 断开；T37 时间到达 7s 以后，Q0.2 断开；T37 时间到达 8s 以后，Q0.3 断开。

⑤ 按下停止按钮 I0.1，M0.0 断开，T37 停止计时，所有灯都熄灭。

5.2 数据传送指令

5.2.1 传送指令

传送指令在不改变原存储单元值（内容）的情况下，将 IN（输入端存储单元）的值复制到 OUT（输出端存储单元）中。可用于存储单元的清零、程序初始化等场合。

传送包括单个数据传送及一次性传送多个连续字块。每种又可依据传送数据的类型分为字节传送、字传送、双字传送和实数传送等几种情况，如图 5-6 所示。

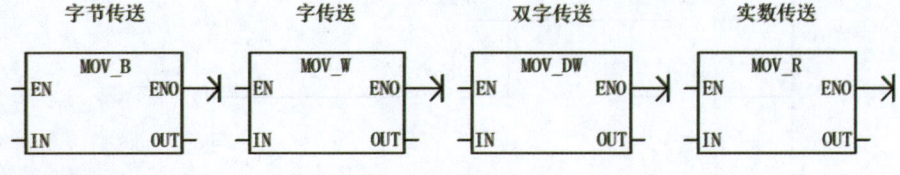

图 5-6　传送指令

指令说明

当使能端 EN 有效时，将一个输入 IN 的字节、字、双字或实数传送到 OUT 的指定存储单元输出，传送过程数据内容保持不变。

程序编写

传送指令程序示例如图 5-7 所示。

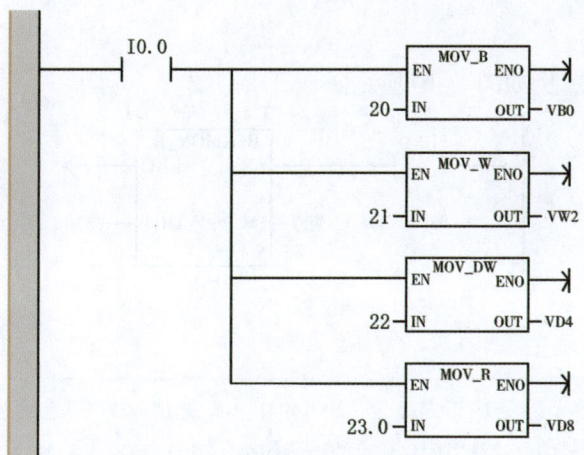

图 5-7　传送指令程序示例

　　按一次 I0.0，字节传送指令（MOV_B）把 20 传送给 VB0；字传送指令（MOV_W）把 21 传送给 VW2；双字传送指令（MOV_DW）把 22 传送给 VD4；实数传送指令（MOV_R）把 23.0 传送给 VD8。

5.2.2　数据块传送指令

　　数据块传送指令图解如图 5-8 所示。数据块传送指令如图 5-9 所示。

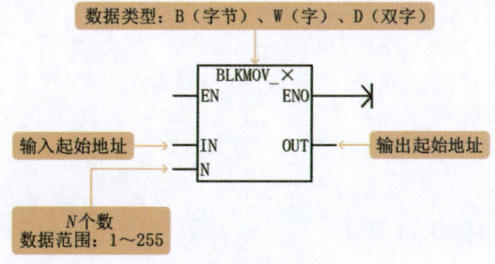

图 5-8　数据块传送指令图解

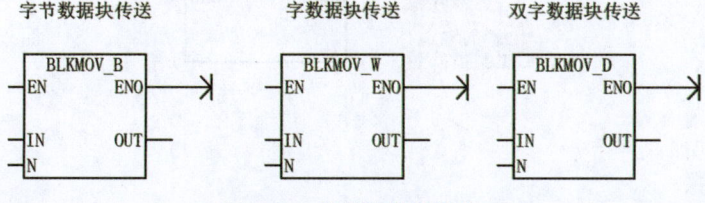

图 5-9　数据块传送指令

指令说明

　　当使能端 EN 有效时，把输入 IN 起始地址的 N（N 的范围是 1 ~ 255）个字节、字、双字传送到 OUT 的起始地址中。传送过程中数据内容保持不变。

数据块指令程序示例如图 5-10 所示。

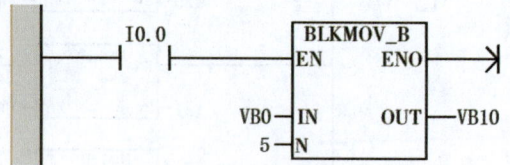

图 5-10 数据块指令程序示例

① 按一次 I0.0，字节数据块传送指令（BLKMOV_B）把从 VB0 开始的连续 5 个字节（VB0、VB1、VB2、VB3、VB4）传送给从 VB10 开始的连续 5 个字节 (VB10、VB11、VB12、VB13、VB14)。

② 传送过程中数据内容保持不变。数据块传送指令对应数据如表 5-1 所示。

表 5-1　数据块传送指令对应数据

地址	数据	地址	数据
VB0	4	VB10	4
VB1	7	VB11	7
VB2	42	VB12	42
VB3	156	VB13	156
VB4	230	VB14	230

5.2.3　字节交换指令

字节交换指令图解如图 5-11 所示。

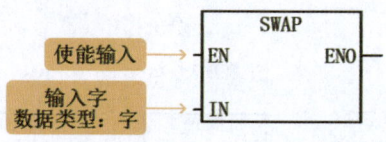

图 5-11　字节交换指令图解

字节交换指令用来交换输入字 IN 的最高字节和最低字节。

字节交换指令程序示例如图 5-12 所示。

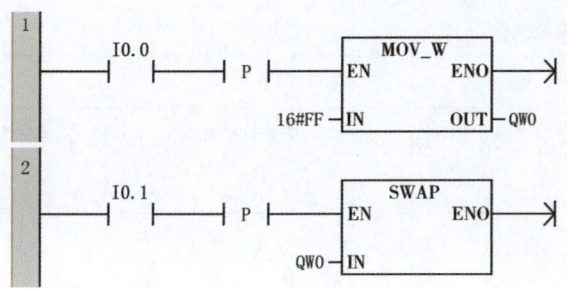

图 5-12　字节交换指令程序示例

程序解释

　　① 按一次 I0.0，字传送指令（MOV_W）把 16#FF 传送给 QW0；Q0.0 ~ Q0.7 为 0，Q1.0 ~ Q1.7 为 1。

　　② 按一次 I0.1，字节交换指令（SWAP）把 QB0 与 QB1 进行交换，交换后，Q0.0 ~ Q0.7 为 1，Q1.0 ~ Q1.7 为 0，QW0 为 16#FF00，如图 5-13 所示。

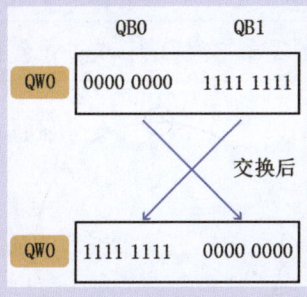

图 5-13　数据交换图例

5.2.4　字节立即传送指令

　　字节立即传送指令如图 5-14 所示。

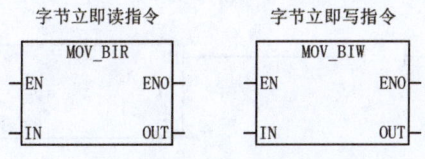

图 5-14　字节立即传送指令

指令说明

　　字节立即读指令：当使能端有效时，读取实际输入端 IN 的 1 个字节的数值，并将结果写入 OUT 所指定的存储单元，但输入映像寄存器未更新。

　　字节立即写指令：当使能端有效时，从输入端 IN 所指定的存储单元中读取 1 个字节的数据，并将结果写入 OUT 所指定的存储单元，刷新输出映像寄存器，将计算结果立即输出到负载。

5.2.5 数据传送指令应用举例

案例 5

有 8 个灯（QB0），分别通过 8 个按钮（IB0）控制，按下按钮 I0.0，对应 Q0.0 亮，即 IB0 ~ QB0。

程序编写

按钮控制指示灯程序示例如图 5-15 所示。

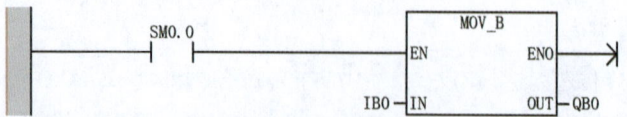

图 5-15　按钮控制指示灯程序示例

案例 6

有 8 个灯，4 个为一组，每隔 1s 交替亮一次，重复循环，如图 5-16 所示。

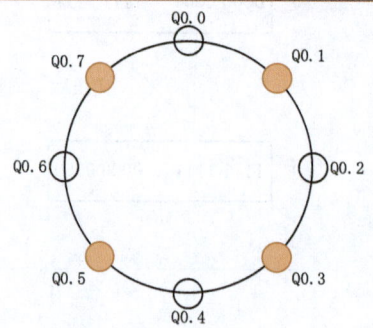

图 5-16　8 个灯交替亮图例

程序编写

8 个灯交替亮程序示例如图 5-17 所示。

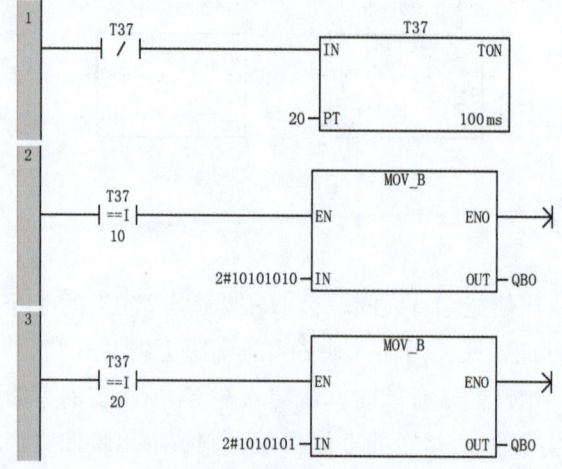

图 5-17　8 个灯交替亮程序示例

程序解释

① T37 为接通延时定时器，延时时间为 2s。

② T37 延时时间等于 10，即 1s 时，Q0.1、Q0.3、Q0.5、Q0.7 亮，Q0.0、Q0.2、Q0.4、Q0.6 灭。

③ T37 延时时间等于 20，即 2s 时，Q0.1、Q0.3、Q0.5、Q0.7 灭，Q0.0、Q0.2、Q0.4、Q0.6 亮。

④ 在网络 1 中，对 T37 的位状态进行取反，从而实现循环交替亮灯。

案例 7

按下按钮开关 I0.0，Q1.0、Q1.1、Q1.2、Q1.3 输出，对应的灯亮。按下按钮开关 I0.1，Q0.0、Q0.1、Q0.2、Q0.3 输出，对应的灯亮。按下 I0.2，断开所有输出点，灯灭。

程序编写

4 个灯交替输出程序如图 5-18 所示。

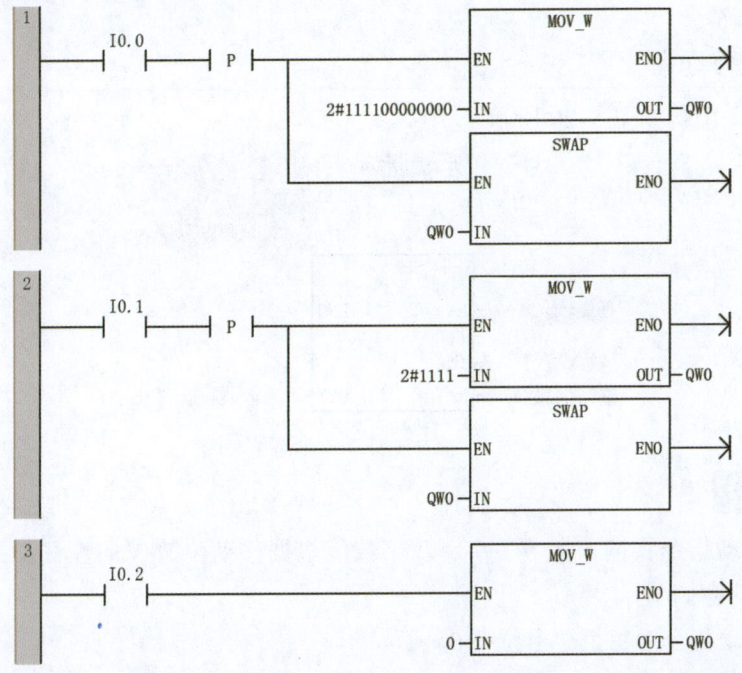

图 5-18 4 个灯交替输出程序

程序解释

① 按下 I0.0，2#0000111100000000 被传送给 QW0。根据西门子高位低字节存储方式，实际上是 Q0.0、Q0.1、Q0.2、Q0.3 输出，SWAP 字节交换指令执行后，QB0 与 QB1 交换，Q1.0、Q1.1、Q1.2、Q1.3 输出，对应的灯亮，数据交换图例如图 5-19 所示。

② 按下 I0.1，2#0000000000001111 被传送给 QW0。根据西门子高位低字节存储方式，实际上是 Q1.0、Q1.1、Q1.2、Q1.3 输出，SWAP 字节交换指令执行后，QB0 与 QB1 交换，Q0.0、Q0.1、Q0.2、Q0.3 输出，对应的灯亮，数据交换图例如图 5-19 所示。

③ 按下 I0.2，0 被传送给 QW0。所有输出点断开，所有灯灭。

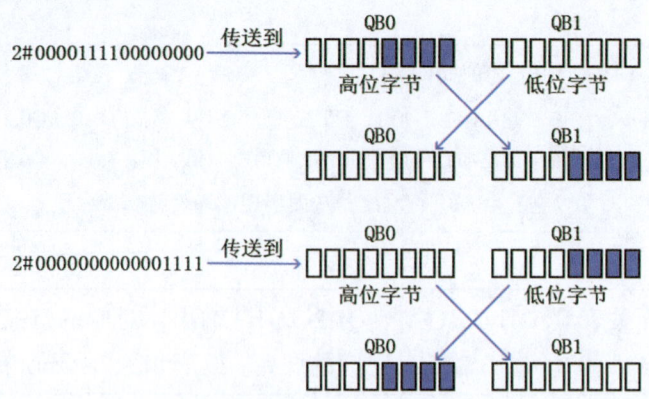

图 5-19　4 个灯数据交换图例

5.3　移位指令

5.3.1　左移动指令

左移动指令图解如图 5-20 所示。

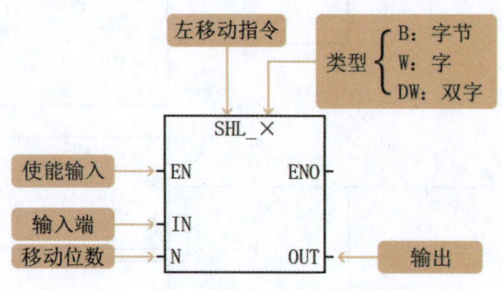

图 5-20　左移动指令图解

指令说明

（1）左移动指令将输入字节、字、双字数值根据移动位数 N 向左移动，并将结果载入与输出对应的存储单元。

（2）左移动指令对每个移出位补 0。

（3）如果移动位数 N 大于允许值（对于字节操作，允许值为 8；对于字操作，允许值为 16；对于双字操作，允许值为 32），则指令最多执行一次后，存储器被清零。

程序编写

左移动指令程序示例如图 5-21 所示。

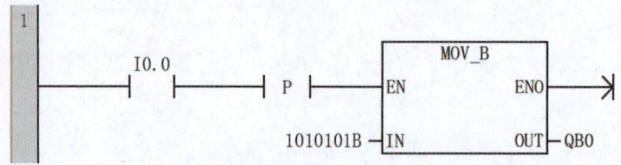

图 5-21　左移动指令程序示例

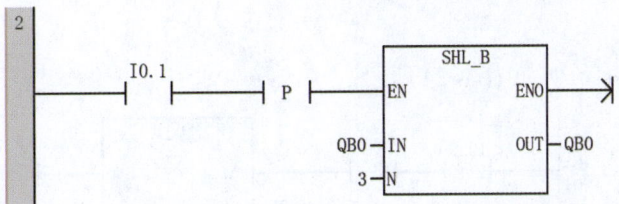

续图 5-21

程序解释

① 按一次 I0.0，字节传送指令（MOV_B）把 2#1010101 传送给 QB0。

② 按一次 I0.1，数据向左移动 3 个位置，移出位自动补 0，并将结果载入 QB0，QB0 为 2#10101000，如图 5-22 所示。

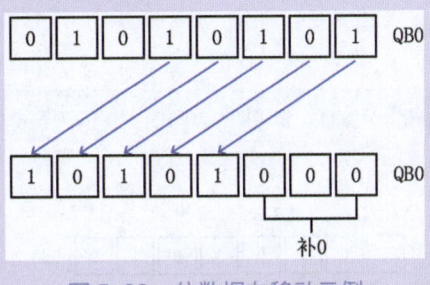

图 5-22 位数据左移动示例

5.3.2 右移动指令

右移动指令图解如图 5-23 所示。

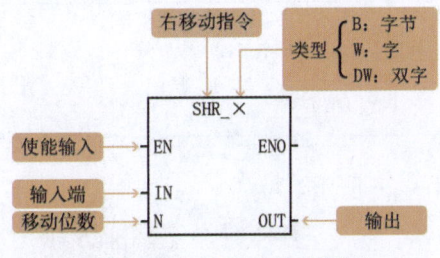

图 5-23 右移动指令图解

指令说明

（1）右移动指令将输入字节、字、双字数值根据移动位数向右移动，并将结果载入与输出对应的存储单元。

（2）右移动指令对每个移出位补 0。

（3）如果移动位数 N 大于允许值（对于字节操作，允许值为 8；对于字操作，允许值为 16；对于双字操作，允许值为 32），则指令最多执行一次后，存储器被清零。

程序编写

右移动指令程序示例如图 5-24 所示。

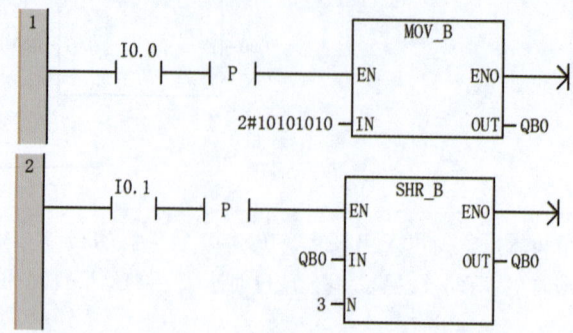

图 5-24　右移动指令程序示例

程序解释

① 按一次 I0.0，字节传送指令（MOV_B）把 2#10101010 传送给 QB0。

② 按一次 I0.1，数据向右移动 3 个位置，移出位自动补 0，并将结果载入 QB0，QB0 为 2#00010101，如图 5-25 所示。

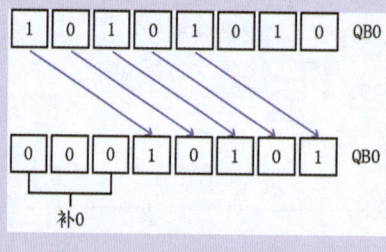

图 5-25　位数据右移动示例

5.3.3　循环左移指令

循环左移指令图解如图 5-26 所示。

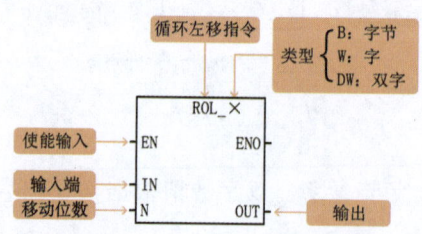

图 5-26　循环左移指令图解

指令说明

（1）循环左移指令将输入字节、字、双字数值向左循环移动 N 位，并将结果载入与输出对应的存储单元。循环左移是一个环形移位，即被移出来的位的数值将返回另一端空出的位置。

（2）若移动的位数 N 大于允许值（对于字节操作，允许值为 8，字操作为 16，双字操作为 32），则执行循环左移指令之前要先对 N 进行取模操作，例如字节移位，将 N 除以 8 后取余数，从而得到一个有效的移位次数。取模操作结果对于字节操作是 0~7，对于字操作是 0~15，对于双字操作是 0~31，若取模操作结果为 0，则不能进行循环移位操作。

（3）执行循环左移指令时，移位的最后一位数值存放在溢出位 SM1.1 中；若取模操作结果为 0，则零标志位 SM1.0 被置 1。

程序编写

循环左移指令程序示例如图 5-27 所示。

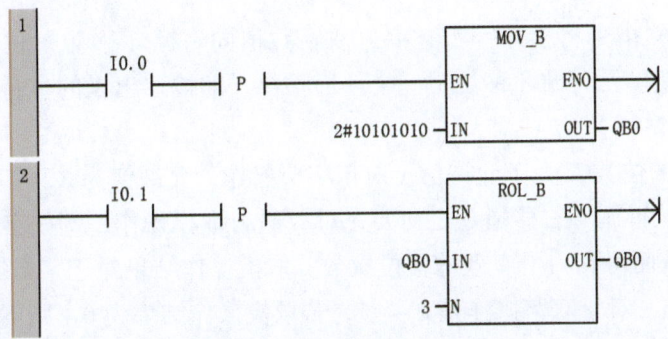

图 5-27　循环左移指令程序示例

程序解释

① 按一次 I0.0，字节传送指令（MOV_B）把 2#10101010 传送给 QB0。

② 按一次 I0.1，数据向左移动 3 位，剩下的整体向左移动 3 位，并将结果载入 QB0，QB0 为 2#01010101，如图 5-28 所示。

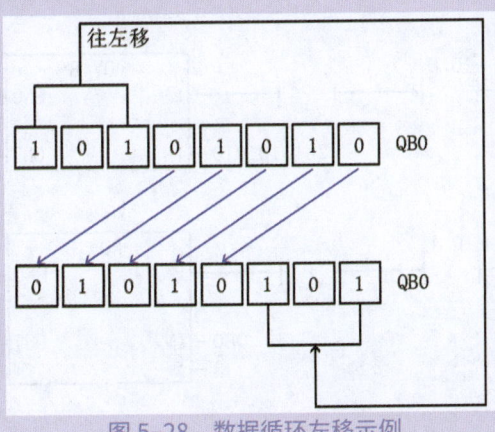

图 5-28　数据循环左移示例

5.3.4 循环右移指令

循环右移指令图解如图 5-29 所示。

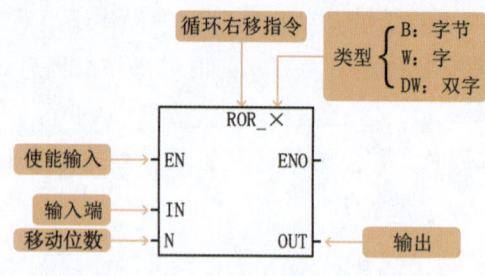

图 5-29　循环右移指令图解

指令说明

（1）循环右移指令将输入字节、字、双字数值向右循环移动 N 位，并将结果载入与输出对应的存储单元。循环移位是一个环形移位，即被移出来的位将返回另一端空出的位置。

（2）若移动的位数 N 大于允许值（对于字节操作，允许值为 8，字操作为 16，双字操作为 32），则执行循环右移指令之前要先对 N 进行取模操作，例如字节移位，将 N 除以 8 后取余数，从而得到一个有效的移位次数。取模操作结果对于字节操作是 0 ~ 7，对于字操作是 0 ~ 15，对于双字操作是 0 ~ 31，若取模操作结果为 0，则不能进行循环移位操作。

（3）执行循环右移指令时，移位的最后一位数值存放在溢出位 SM1.1 中；若取模操作结果为 0，则零标志位 SM1.0 被置 1。

程序编写

循环右移指令程序示例如图 5-30 所示。

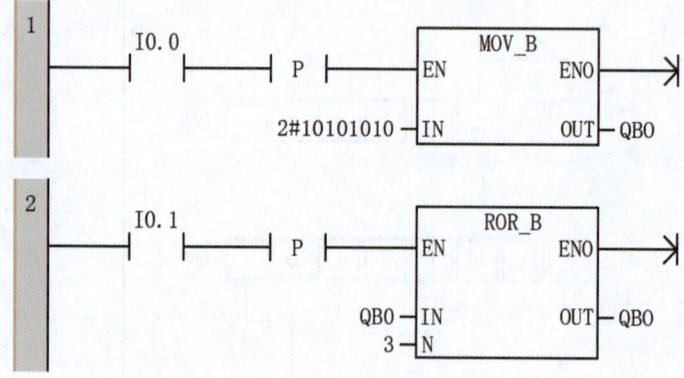

图 5-30　循环右移指令程序示例

程序解释

① 按一次 I0.0，字节传送指令（MOV_B）把 2#10101010 传送给 QB0。

② 按一次 I0.1，数据向右移动 3 位，剩下的整体向右移动 3 位，并将结果载入 QB0，QB0 为 2#01010101，如图 5-31 所示。

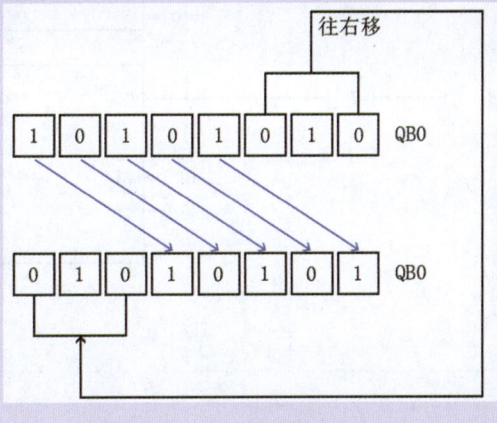

图 5-31　数据循环右移示例

5.3.5　移位寄存器位指令

移位寄存器位指令图解如图 5-32 所示。

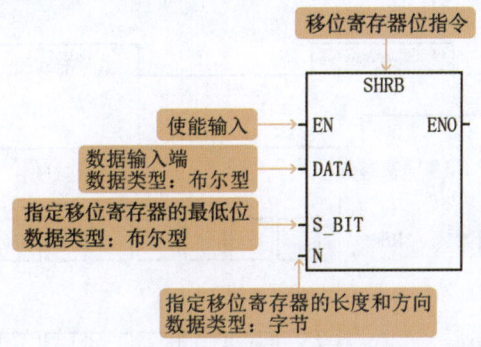

图 5-32　移位寄存器位指令图解

指令说明

移位寄存器位指令（SHRB）将 DATA 数值移入移位寄存器。S_BIT 指定移位寄存器的最低位。每当有脉冲输入使能端时，移位寄存器都会移动 1 位。

需要说明，移位长度和方向与 N 有关，移位长度范围为 $1 \sim 64$；移位方向取决于 N 的符号，当 $N > 0$ 时，移位方向向左，输入数据移入移位寄存器的最低位 S_BIT，并移出移位寄存器的最高位；当 $N < 0$ 时，移位方向向右，输入数据移入移位寄存器的最高位，并移出最低位 S_BIT，移出的数据被放置在溢出位 SM1.1 中。

程序编写

移位寄存器位指令程序示例如图 5-33 所示。

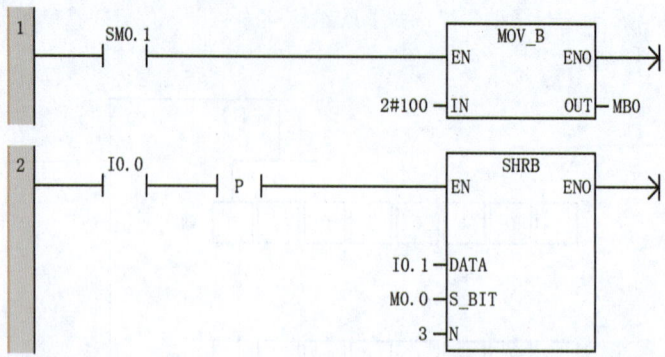

图 5-33　移位寄存器位指令程序示例

程序解释

① SM0.1 程序初始化，字节传送指令（MOV_B）把 2#100 传送给 MB0。

② 第一次按下 I0.0 时，I0.1 为 1 状态，移位寄存器位指令将 DATA 数值 I0.1 移入移位寄存器 M0.0。N=3，移位寄存器向左移动一个位置。移动后 MB0 为 2#001，移出的数据被放置在溢出位 SM1.1 中，SM1.1 为 1，如图 5-34 所示。

③ 第二次按下 I0.0 时，I0.1 为 0 状态，移位寄存器位指令将 DATA 数值 I0.1 移入移位寄存器 M0.0。N=3，移位寄存器向左移动一个位置。移动后 MB0 为 2#010，移出的数据被放置在溢出位 SM1.1 中，SM1.1 为 0，如图 5-34 所示。

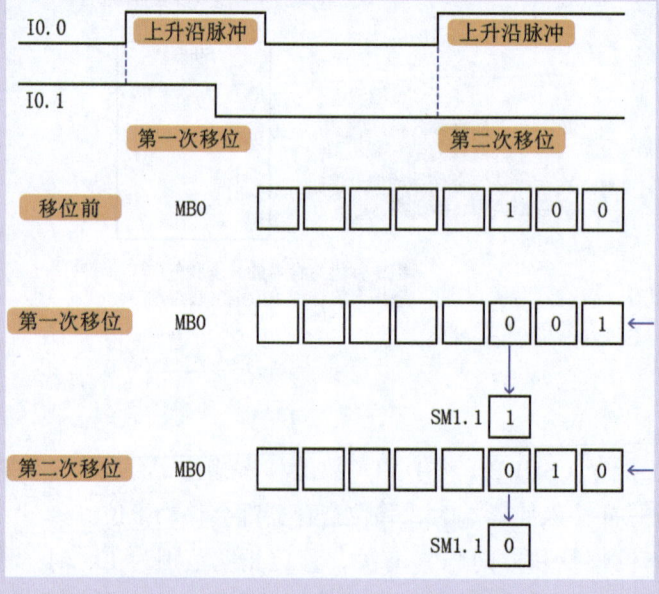

图 5-34　移位寄存器位指令过程示例

5.3.6　移位指令应用举例

案例 8

做一个每隔 1s 点亮一个灯的跑马灯。

接线： I0.0 接启动按钮，I0.1 接停止按钮，Q0.0 ~ Q0.7 接 8 个灯。

程序编写

每隔 1s 的跑马灯程序如图 5-35 所示。

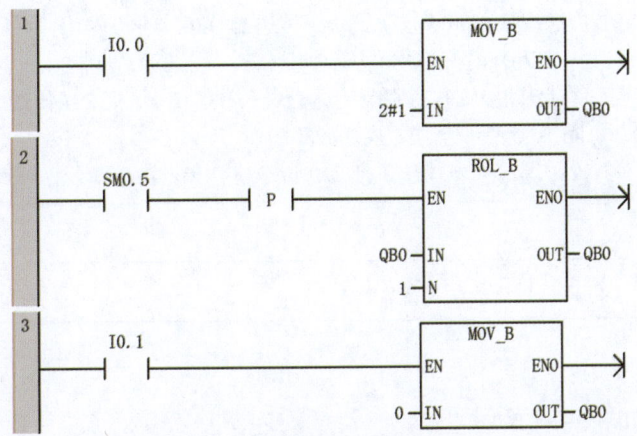

图 5-35　每隔 1s 的跑马灯程序

程序解释

① 按一次 I0.0，字节传送指令（MOV_B）把 2#1 传送给 QB0。Q0.0 输出，对应灯亮。

② SM0.5 每隔 1s 产生一个上升沿 P，QB0 循环左移一个位。

③ 按一次 I0.1，字节传送指令（MOV_B）把 0 传送给 QB0，输出断开，灯灭。

案例 9

7 个灯循环点亮，即 Q0.0 ~ Q0.6 每隔 1s 点亮一个灯，周期循环。

程序编写

7 个灯循环点亮程序如图 5-36 所示。

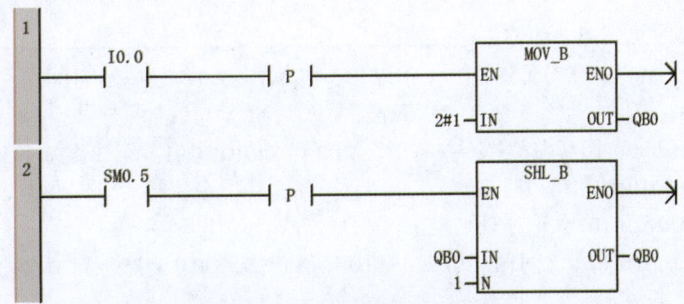

图 5-36　7 个灯循环点亮程序

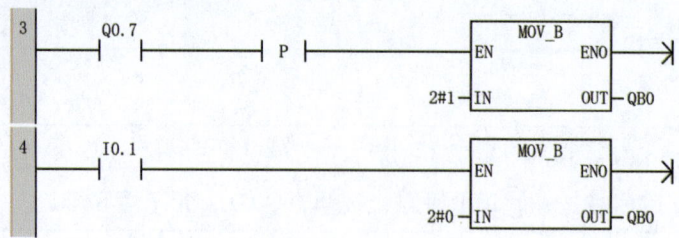

续图 5-36

程序解释

① 按一次 I0.0，字节传送指令（MOV_B）把 2#1 传送给 QB0。Q0.0 输出，对应灯亮。

② SM0.5 每隔 1s 产生一个上升沿 P，QB0 左移一个位。

③ Q0.7 为 1 时产生一个上升沿 P，执行字节传送指令（MOV_B），把 2#1 传送给 QB0。Q0.0 输出，对应灯亮。Q0.0 到 Q0.6 每隔 1s 点亮一个灯，周期循环。

④ 按一次 I0.1，字节传送指令（MOV_B）把 2#0 传送给 QB0，输出断开，灯灭。

案例 10

一键启停程序设计。

程序编写

一键启停程序如图 5-37 所示。

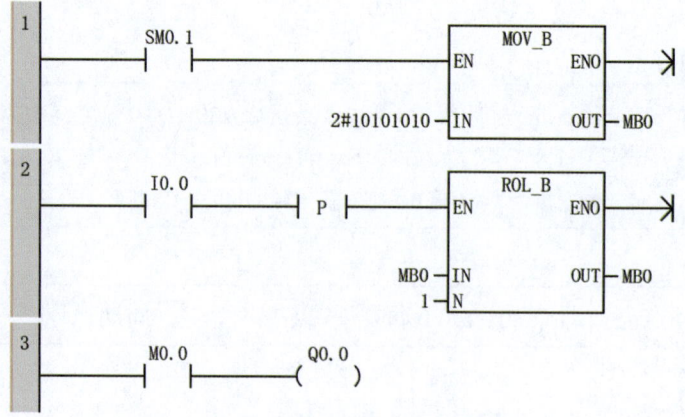

图 5-37　一键启停程序

程序解释

① 程序初始化 SM0.1，字节传送指令（MOV_B）把 2#10101010 传送给 MB0。

② 按一次 I0.0，产生一个上升沿 P，MB0 循环左移一个位。

③ 第一次按下 I0.0，循环左移指令执行后，MB0 为 2#01010101。第二次按下 I0.0，循环左移指令执行后，MB0 为 2#10101010。第三次按下 I0.0，循环左移指令执行后，MB0 为 2#01010101。MB0 在 2#10101010 与 2#01010101 之间循环切换。

④ MB0 中 M0.0 在 0 和 1 之间循环切换。M0.0 接通 Q0.0，Q0.0 会产生亮一次、灭一次的循环，实现一键启停。

5.4 算术运算指令

5.4.1 加法指令

加法指令如图 5-38 所示。

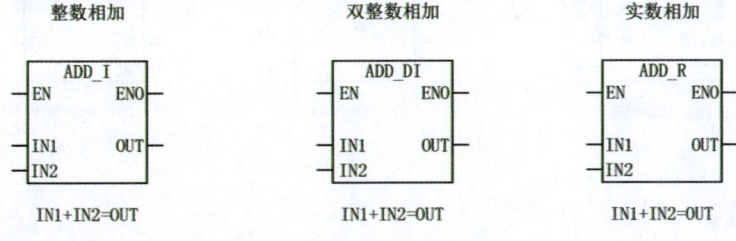

整数相加   双整数相加   实数相加

IN1+IN2=OUT   IN1+IN2=OUT   IN1+IN2=OUT

图 5-38　加法指令

指令说明

整数、双整数、实数的加法运算是将 IN1 和 IN2 相加运算后产生的结果存储在目标操作数（OUT）指定的存储单元中，操作数数据类型不变。

程序编写

加法指令程序示例如图 5-39 所示。

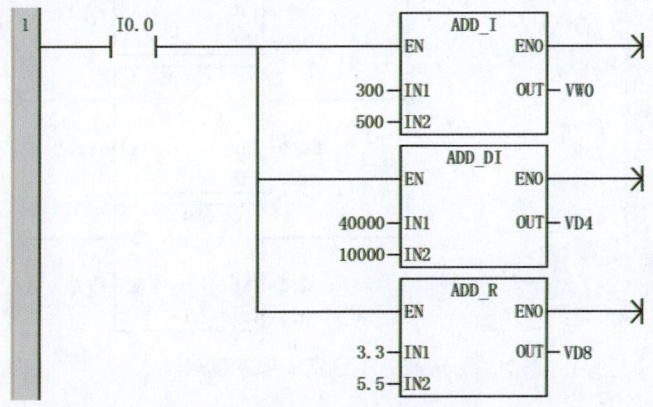

图 5-39　加法指令程序示例

程序解释

① 按下 I0.0，执行整数相加指令（ADD_I），执行以后，VW0 中存储的结果为 800。

② 按下 I0.0，执行双整数相加指令（ADD_DI），执行以后，VD4 中存储的结果为 50000。

③ 整数的范围是 -32768 ~ 32767，超过这个范围必须用双整数相加指令，50000 大于 32767，必须用双整数相加指令。

④ 按下 I0.0，执行实数相加指令（ADD_R），执行以后，VD8 中存储的结果为 8.8。只要是带小数点的运算，就必须用实数运算指令。

减法指令如图 5-40 所示。

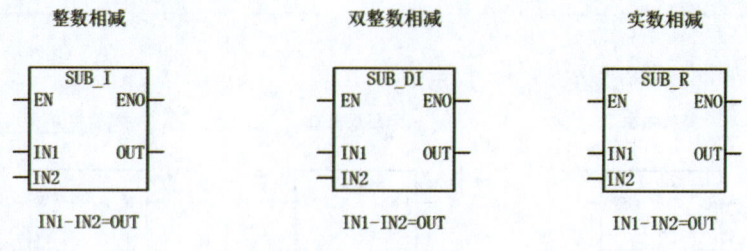

图 5-40　减法指令

指令说明

整数、双整数、实数的减法运算是将 IN1 和 IN2 相减运算后产生的结果存储在目标操作数（OUT）指定的存储单元中，操作数数据类型不变。

程序编写

减法指令程序示例如图 5-41 所示。

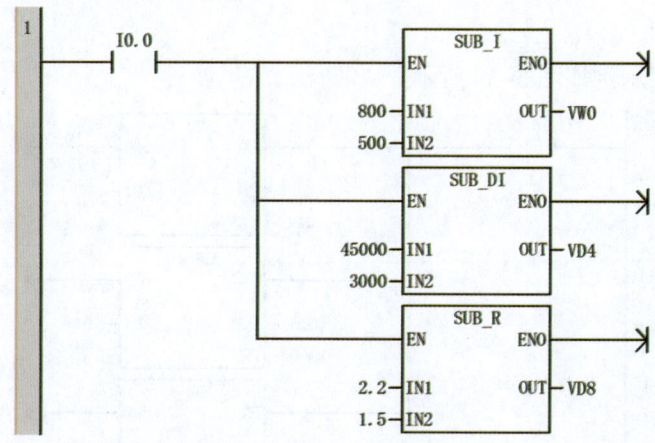

图 5-41　减法指令程序示例

程序解释

① 按下 I0.0，执行整数相减指令（SUB_I），执行以后，VW0 中存储的结果为 300。

② 按下 I0.0，执行双整数相减指令（SUB_DI），执行以后，VD4 中存储的结果为 42000。

③ 整数的范围是 –32768 ~ 32767，超过这个范围必须用双整数相减指令，42000 大于 32767，必须用双整数相减指令。

④ 按下 I0.0，执行实数相减指令（SUB_R），执行以后，VD8 中存储的结果为 0.7。只要是带小数点的运算，就必须用实数运算指令。

5.4.3 乘法指令

乘法指令如图 5-42 所示。

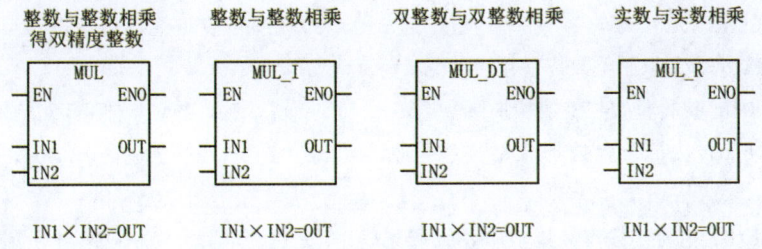

图 5-42 乘法指令

指令说明

（1）整数、双整数、实数的相乘运算是将 IN1 与 IN2 相乘运算后产生的结果存储在目标操作数（OUT）指定的存储单元中，操作数数据类型不变。

（2）整数相乘得双精度整数是将两个 16 位整数相乘运算后产生的结果存储在 32 位目标操作数（OUT）指定的存储单元中。

程序编写

乘法指令程序示例如图 5-43 所示。

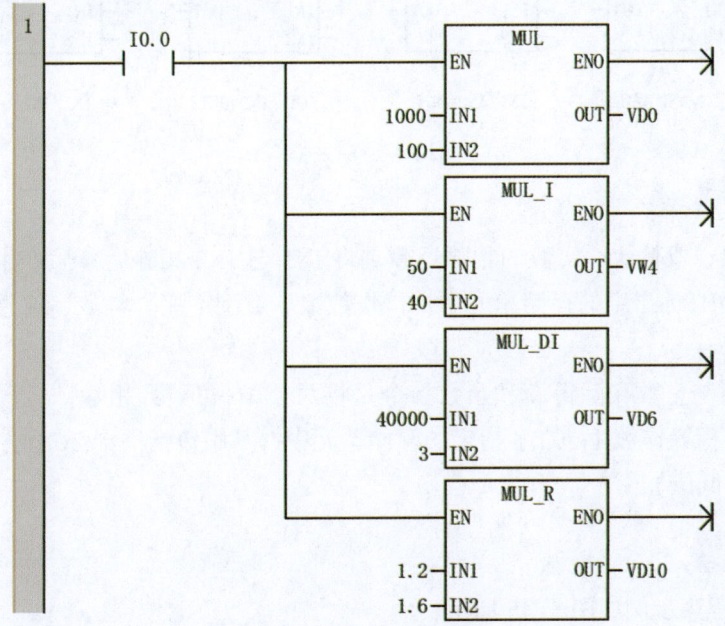

图 5-43 乘法指令程序示例

程序解释

① 按下 I0.0，执行整数与整数相乘得双精度整数指令（MUL），执行以后，VD0 中存储的结果为 100000。

② 整数的范围是 –32768 ~ 32767，超过这个范围必须用整数与整数相乘得双精度整数指令，100000 大于 32767，所以用整数与整数相乘得双精度整数指令。

③ 按下 I0.0，执行整数与整数相乘指令（MUL_I），执行以后，VW4 中存储的结果为 2000。

④ 按下 I0.0，执行双整数与双整数相乘指令（MUL_DI），执行以后，VD6 中存储的结果为 120000。

⑤ 按下 I0.0，执行实数与实数相乘指令（MUL_R），执行以后，VD10 中存储的结果为 1.92。只要是带小数点的运算，就必须用实数运算指令。

5.4.4 除法指令

除法指令如图 5-44 所示。

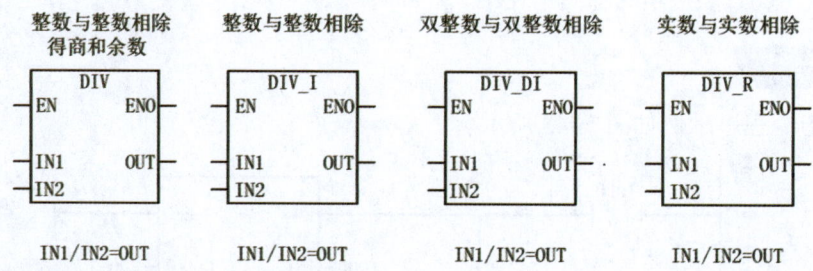

图 5-44　除法指令

指令说明

（1）整数、双整数、实数的相除运算是将 IN1 与 IN2 相除运算后产生的结果存储在目标操作数（OUT）指定的存储单元中，操作数数据类型不变。整数、双整数除法不保留余数。

（2）整数与整数相除得商和余数指令是将两个 16 位整数相除，运算后产生的结果存储在 32 位目标操作数（OUT）指定的存储单元中，其中包括一个 16 位余数（高位）和一个 16 位商（低位）。

程序编写

除法指令程序示例如图 5-45 所示。

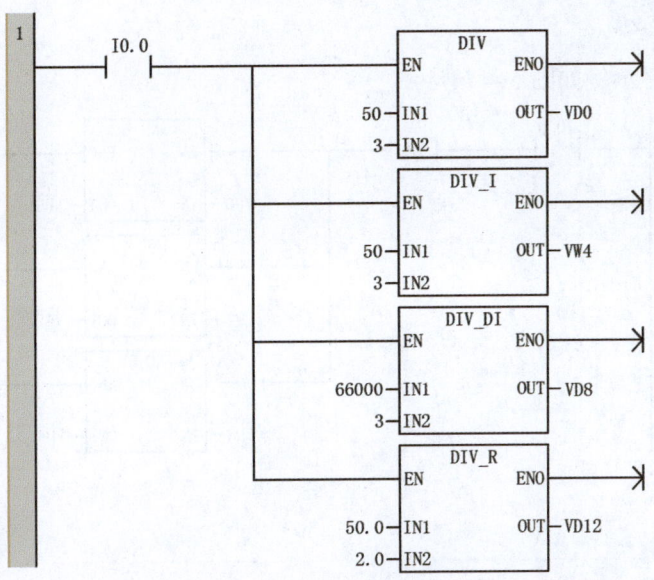

图 5-45　除法指令程序示例

程序解释

① 按下 I0.0，执行整数与整数相除得商和余数指令（DIV），执行以后，VD0 中存储的结果为 16#00020010。从状态表中读取 VW0 和 VW2，VW0 为余数，VW2 为商。

② 按下 I0.0，执行整数与整数相除指令（DIV_I），执行以后，VW4 中存储的结果为 16，不保留余数。

③ 按下 I0.0，执行双整数与双整数相除指令（DIV_DI），执行以后，VD8 中存储的结果为 22000。

④ 按下 I0.0，执行实数与实数相除指令（DIV_R），执行以后，VD12 中存储的结果为 25.0。只要是带小数点的运算，就必须用实数运算指令。实数保持 6 个有效字符。

5.4.5　递增指令

递增指令如图 5-46 所示。

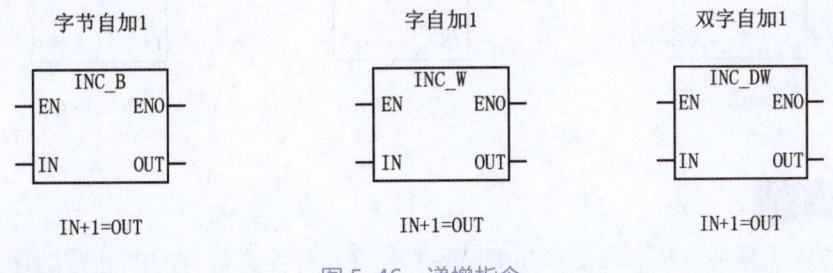

图 5-46　递增指令

指令说明

递增指令运算是将 IN 加 1 后产生的结果存储在目标操作数（OUT）指定的存储单元中，操作数数据类型不变。

递增指令程序示例如图 5-47 所示。

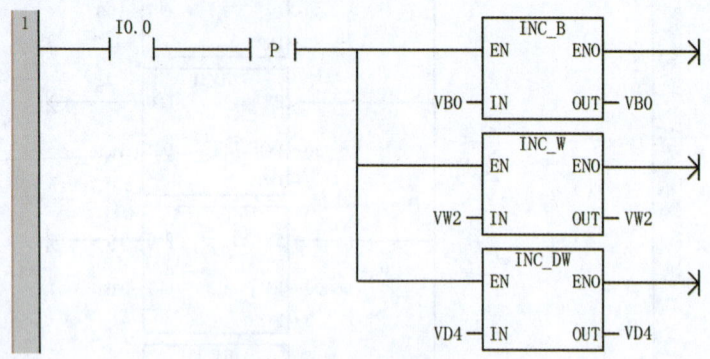

图 5-47 递增指令程序示例

程序解释

① 按一次 I0.0，产生一个上升沿，执行字节自加 1 指令（INC_B），VB0 中的数据加 1。字节不能够超过 127。

② 按一次 I0.0，产生一个上升沿，执行字自加 1 指令（INC_W），VW2 中的数据加 1。字不超过 32767。

③ 按一次 I0.0，产生一个上升沿，执行双字自加 1 指令（INC_DW），VD4 中的数据加 1。双字不超过 21 亿。

5.4.6 递减指令

递减指令如图 5-48 所示。

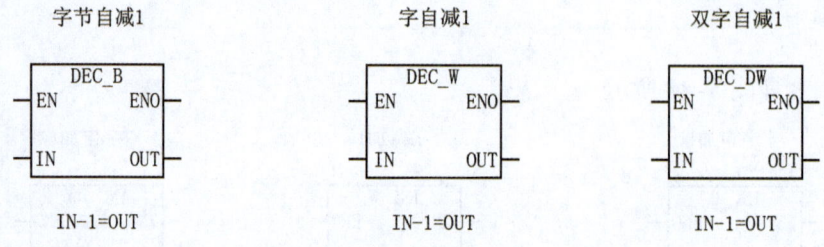

图 5-48 递减指令

指令说明

递减指令运算是将 IN 减 1 后产生的结果存储在目标操作数（OUT）指定的存储单元中，操作数数据类型不变。

程序编写

递减指令程序示例如图 5-49 所示。

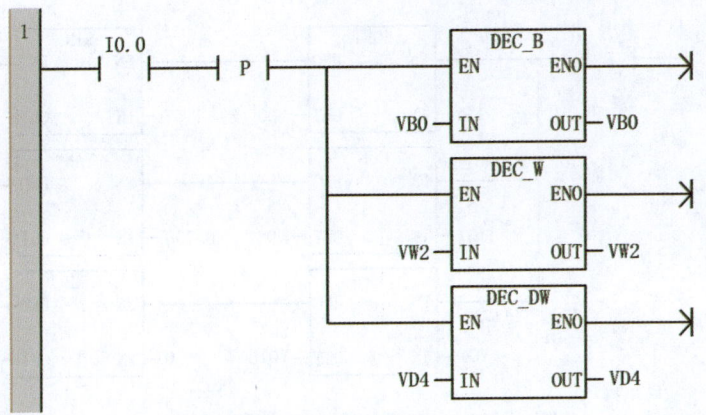

图 5-49 递减指令程序示例

程序解释

① 按一次 I0.0，产生一个上升沿，执行字节自减 1 指令（DEC_B），VB0 中的数据减 1。字节不能够小于 −128。

② 按一次 I0.0，产生一个上升沿，执行字自减 1 指令（DEC_W），VW2 中的数据减 1。字不小于 −32768。

③ 按一次 I0.0，产生一个上升沿，执行双字自减 1 指令（DEC_DW），VD4 中的数据减 1。双字不小于 −21 亿。

5.4.7 数学函数运算指令

数学函数运算指令如图 5-50 所示。

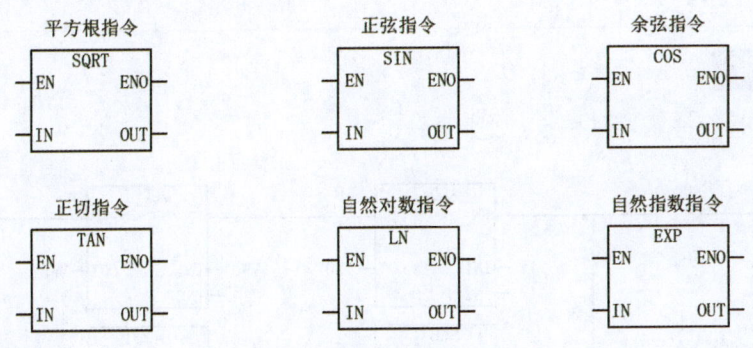

图 5-50 数学函数运算指令

程序编写

数学函数运算指令程序示例如图 5-51 所示。

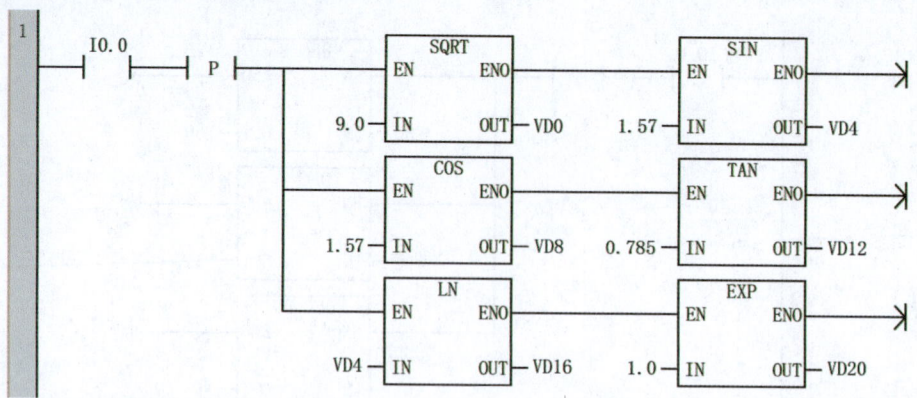

图 5-51　数学函数运算指令程序示例

程序解释

① 按下 I0.0，执行平方根指令（SQRT），将对实数 9.0 求平方根得到的数值 3.0 保存在 VD0 里面。

② 同时，执行正弦指令（SIN），将对实数弧度 1.57 求正弦得到的数值 1 保存在 VD4 里面。

③ 同时，执行余弦指令（COS），将对实数弧度 1.57 求余弦得到的数值 0 保存在 VD8 里面。

④ 同时，执行正切指令（TAN），将对实数弧度 0.785 求正切得到的数值 1 保存在 VD12 里面。

⑤ 同时，执行自然对数指令（LN），将对实数 1.0 求自然对数得到的数值 0 保存在 VD16 里面。

⑥ 同时，执行自然指数指令（EXP），将对实数 1.0 求自然指数得到的数值 2.72 保存在 VD20 里面。

5.4.8　算术运算指令应用举例

案例 11

计算 $[(12+13) \times 4-4] \div 6$。

程序编写

四则混合运算一程序如图 5-52 所示。

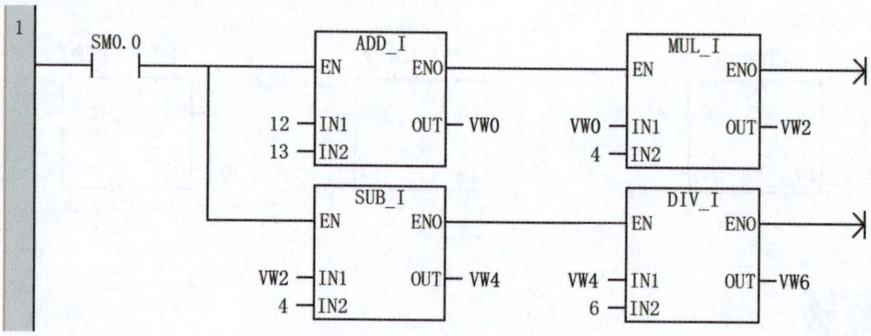

图 5-52　四则混合运算一程序

程序解释

① 相加指令（ADD_I）执行以后，VW0 中存储的结果为 25。

② 相乘指令（MUL_I）执行以后，VW2 中存储的结果为 100。

③ 相减指令（SUB_I）执行以后，VW4 中存储的结果为 96。

④ 相除指令（DIV_I）执行以后，VW6 中存储的结果为 16。

案例 12

计算 $[(7+8) \times 2 - 9] \div 8$。

程序编写

四则混合运算二程序如图 5-53 所示。

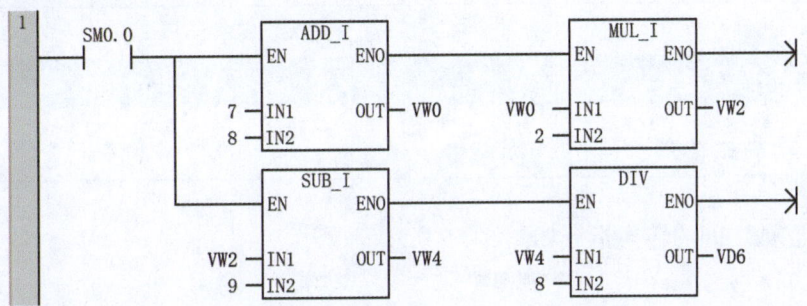

图 5-53　四则混合运算二程序

程序解释

① 相加指令（ADD_I）执行以后，VW0 中存储的结果为 15。

② 相乘指令（MUL_I）执行以后，VW2 中存储的结果为 30。

③ 相减指令（SUB_I）执行以后，VW4 中存储的结果为 21。

④ 相除指令（DIV）执行以后（VD6 包含 VW6 和 VW8 两个字），VW6 中存储的结果为 5（余数），VW8 中存储的结果为 2（商）。

案例 13

自加 1 指令实现一键启停程序设计。

程序编写

自加 1 指令实现一键启停程序如图 5-54 所示。

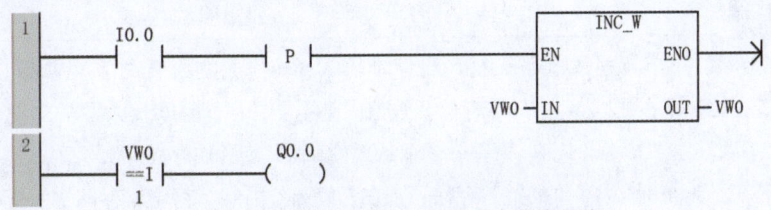

图 5-54　自加 1 指令实现一键启停程序

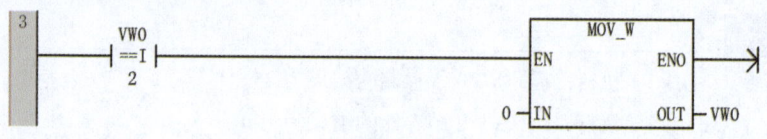

续图 5-54

程序解释

　　① 第一次按下 I0.0，产生一个上升沿，执行自加 1 指令（INC_W），执行以后，VW0 中存储的结果为 1。

　　② 第二次按下 I0.0，产生一个上升沿，执行自加 1 指令（INC_W），执行以后，VW0 中存储的结果为 2。

　　③ VW0 中的数值为 2 时，执行字传送指令 (MOV_W)，0 被传给 VW0。执行以后，VW0 中存储的结果为 0。VW0 开始在 0 和 1 之间循环切换。

　　④ VW0 中的数值为 1 时，接通 Q0.0，实现一键启停。

5.5　转换指令

5.5.1　字节与整数之间的转换指令

　　字节与整数之间的转换指令如图 5-55 所示。

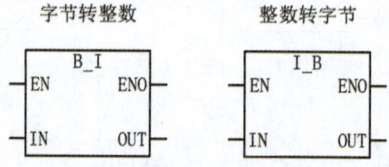

图 5-55　字节与整数之间的转换指令

指令说明

　　（1）字节转整数指令将字节数值（IN）转换成整数值，并将结果置入 OUT 指定的变量中。因为字节不带符号，所以无符号扩展。

　　（2）整数转字节指令将整数值（IN）转换成字节数值，并将结果置入 OUT 指定的变量中。数值 0～255 被转换，其他的值会导致溢出，输出不受影响。

程序编写

　　字节与整数之间的转换指令程序示例如图 5-56 所示。

程序解释

　　① 按下 I0.0 后，字节转整数指令（B_I）把字节输入 5 转换成整数形式存在 VW0 里面。之前 5 是以 8 位的字节存储，现在是以 16 位的字存储。数值大小不变，存储空间变大了。

　　② 同时，整数转字节指令（I_B）把整数输入 80 转换成字节形式存在 VB2 里面，注意输入的数据不能大于 255。之前 80 是以 16 位的整数存储，现在是以 8 位的字节存储，存储空间变小了。

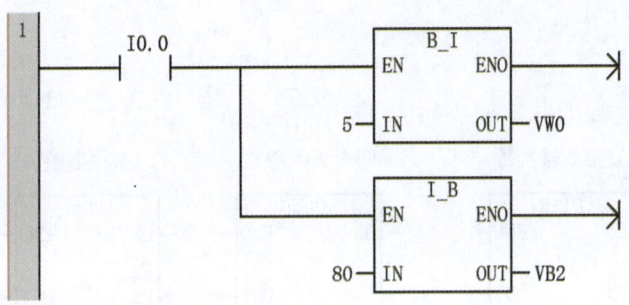

图 5-56　字节与整数之间的转换指令程序示例

5.5.2　整数与双整数之间的转换指令

整数与双整数之间的转换指令如图 5-57 所示。

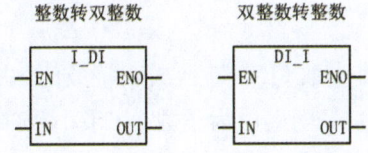

图 5-57　整数与双整数之间的转换指令

指令说明

（1）整数转双整数指令将整数值（IN）转换成双整数值，并将结果置入 OUT 指定的变量中。符号被扩展。

（2）双整数转整数指令将双整数值（IN）转换成整数值，并将结果置入 OUT 指定的变量中。如果转换的值过大，则无法在输出中表示，设置溢出位后，输出不受影响。

程序编写

整数与双整数之间的转换指令程序示例如图 5-58 所示。

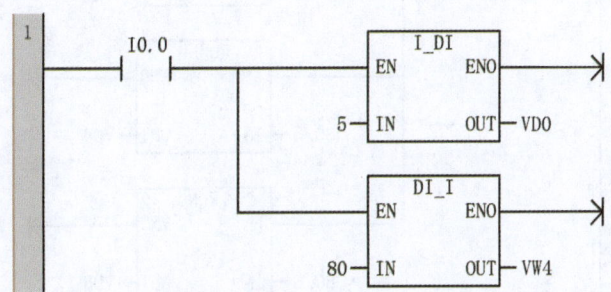

图 5-58　整数与双整数之间的转换指令程序示例

程序解释

①按下按钮 I0.0 后，整数转双整数指令（I_DI）把整数输入 5 转换成双整数的形式存在 VD0 里面。之前 5 是以 16 位的整数存储，现在是以 32 位的双字存储。数值大小不变，存储空间变了。

②同时，双整数转整数指令（DI_I）把双整数输入 80 转换成整数的形式存在 VW4 里面，注意输入 IN 的数据不能大于 65535。之前 80 是以 32 位的双整数存储，现在是以 16 位的双整数存储。数值大小不变，存储空间变了。

5.5.3 双整数与实数之间的转换指令

双整数与实数之间的转换指令如图 5-59 所示。

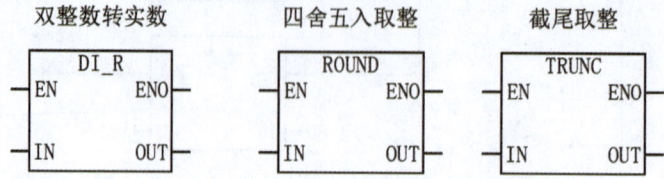

图 5-59　双整数与实数之间的转换指令

指令说明

（1）双整数转实数指令将 32 位带符号整数（IN）转换成 32 位实数，并将结果置入 OUT 指定的变量中。

（2）四舍五入取整指令将实数（IN）转换成双整数值，并将结果置入 OUT 指定的变量中。如果小数部分大于或等于 0.5，则进位为整数，如果小数部分小于 0.5，则舍去小数部分。

（3）截尾取整指令将 32 位实数（IN）转换成 32 位双整数，并将结果的整数部分置入 OUT 指定的变量中。实数的整数部分被转换，小数部分被丢弃。如果要转换的值为无效实数或值过大，则无法在输出中表示，设置溢出位后，输出不受影响。

程序编写

双整数与实数之间的转换指令程序示例如图 5-60 所示。

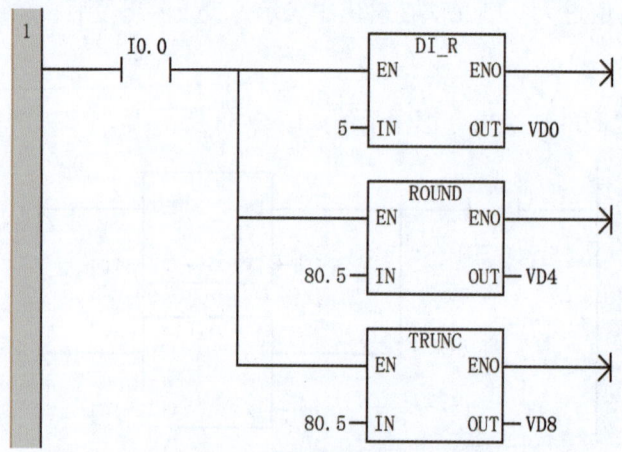

图 5-60　双整数与实数之间的转换指令程序示例

程序解释

① 按下按钮 I0.0 后，双整数转实数指令（DI_R）把输入双整数 5 转换成实数存在 VD0 里面。

② 同时，四舍五入取整指令（ROUND）把实数输入 80.5 四舍五入后转换成双整数 81 存在 VD4 里面。

③ 同时，截尾取整指令（TRUNC）把实数输入 80.5 去掉小数后转换成双整数 80 存在 VD8 里面。

5.5.4 BCD 码与整数之间的转换指令

BCD 码与整数之间的转换指令如图 5-61 所示。

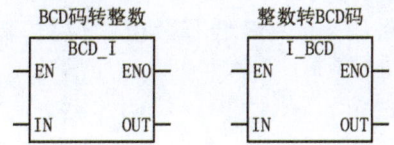

图 5-61　BCD 码与整数之间的转换指令

指令说明

（1）BCD 码转整数指令能够将输入的二进制编码的十进制数转换成整数值，并将结果载入 OUT 指定的变量中。输入的有效范围是 0～9999 BCD。

（2）整数转 BCD 码指令能够将输入的整数值转换成二进制编码的十进制数，并将结果载入 OUT 指定的变量中。输入的有效范围是 0～9999 INT。

程序编写

BCD 码与整数之间的转换指令程序示例如图 5-62 所示。

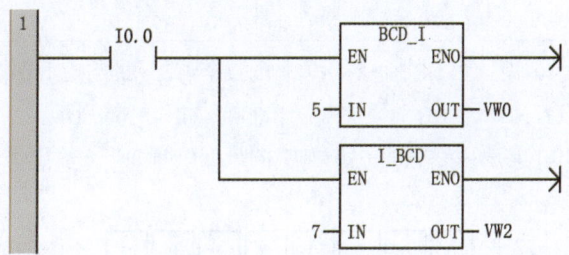

图 5-62　BCD 码与整数之间的转换指令程序示例

程序解释

① 按下按钮 I0.0 后，BCD 码转整数指令（BCD_I）把二进制编码的十进制数输入 5 转换成整数存在 VW0 里面，注意输入的有效范围是 0～9999 BCD。

② 同时，整数转 BCD 码指令（I_BCD）把整数输入 7 转换成二进制编码的十进制数存在 VW2 里面。

5.5.5 译码和编码指令

译码和编码指令如图 5-63 所示。

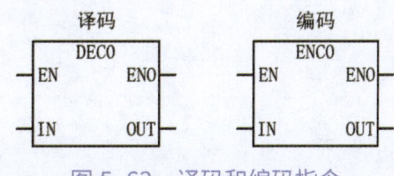

图 5-63　译码和编码指令

指令说明

（1）译码指令置位输出字（OUT）中与输入字节（IN）的最低有效半字节（4位）表示的位号对应的位，输出字的所有其他位都被设置为0。

（2）编码指令将输入字（IN）中最低有效位的位数写入输出字节（OUT）的最低半字节（4个位）中。

程序编写

译码和编码指令程序示例如图5-64所示。

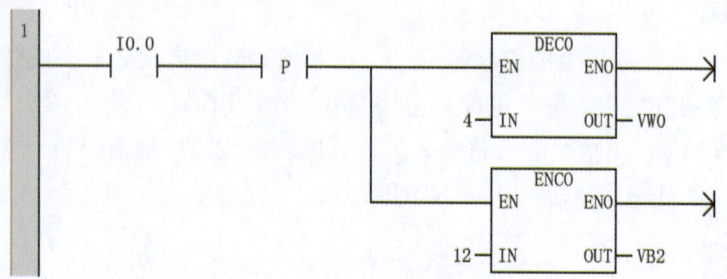

图 5-64　译码和编码指令程序示例

程序解释

①按下按钮I0.0后，译码指令（DECO）将用输入的数据4表示的与输出OUT相对应的位设置为1，输出字的所有其他位均设置为0，VW0的结果为2#10000，如图5-65所示。

②编码指令（ENCO）将输入字（IN）数据12的最低位数2写入输出字节（OUT）中，VB2中的结果为2，如图5-65所示。

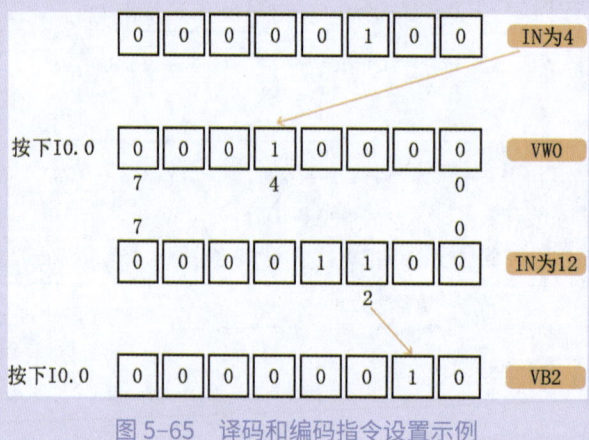

图 5-65　译码和编码指令设置示例

5.5.6　段译码指令

段译码指令图解如图5-66所示。

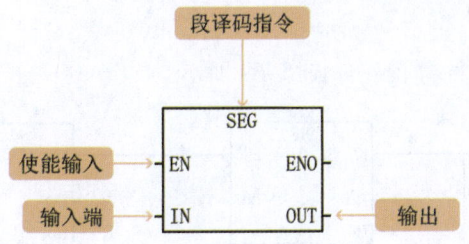

图 5-66 段译码指令图解

指令说明

段译码指令（SEG）允许生成照明七段显示码的位格式，如图 5-67 所示。

IN	段显示	(OUT) -gfe dcba		IN	段显示	(OUT) -gfe dcba
0		0011 1111		8		0111 1111
1		0000 0110		9		0110 0111
2		0101 1011		A		0111 0111
3		0100 1111		B		0111 1100
4		0110 0110		C		0011 1001
5		0110 1101		D		0101 1110
6		0111 1101		E		0111 1001
7		0000 0111		F		0111 0001

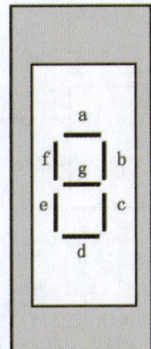

图 5-67 七段显示码图例

程序编写

段译码指令程序示例如图 5-68 所示。

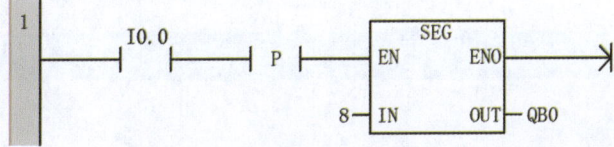

图 5-68 段译码指令程序示例

程序解释

按下按钮 I0.0，段译码指令（SEG）将输入的数据 8 转换成 2#0111 1111，并将其输出保存在 QB0 里面，也就是 QB0 中的数据为 2#0111 1111，Q0.0 ～ Q0.6 接通，Q0.7 断开。

5.5.7 转换指令应用举例 《《

案例 14

计算 $[(4+9) \times 7 - 52] \div 7$。

程序编写

四则运算的先转换后计算程序如图 5-69 所示。

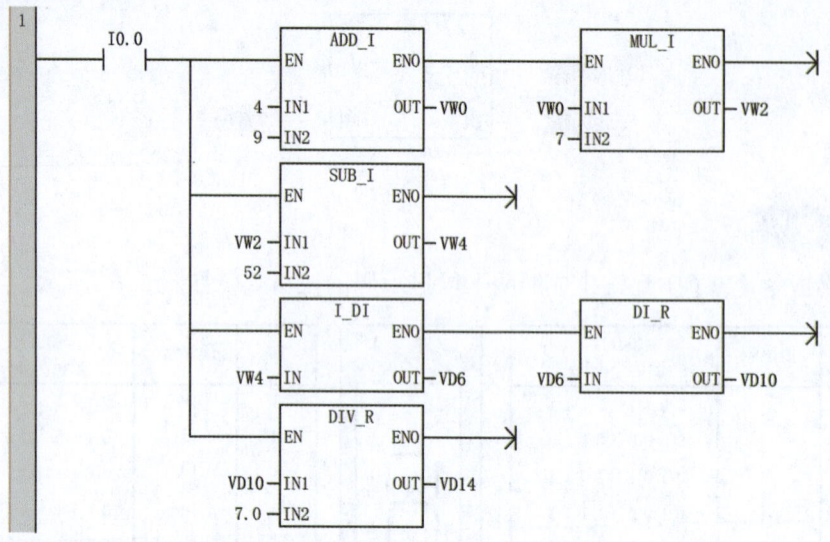

图 5-69　四则运算的先转换后计算程序

程序解释

① 按下 I0.0，执行相加指令（ADD_I），执行以后，VW0 中的数值为 13。

② 按下 I0.0，执行相乘指令（MUL_I），执行以后，VW2 中的数值为 91。

③ 按下 I0.0，执行相减指令（SUB_I），执行以后，VW4 中的数值为 39。

④ 按下 I0.0，执行整数转双整数、双整数转实数指令，执行以后，VD10 中的数值为 39.0。

⑤ 按下 I0.0，执行相除指令（DIV_R），执行以后，VD14 中的数值为 5.571429。

5.6　逻辑运算指令

5.6.1　取反指令

取反指令如图 5-70 所示。

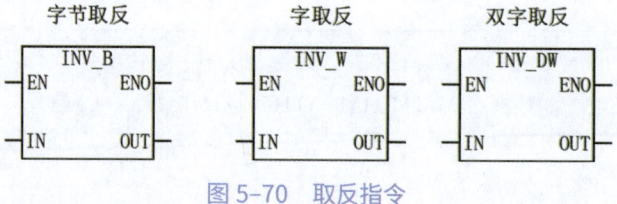

图 5-70　取反指令

指令说明

（1）字节取反指令对输入字节执行求补操作，并将结果载入 OUT 指定的内存位置中。

（2）字取反指令对输入字执行求补操作，并将结果载入 OUT 指定的内存位置中。

（3）双字取反指令对输入双字执行求补操作，并将结果载入 OUT 指定的内存位置中。

程序编写

取反指令程序示例如图 5-71 所示。

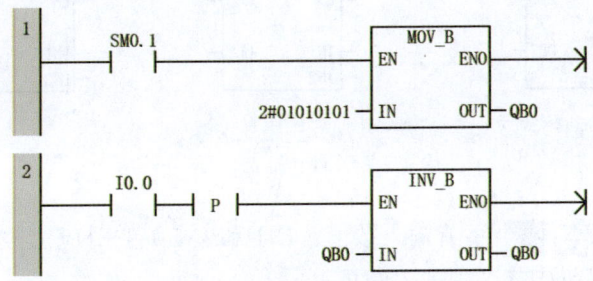

图 5-71　取反指令程序示例

程序解释

① 上电初始化，SM0.1 接通一个扫描周期，字节传送指令（MOV_B）把 2#01010101 传送给 QB0；Q0.0、Q0.2、Q0.4、Q0.6 为 1，Q0.1、Q0.3、Q0.5、Q0.7 为 0。

② 按一次 I0.0，字节取反指令（INV_B）把 QB0 按位取反后保存在 QB0 里面，Q0.0、Q0.2、Q0.4、Q0.6 为 0，Q0.1、Q0.3、Q0.5、Q0.7 为 1。QB0 为 2#10101010，如图 5-72 所示。

③ 再按一次 I0.0，字节取反指令（INV_B）把 QB0 按位取反后保存在 QB0 里面，Q0.0、Q0.2、Q0.4、Q0.6 为 1，Q0.1、Q0.3、Q0.5、Q0.7 为 0。QB0 为 2#01010101，如图 5-72 所示。

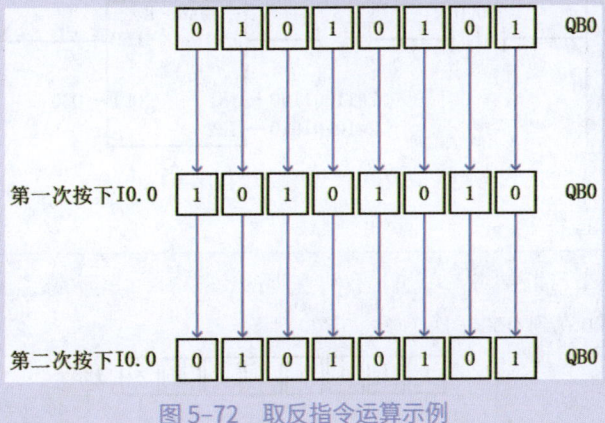

图 5-72　取反指令运算示例

5.6.2　逻辑与指令

逻辑与指令图解如图 5-73 所示。逻辑与指令如图 5-74 所示。

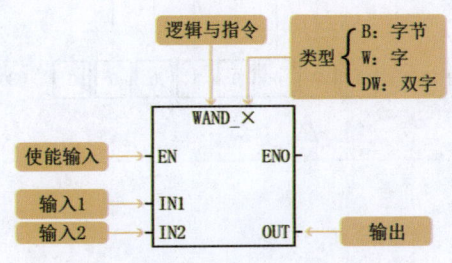

图 5-73　逻辑与指令图解

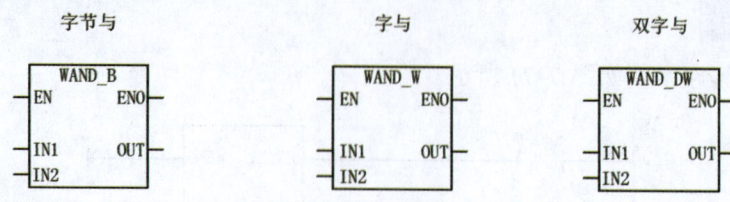

图 5-74　逻辑与指令

指令说明

（1）字节与指令对两个字节输入数值（IN1 和 IN2）的对应位执行 AND（与运算）操作，并在内存位置（OUT）中载入结果。

（2）字与指令对两个字输入数值（IN1 和 IN2）的对应位执行 AND（与运算）操作，并在内存位置（OUT）中载入结果。

（3）双字与指令对两个双字输入数值（IN1 和 IN2）的对应位执行 AND（与运算）操作，并在内存位置（OUT）中载入结果。

程序编写

逻辑与指令程序示例如图 5-75 所示。

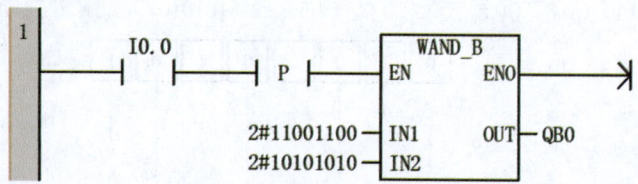

图 5-75　逻辑与指令程序示例

程序解释

　　按下按钮 I0.0，字节与指令（WAND_B）把 IN1 里面的数据和 IN2 里面的数据按位进行逻辑与运算，得到的结果 2#10001000 存到 QB0 里面，如图 5-76 所示。

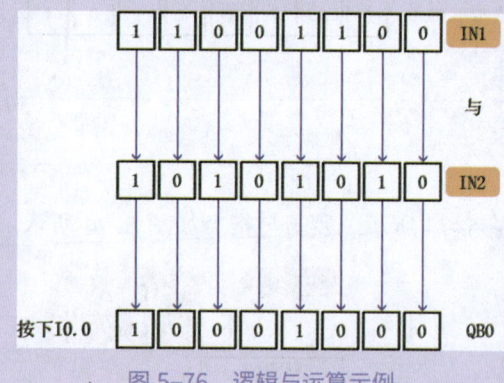

图 5-76　逻辑与运算示例

5.6.3 逻辑或指令

逻辑或指令图解如图 5-77 所示。逻辑或指令如图 5-78 所示。

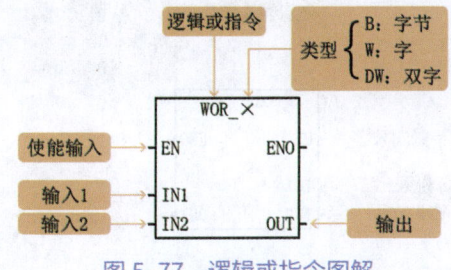

图 5-77 逻辑或指令图解

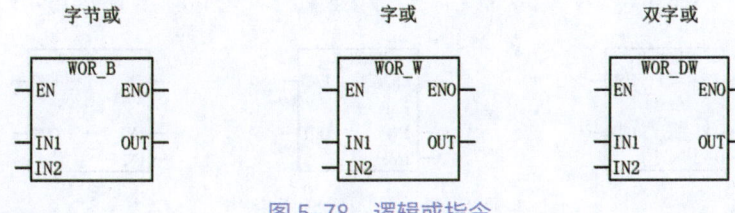

图 5-78 逻辑或指令

指令说明

（1）字节或指令对两个字节输入数值（IN1 和 IN2）的对应位执行 OR（或运算）操作，并在内存位置（OUT）中载入结果。

（2）字或指令对两个字输入数值（IN1 和 IN2）的对应位执行 OR（或运算）操作，并在内存位置（OUT）中载入结果。

（3）双字或指令对两个双字输入数值（IN1 和 IN2）的对应位执行 OR（或运算）操作，并在内存位置（OUT）中载入结果。

程序编写

逻辑或指令程序示例如图 5-79 所示。

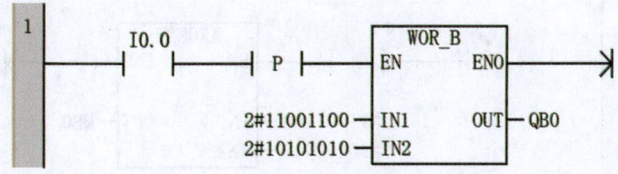

图 5-79 逻辑或指令程序示例

程序解释

按下按钮 I0.0，字节或指令（WOR_B）把 IN1 里面的数据和 IN2 里面的数据按位进行逻辑或运算，得到的结果 2#11101110 存到 QB0 里面。

5.6.4 逻辑异或指令

逻辑异或指令图解如图 5-80 所示。逻辑异或指令如图 5-81 所示。

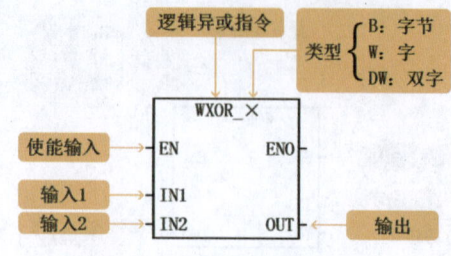

图 5-80 逻辑异或指令图解

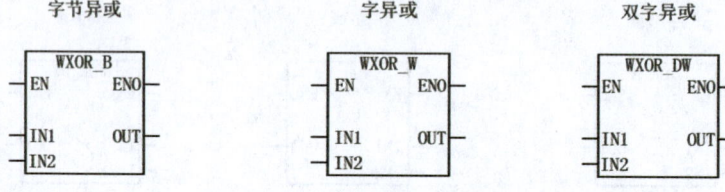

图 5-81 逻辑异或指令

指令说明

（1）字节异或运算指令对两个字节输入数值（IN1 和 IN2）的对应位执行 XOR（异或运算）操作，并在内存位置（OUT）中载入结果。

（2）字异或运算指令对两个字输入数值（IN1 和 IN2）的对应位执行 XOR（异或运算）操作，并在内存位置（OUT）中载入结果。

（3）双字异或运算指令对两个双字输入数值（IN1 和 IN2）的对应位执行 XOR（异或运算）操作，并在内存位置（OUT）中载入结果。

程序编写

逻辑异或指令程序示例如图 5-82 所示。

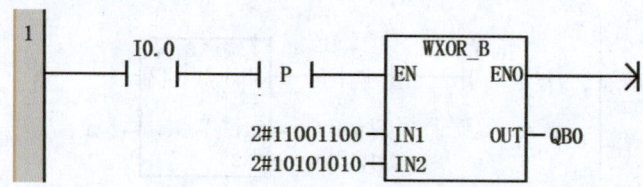

图 5-82 逻辑异或指令程序示例

程序解释

按下按钮 I0.0，字节异或指令（WXOR_B）把 IN1 里面的数据和 IN2 里面的数据按位进行逻辑异或运算，得到的结果 2#01100110 存到 QB0 里面，如图 5-83 所示。

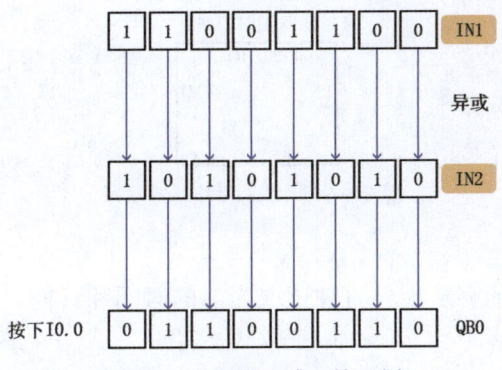

图 5-83 逻辑异或运算示例

5.6.5 逻辑运算指令应用举例

案例 15

取反指令实现一键启停程序设计。

程序编写

取反指令实现一键启停程序如图 5-84 所示。

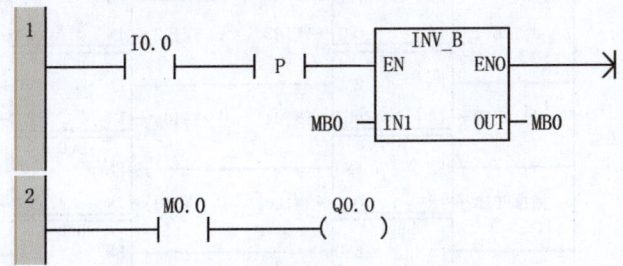

图 5-84 取反指令实现一键启停程序

程序解释

① 第一次按下按钮 I0.0，产生上升沿，执行字节取反指令（INV_B），执行后，MB0 为 2#11111111。

② 第二次按下按钮 I0.0，产生上升沿，执行字节取反指令，执行后，MB0 为 2#00000000。

③ 第三次按下按钮 I0.0，产生上升沿，执行字节取反指令，执行后，MB0 为 2#11111111。

④ MB0 在 2#00000000 与 2#11111111 之间切换，取 MB0 中的 M0.0 接通 Q0.0，实现一键启停。

5.7 时钟指令

5.7.1 读取实时时钟指令

读取实时时钟指令如图 5-85 所示。

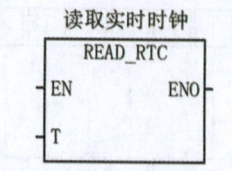

图 5-85　读取实时时钟指令

指令说明

读取实时时钟指令能够从硬件时钟读取当前的时间和日期，并将其载入 T 指定的 8 个字节的时间缓冲区。

程序编写

读取实时时钟指令程序示例如图 5-86 所示。

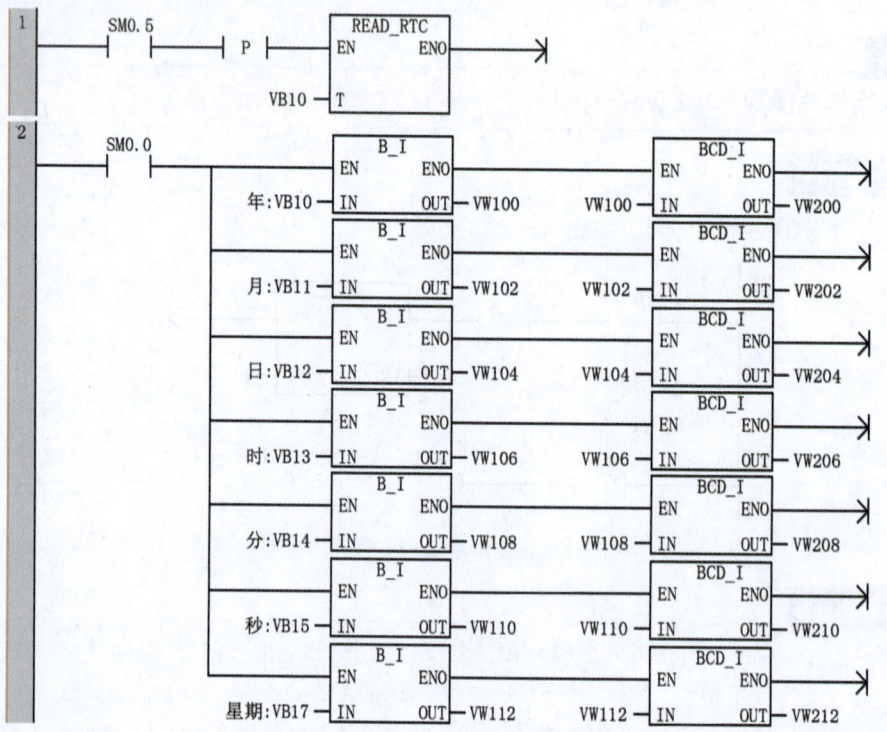

图 5-86　读取实时时钟指令程序示例

程序解释

读取到的时间信息都是以 BCD 码的形式存放的，我们在使用的时候还需要将读取到的时间信息转换为十进制。读取实时时钟指令数据区如表 5-2 所示。

表 5-2　读取实时时钟指令数据区

地址偏移	T	T+1	T+2	T+3	T+4	T+5	T+6	T+7
数据内容	年	月	日	小时	分钟	秒	0	星期
数值范围（BCD）	00 ~ 99	01 ~ 12	01 ~ 31	00 ~ 23	00 ~ 59	00 ~ 59	0	1 ~ 7

① SM0.5 每隔 1s 接通一次，读取实时时钟指令 READ_RTC 执行一次，将读取到的时间信息年、月、日、时、分、秒、星期放在以 VB10 开始的连续 8 个字节中。

② 时、分、秒被存放在 VB13、VB14、VB15 中，此时的时间值以 BCD 码的形式存放在存储区中，我们需要使用 BCD_I 指令将数值转换为十进制数，BCD_I 指令的 IN 支持的数据类型为 16 位字，将数据转换为 16 位需要使用 B_I 指令，最终得到的 VW206、VW208、VW210 中的数值即为十进制的时间信息。

5.7.2　设置实时时钟指令

设置实时时钟指令如图 5-87 所示。

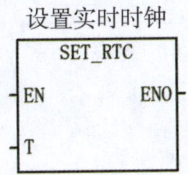

图 5-87　设置实时时钟指令

指令说明

设置实时时钟指令将当前时间和日期写入 T 指定的以 8 个字节的时间缓冲区开始的硬件时钟。

程序编写

设置实时时钟指令程序示例如图 5-88 所示。

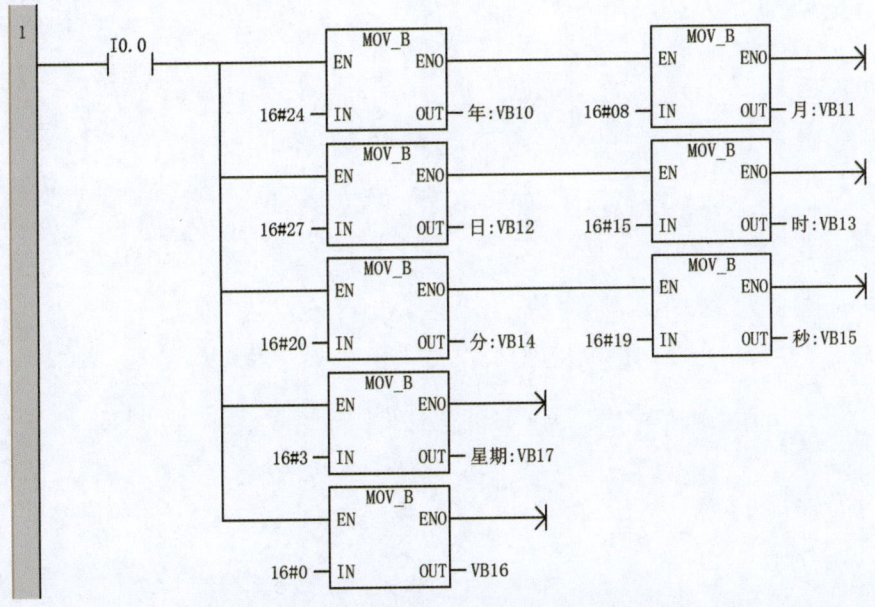

图 5-88　设置实时时钟指令程序示例

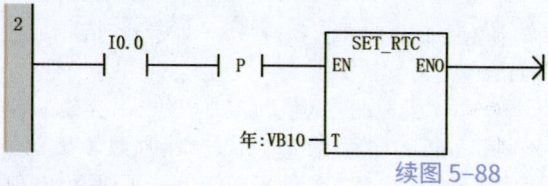

续图 5-88

程序解释

　　设定的时钟信息都是以 BCD 码的形式存放的。设置实时时钟指令数据区与读取实时时钟指令数据区相同，如表 5-2 所示。

　　① 将时间信息年、月、日、时、分、秒、星期放在以 VB10 开始的连续 8 个字节中。

　　② 按下 I0.0，此时的时间值以 BCD 码的形式存放在相应的存储区中，最后执行设置实时时钟指令（SET_RTC），将时间设定写入 S7-200 SMART PLC 里面保存，写入的时间为 2024-8-2 15：20：19。

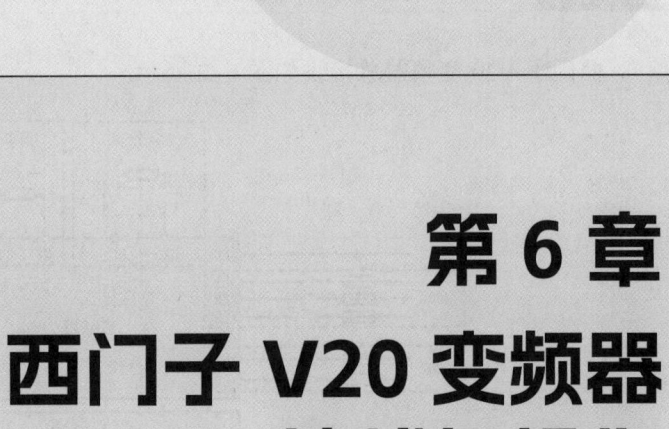

第 6 章
西门子 V20 变频器
接线与操作

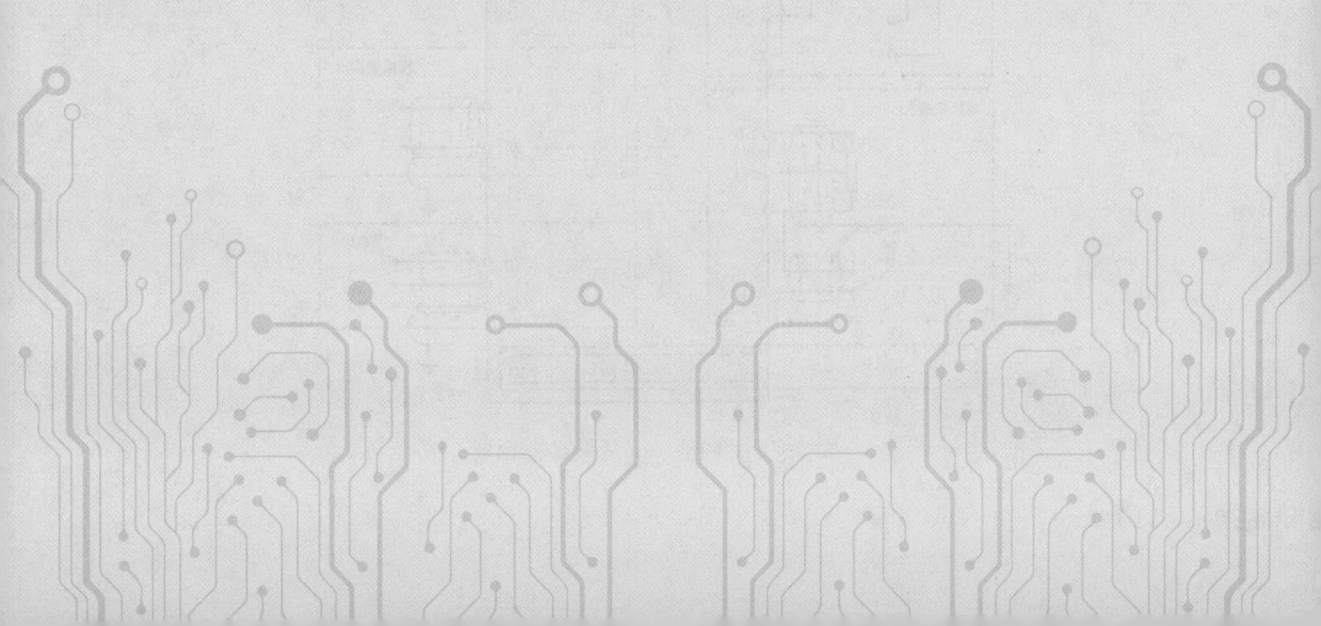

6.1　西门子 V20 变频器外形

西门子 V20 变频器外形如图 6-1 所示。

6.2　西门子 V20 变频器端子功能与接线

西门子 V20 变频器的端子主要有主回路端子和控制回路端子。在使用变频器时，应根据实际需要正确地将有关端子与外部器件（如开关、继电器等）连接好。

图 6-1　西门子 V20 变频器外形

6.2.1　西门子 V20 变频器总接线图

西门子 V20 变频器总接线如图 6-2 所示。

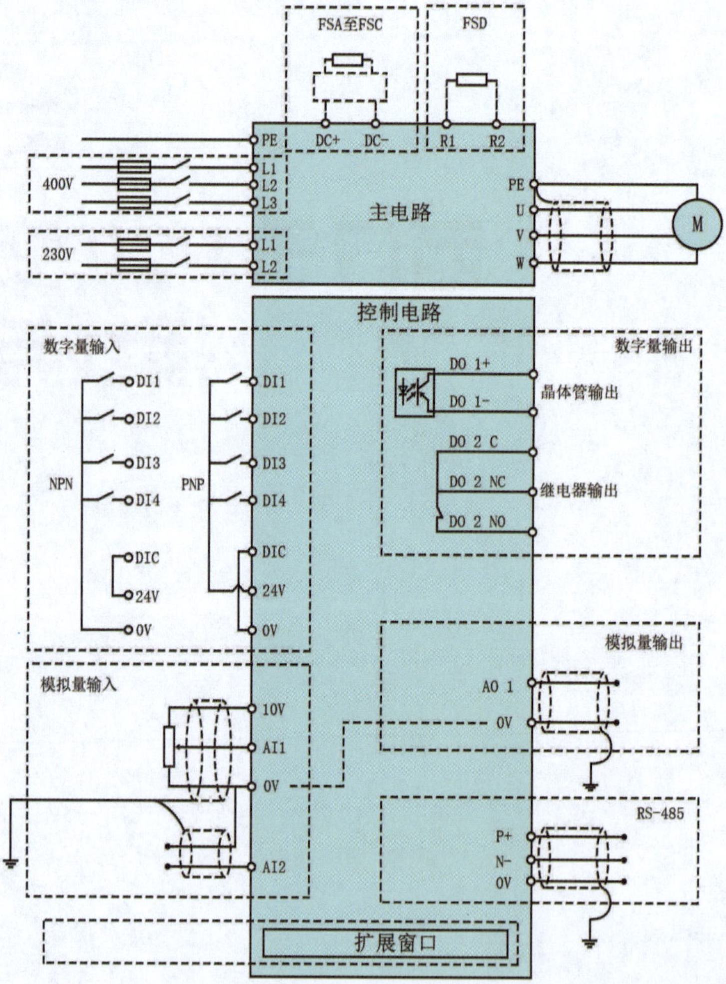

图 6-2　西门子 V20 变频器总接线

6.2.2 西门子 V20 变频器的接线实例

案例

　　某自动化设备选用西门子 V20 变频器，电源电压为单相 220V 供电，用数字量输入作为启停控制，用数字量输出作为报警信号，报警时点亮一个灯，模拟量输入作为频率给定，要求绘制变频器的控制原理图。

　　解： 控制原理图如图 6-3 所示。

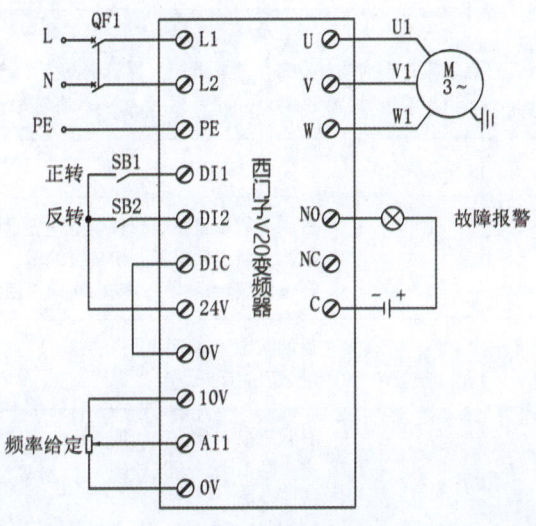

图 6-3　控制原理图

6.3　西门子 V20 变频器操作面板

6.3.1　西门子 V20 变频器操作面板介绍

　　西门子 V20 变频器操作面板按钮如图 6-4 所示。

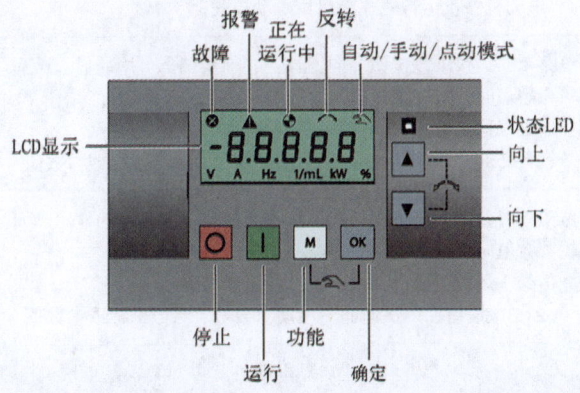

图 6-4　西门子 V20 变频器操作面板按钮

西门子 V20 变频器操作面板按钮的功能如表 6-1 所示。

表 6-1　西门子 V20 变频器操作面板按钮的功能

按钮	功能	
	停止变频器	
○	单击	OFF1 停车方式：电动机按参数 P1121 中设置的斜坡下降时间减速停车
	双击（<2s）或长按（>3s）	OFF2 停车方式：电动机不采用任何斜坡下降时间，按惯性自由停车
I	启动变频器 若变频器在手动 / 点动模式下启动，则显示变频器正在运行中图标（◐）。 说明：若当前变频器处于外部端子控制（P0700=2，P1000=2），并处于自动运行模式，则该按钮无效	
	多功能按钮	
M	短按（<2s）	（1）进入参数设置菜单或转至下一显示画面。 （2）就当前所选项重新开始按位编辑。 （3）在按位编辑模式下连按两次即返回编辑前画面
	长按（>2s）	（1）返回状态显示画面。 （2）进入设置菜单
OK	短按（<2s）	（1）在状态显示数值间切换。 （2）进入数值编辑模式或换至下一位。 （3）清除故障
	长按（>2s）	快速编辑参数号或参数值
M + OK	手动 / 点动 / 自动 按下该组合键可以在不同运行模式间切换： M + OK 自动模式 → M + OK → 手动模式 → M + OK → 点动模式 （无图标）　（显示手形图标）　（显示闪烁的手形图标） 说明：只有当电动机停止运行时才能启用点动模式	
▲	（1）当浏览菜单时，按下该按钮即向上选择当前菜单下可用的显示画面。 （2）当编辑参数值时，按下该按钮可增大数值。 （3）当变频器处于运行模式时，按下该按钮可增大速度。 （4）长按（>2s）该按钮，可快速向上滚动参数号、参数下标或参数值	
▼	（1）当浏览菜单时，按下该按钮即向下选择当前菜单下可用的显示画面。 （2）当编辑参数值时，按下该按钮可减小数值。 （3）当变频器处于运行模式时，按下该按钮可减小速度。 （4）长按（>2s）该按钮，可快速向下滚动参数号、参数下标或参数值	
▲ + ▼	使电动机反转。按下该组合键可一次启动电动机反转。再次按下该组合键，可撤销电动机反转。 若变频器上显示反转图标（↺），则表明输出速度的方向与设定方向相反	

西门子 V20 变频器图标如表 6-2 所示。

表 6-2　西门子 V20 变频器图标

状态图标		功能
✖		变频器存在至少一个未处理故障
⚠		变频器存在至少一个未处理报警
◕	◕	变频器正在运行中（电动机转速可能为 0r/min）
	◔ 闪烁	变频器可能被意外上电（例如，处于霜冻保护模式时）
↶		电动机反转
✌	✌	变频器处于手动模式
	✌ 闪烁	变频器处于点动模式

6.3.2　西门子 V20 变频器操作面板的使用

1. 修改参数

修改参数的方法是先选择参数号，再修改参数值。

下面以设置 P1000[0]=2 的过程为例，也就是将参数 P1000 的第 0 组参数设置为 2，讲解一个参数的设定方法。参数的设定方法见表 6-3。

表 6-3　参数的设定方法

序号	操作步骤	显示
1	按 M 键，进入参数选择画面	P0003
2	按 ▲ 或者 ▼ 键选择所需要的参数 P1000	P1000
3	按 OK 键，显示下标 in000，按 ▲ 或者 ▼ 键选择所需要的下标，本例下标为 in000	in000
4	按 OK 键，进入参数值设置画面，按 ▲ 或者 ▼ 键选择所需要的数值，本例设为 2	2
5	按 OK 键，保存设置的参数值	in000
6	按 M 键，返回参数选择画面	P1000
7	按 M 键（＞2s），返回显示菜单（例如频率）	25.00 Hz

2. 在手动模式下启动电动机

注意：如果变频器当前处于设置菜单画面（例如变频器显示"P0304"），则长按（>2s）Ⓜ键退出设置菜单并进入显示菜单（例如频率）。

可以在手动或点动模式下启动电动机。

（1）按下Ⓜ+ⓞⓚ键，显示手形图标，则进入手动模式。

（2）按Ⅰ键启动电动机。

（3）按Ⓞ键关停电动机。

3. 在点动模式下启动电动机

（1）按下Ⓜ+ⓞⓚ键，显示闪烁的手形图标，则进入点动模式。

（2）按Ⅰ键启动电动机。松开Ⅰ键即关停电动机。

第 7 章

西门子 V20 变频器的
常用外围电路

7.1 西门子 V20 变频器面板控制

案例 1

有一台西门子 V20 变频器，当按下按键 **I** 时，三相异步电动机运行，按 **▲**、**▼** 键可以加、减频率。已知电动机的功率为 0.37kW，额定转速为 1400r/min，额定电压为 220V，额定电流为 1.93A，额定频率为 50Hz。请按上述设计方案。

（1）西门子 V20 变频器面板控制原理如图 7-1 所示。

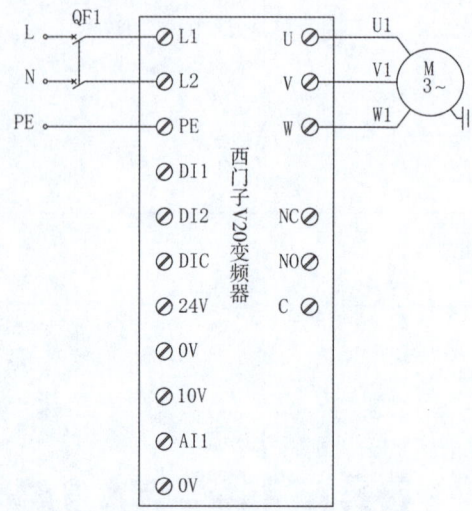

图 7-1　西门子 V20 变频器面板控制原理

（2）西门子 V20 变频器面板控制参数设置如表 7-1 所示。

表 7-1　西门子 V20 变频器面板控制参数设置

变频器参数	设定值	功能说明
P0003	3	权限级别 1：标准　允许访问常用参数 2：扩展　允许扩展访问，例如访问变频器 I/O 功能 3：专家　仅供专家使用 4：维修　仅供经授权的维修人员使用，有密码保护
P0100	0	50/60Hz 频率选择 0：欧洲 [kW]，50Hz（工厂缺省值） 1：北美 [hp]，60Hz 2：北美 [kW]，60Hz
P0304	220	电动机额定电压 [V] 请注意输入的铭牌数据必须与电动机接线（星形 / 三角形）一致
P0305	1.93	电动机额定电流 [A] 请注意输入的铭牌数据必须与电动机接线（星形 / 三角形）一致

续表

变频器参数	设定值	功能说明
P0307	0.37	电动机额定功率 [kW / hp] 如 P0100 = 0 或 2，则电动机功率单位为 [kW] 如 P0100 = 1，则电动机功率单位为 [hp]
P0310	50.00	电动机额定频率 [Hz]
P0311	1400	电动机额定转速 [RPM]
P0700	1	选择命令源 0：出厂默认设置 1：操作面板（键盘） 2：端子 5：RS–485 上的 USS / MBUS
P1000	1	频率设定值选择 0：无主设定值 1：MOP 设定值（面板▲、▼键） 2：模拟量设定值 3：固定频率 5：RS–485 上的 USS

注：hp 为马力，1hp=735W（公制）；RPM 为转速单位，即 r/min。

（3）工作原理。

当按下按键 I 时，三相异步电动机正转。

当按下按键 O 时，三相异步电动机停止运行。

按▲、▼键可以加、减频率。

7.2　西门子 V20 变频器控制电动机正反转

7.2.1　开关控制西门子 V20 变频器正反转 《《

案例 2

有一台西门子 V20 变频器：当接通按钮 SA1 时，三相异步电动机正转；当接通按钮 SA2 时，三相异步电动机反转。已知电动机的功率为 0.37kW，额定转速为 1400r/min，额定电压为 220V，额定电流为 1.93A，额定频率为 50Hz。请按上述设计方案。

（1）开关控制西门子 V20 变频器正反转原理图如图 7–2 所示。

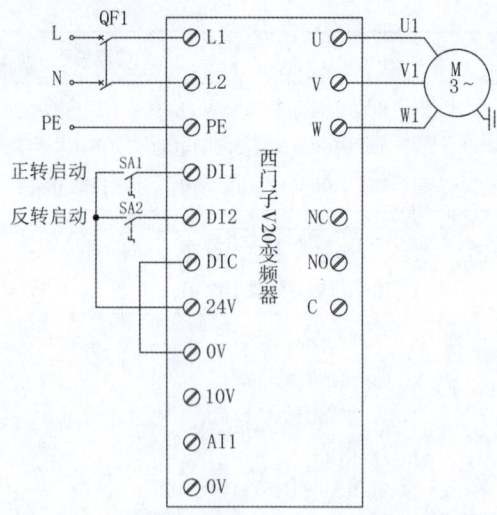

图 7-2　开关控制西门子 V20 变频器正反转原理图

（2）西门子 V20 变频器控制电动机正反转参数设置如表 7-2 所示。

表 7-2　西门子 V20 变频器控制电动机正反转参数设置

变频器参数	设定值	功能说明	
P0003	3	权限级别 1：标准　允许访问常用参数 2：扩展　允许扩展访问，例如访问变频器 I/O 功能 3：专家　仅供专家使用 4：维修　仅供经授权的维修人员使用，有密码保护	
P0700	2	选择命令源 0：出厂默认设置 1：操作面板（键盘） 2：端子 5：RS-485 上的 USS / MBUS	
P0701	1	数字量输入 1 (DI1) 的功能	0：禁止数字量输入 1：ON / OFF1 2：ON 反向 / OFF1 9：故障确认 15：固定频率选择器位 0 16：固定频率选择器位 1 17：固定频率选择器位 2 18：固定频率选择器位 3
P0702	2	数字量输入 2 (DI2) 的功能	
P0703	0	数字量输入 3 (DI3) 的功能	
P0704	0	数字量输入 4 (DI4) 的功能	
P1000	1	频率设定值选择 0：无主设定值 1：MOP 设定值（面板▲、▼键） 2：模拟量设定值 3：固定频率 5：RS-485 上的 USS	

（3）工作原理。

将 DIC 接在 0V 上。

当接通按钮 SA1 时，DI1 端子与变频器的 24V 连接，电动机正转。

当接通按钮 SA2 时，DI2 端子与变频器的 24V 连接，电动机反转。

按▲、▼键可以加、减频率。

7.2.2 PLC 以开关量方式控制西门子 V20 变频器正反转

案例 3

有一台西门子 V20 变频器：当接通按钮 SB1 时，三相异步电动机正转；当接通按钮 SB2 时，三相异步电动机反转；当接通按钮 SB3 时，电动机停止运行。已知电动机的功率为 0.37kW，额定转速为 1400r/min，额定电压为 220V，额定电流为 1.93A，额定频率为 50Hz。请按上述设计方案。

（1）I/O 分配表如表 7-3 所示。

表 7-3 I/O 分配表（一）

输入		输出	
I0.0	正转启动	Q0.0	正转
I0.1	反转启动	Q0.1	反转
I0.2	停止运行		

（2）PLC 以开关量方式控制西门子 V20 变频器正反转原理如图 7-3 所示。

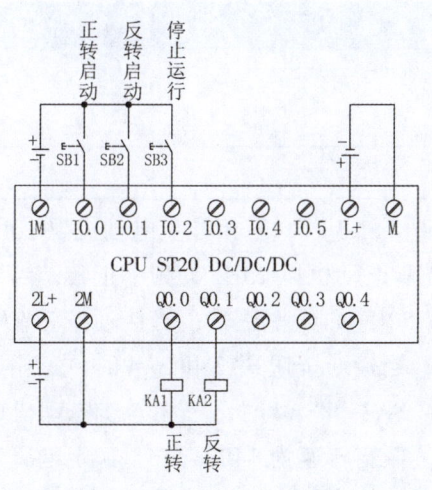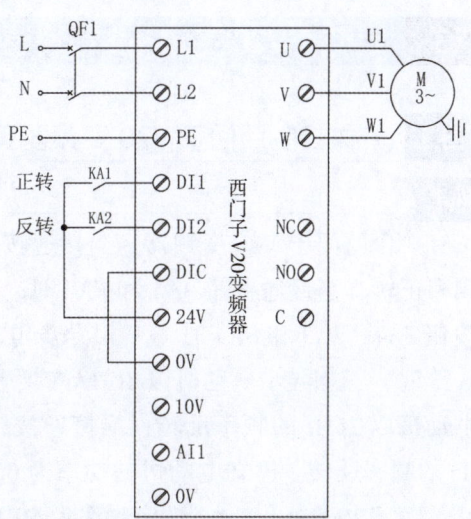

图 7-3 PLC 以开关量方式控制西门子 V20 变频器正反转原理

（3）西门子 V20 变频器控制电动机正反转参数设置参考 7.2.1 节。

（4）编写程序。

梯形图程序如图 7-4 所示。

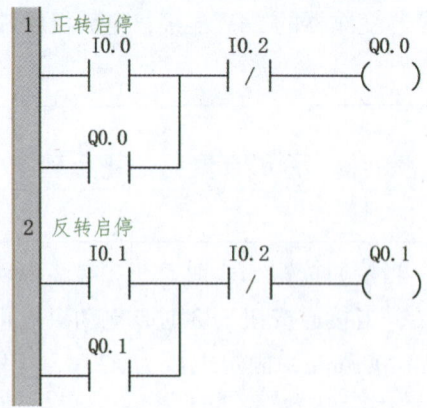

图 7-4　梯形图程序（一）

（5）工作原理。

① 按下正转启动按钮 I0.0，Q0.0 有输出，中间继电器 KA1 线圈得电，中间继电器常开触点 KA1 接通，DI1 端子与变频器的 24V 连接，电动机正转。

按下停止按钮 I0.2，Q0.0 没有输出，中间继电器 KA1 线圈失电，中间继电器常开触点 KA1 断开，DI1 端子与变频器的 24V 断开，电动机正转停止。

② 按下反转启动按钮 I0.1，Q0.1 有输出，中间继电器 KA2 线圈得电，中间继电器常开触点 KA2 接通，DI2 端子与变频器的 24V 连接，电动机反转。

按下停止按钮 I0.2，Q0.1 没有输出，中间继电器 KA2 线圈失电，中间继电器常开触点 KA2 断开，DI2 端子与变频器的 24V 断开，电动机反转停止。

7.3　西门子 V20 变频器多段速控制

7.3.1　开关控制西门子 V20 变频器多段速

案例 4

　　有一台西门子 V20 变频器，当接通按钮 SA1 和 SA3 时，三相异步电动机以 10Hz 的频率正转；当接通按钮 SA1 和 SA4 时，三相异步电动机以 25Hz 的频率正转；当接通按钮 SA1、SA3 和 SA4 时，三相异步电动机以 50Hz 的频率正转；当接通按钮 SA2 和 SA3 时，三相异步电动机以 10Hz 的频率反转；当接通按钮 SA2 和 SA4 时，三相异步电动机以 25Hz 的频率反转；当接通按钮 SA2、SA3 和 SA4 时，三相异步电动机以 50Hz 的频率反转。已知电动机的功率为 0.37kW，额定转速为 1400r/min，额定电压为 220V，额定电流为 1.93A，额定频率为 50Hz。请按上述设计方案。

（1）开关控制西门子 V20 变频器多段速原理如图 7-5 所示。

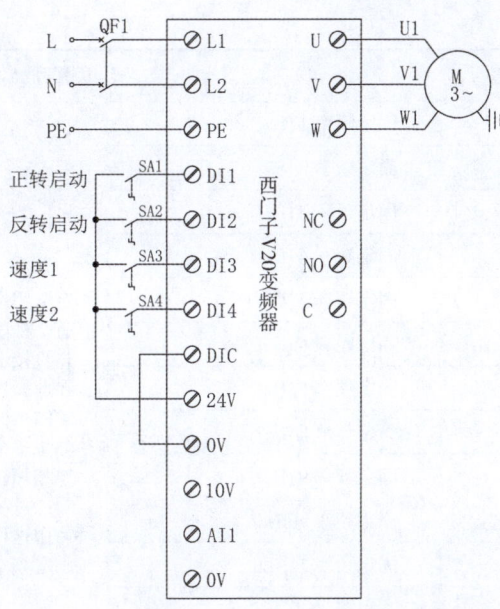

图 7-5　开关控制西门子 V20 变频器多段速原理

（2）西门子 V20 变频器多段速参数设置如表 7-4 所示。

表 7-4　西门子 V20 变频器多段速参数设置

变频器参数	设定值	功能说明	
P0003	3	权限级别 1：标准 允许访问常用参数 2：扩展 允许扩展访问，例如访问变频器 I/O 功能 3：专家 仅供专家使用 4：维修 仅供经授权的维修人员使用，有密码保护	
P0700	2	选择命令源 0：出厂默认设置 1：操作面板（键盘） 2：端子 5：RS-485 上的 USS/MBUS	
P0701	1	数字量输入 1（DI1）的功能	0：禁止数字量输入 1：ON/OFF1 2：ON 反向 /OFF1 9：故障确认 15：固定频率选择器位 0 16：固定频率选择器位 1 17：固定频率选择器位 2 18：固定频率选择器位 3
P0702	2	数字量输入 2（DI2）的功能	
P0703	15	数字量输入 3（DI3）的功能	
P0704	16	数字量输入 4（DI4）的功能	
P1000	3	频率设定值选择 0：无主设定值 1：MOP 设定值（面板▲、▼键） 2：模拟量设定值 3：固定频率 5：RS-485 上的 USS	

续表

变频器参数	设定值	功能说明
P1001	10	固定频率 1 [Hz]
P1002	25	固定频率 2 [Hz]
P1003	50	固定频率 3 [Hz]
P1004	0	固定频率 4 [Hz]
P1005	0	固定频率 5 [Hz]　　定义固定频率设定值。
P1006	0	固定频率 6 [Hz]　　有 2 种固定频率：
P1007	0	固定频率 7 [Hz]　　1. 直接选择（P1016=1）
P1008	0	固定频率 8 [Hz]　　在此操作方式下，1 个固定频率选择器
P1009	0	固定频率 9 [Hz]　　（P1020 至 P1023）选择 1 个固定频率。
P1010	0	固定频率 10[Hz]　　如果多个输入同时激活，则所选择的频
P1011	0	固定频率 11[Hz]　　率相加。例如：FF1+FF2+FF3+FF4。
P1012	0	固定频率 12[Hz]　　2. 二进制编码选择（P1016=2）
P1013	0	固定频率 13[Hz]　　使用这种方式可最多选择 16 个不同的
P1014	0	固定频率 14[Hz]　　固定频率值
P1015	0	固定频率 15[Hz]
P1016	2	固定频率模式 1：直接选择 2：二进制编码选择

（3）固定频率与数字量输入端子的关系。

利用多功能输入端子（参考参数 P0701 ~ P0704）可选择段速运行（最多为 15 段速），段速频率分别在参数 P1001 ~ P1015 设定。

当 P0701=15、P0702=16、P0703=17、P0704=18 时，多功能输入端子与段速如表 7-5 所示。

表 7-5　多功能输入端子与段速

分类	数字量输入 4(DI4 功能) 固定频率选择器位 3	数字量输入 3(DI3 功能) 固定频率选择器位 2	数字量输入 2(DI2 功能) 固定频率选择器位 1	数字量输入 1(DI1 功能) 固定频率选择器位 0
固定频率 1	断开（OFF）	断开（OFF）	断开（OFF）	接通（ON）
固定频率 2	断开（OFF）	断开（OFF）	接通（ON）	断开（OFF）
固定频率 3	断开（OFF）	断开（OFF）	接通（ON）	接通（ON）
固定频率 4	断开（OFF）	接通（ON）	断开（OFF）	断开（OFF）
固定频率 5	断开（OFF）	接通（ON）	断开（OFF）	接通（ON）
固定频率 6	断开（OFF）	接通（ON）	接通（ON）	断开（OFF）
固定频率 7	断开（OFF）	接通（ON）	接通（ON）	接通（ON）
固定频率 8	接通（ON）	断开（OFF）	断开（OFF）	断开（OFF）

分类	数字量输入 4(DI4 功能) 固定频率选择器位 3	数字量输入 3(DI3 功能) 固定频率选择器位 2	数字量输入 2(DI2 功能) 固定频率选择器位 1	数字量输入 1(DI1 功能) 固定频率选择器位 0
固定频率 9	接通（ON）	断开（OFF）	断开（OFF）	接通（ON）
固定频率 10	接通（ON）	断开（OFF）	接通（ON）	断开（OFF）
固定频率 11	接通（ON）	断开（OFF）	接通（ON）	接通（ON）
固定频率 12	接通（ON）	接通（ON）	断开（OFF）	断开（OFF）
固定频率 13	接通（ON）	接通（ON）	断开（OFF）	接通（ON）
固定频率 14	接通（ON）	接通（ON）	接通（ON）	断开（OFF）
固定频率 15	接通（ON）	接通（ON）	接通（ON）	接通（ON）

本案例中，将 DI3 的功能设为固定频率选择器位 0，DI4 的功能设为固定频率选择器位 1。因此，当 DI3 接通时，为固定频率 1；当 DI4 接通时，为固定频率 2；当 DI3、DI4 同时接通时，为固定频率 3。

（4）工作原理。

将 DIC 端子接在 0V 上。

当接通按钮 SA1 和 SA3 时，DI1 端子和 DI3 端子与变频器的 24V 连接，电动机以 10Hz 的频率正转。当接通按钮 SA1 和 SA4 时，DI1 端子和 DI4 端子与变频器的 24V 连接，电动机以 25Hz 的频率正转。当接通按钮 SA1、SA3 和 SA4 时，DI1 端子、DI3 端子和 DI4 端子与变频器的 24V 连接，电动机以 50Hz 的频率正转。

当接通按钮 SA2 和 SA3 时，DI2 端子和 DI3 端子与变频器的 24V 连接，电动机以 10Hz 的频率反转。当接通按钮 SA2 和 SA4 时，DI2 端子和 DI4 端子与变频器的 24V 连接，电动机以 25Hz 的频率反转。当接通按钮 SA2、SA3 和 SA4 时，DI2 端子、DI3 端子和 DI4 端子与变频器的 24V 连接，电动机以 50Hz 的频率反转。

7.3.2　PLC 以开关量方式控制西门子 V20 变频器多段速

案例 5

有一台西门子 V20 变频器，当接通按钮 SB1 时，三相异步电动机正转；当接通按钮 SB2 时，三相异步电动机反转；当接通按钮 SB3 时，三相异步电动机停止运行；当接通按钮 SB4 时，三相异步电动机以 10Hz 的频率运行；当接通按钮 SB5 时，三相异步电动机以 25Hz 的频率运行；当接通按钮 SB6 时，三相异步电动机以 50Hz 的频率运行。已知电动机的功率为 0.37kW，额定转速为 1400r/min，额定电压为 220V，额定电流为 1.93A，额定频率为 50Hz。请按上述设计方案。

（1）I/O 分配表如表 7-6 所示。

表 7-6 I/O 分配表（二）

输入		输出	
I0.0	正转启动	Q0.0	正转
I0.1	反转启动	Q0.1	反转
I0.2	停止运行	Q0.2	速度 1
I0.3	速度 1 设置	Q0.3	速度 2
I0.4	速度 2 设置		
I0.5	速度 3 设置		

（2）PLC 以开关量方式控制西门子 V20 变频器多段速原理图如图 7-6 所示。

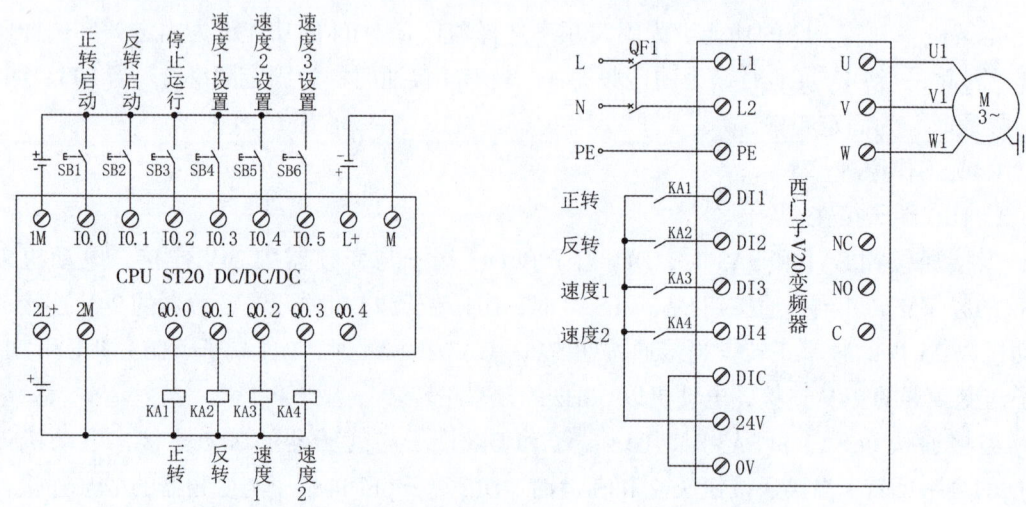

图 7-6　PLC 以开关量方式控制西门子 V20 变频器多段速原理图

（3）西门子 V20 变频器多段速控制参数设置参考 7.3.1 节。

（4）编写程序。

梯形图程序如图 7-7 所示。

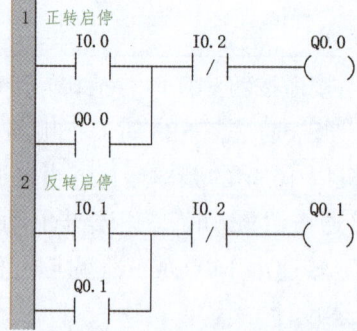

图 7-7　梯形图程序（二）

```
3  上电时给初始速度
   速度1
   SM0.1      I0.4       Q0.2
   ┤ ├────────┤/├────────( )
   │
   I0.3
   ┤ ├
   │
   I0.5
   ┤ ├
   │
   Q0.2
   ┤ ├

4  速度2
   当Q0.2和Q0.3同时接通时为速度3
   I0.4       I0.3       Q0.3
   ┤ ├────────┤/├────────( )
   │
   I0.5
   ┤ ├
   │
   Q0.3
   ┤ ├
```

续图 7-7

（5）工作原理。

① 当按下正转启动按钮 I0.0，Q0.0 有输出，中间继电器 KA1 线圈得电，中间继电器常开触点 KA1 接通，DI1 端子与变频器的 24V 连接，电动机正转。

当按下停止按钮 I0.2，Q0.0 没有输出，中间继电器 KA1 线圈失电，中间继电器常开触点 KA1 断开，DI1 端子与变频器的 24V 断开，电动机正转停止。

② 当按下反转启动按钮 I0.1，Q0.1 有输出，中间继电器 KA2 线圈得电，中间继电器常开触点 KA2 接通，DI2 端子与变频器的 24V 连接，电动机反转。

当按下停止按钮 I0.2，Q0.1 没有输出，中间继电器 KA2 线圈失电，中间继电器常开触点 KA2 断开，DI2 端子与变频器的 24V 断开，电动机反转停止。

③ 当按下速度 1 设置按钮 I0.3，Q0.2 有输出，中间继电器 KA3 线圈得电，中间继电器常开触点 KA3 接通，DI3 端子与变频器的 24V 连接，电动机以固定频率 10Hz 运行。

④ 当按下速度 2 设置按钮 I0.4，Q0.3 有输出，中间继电器 KA4 线圈得电，中间继电器常开触点 KA4 接通，DI4 端子与变频器的 24V 连接，电动机以固定频率 25Hz 运行。

⑤ 当按下速度 3 设置按钮 I0.5，Q0.2、Q0.3 有输出，中间继电器 KA3 线圈得电，中间继电器常开触点 KA3 接通，DI3 端子与变频器的 24V 连接，中间继电器 KA4 线圈得电，中间继电器常开触点 KA4 接通，DI4 端子与变频器的 24V 连接，电动机以固定频率 50Hz 运行。

7.4　西门子 V20 变频器模拟量输入给定

数字量多段频率给定虽然可以设定速度段的数量是有限的，但是不能做到无级调速，而外部模拟量输入可以做到无级调速，也容易实现自动控制，而且模拟量可以是电压信号或者电流信号，使用比较灵活，因此应用范围较广。以下介绍模拟量信号频率给定。

7.4.1 电位器控制西门子 V20 变频器模拟量输入给定

案例 6

有一台西门子 V20 变频器，当接通按钮 SA1 时，三相异步电动机正转，当接通按钮 SA2 时，三相异步电动机反转。对变频器进行电压信号模拟量频率给定，已知电动机的功率为 0.37kW，额定转速为 1400r/min，额定电压为 220V，额定电流为 1.93A，额定频率为 50Hz。请按上述设计方案。

（1）电位器控制西门子 V20 变频器模拟量输入给定原理图如图 7-8 所示。

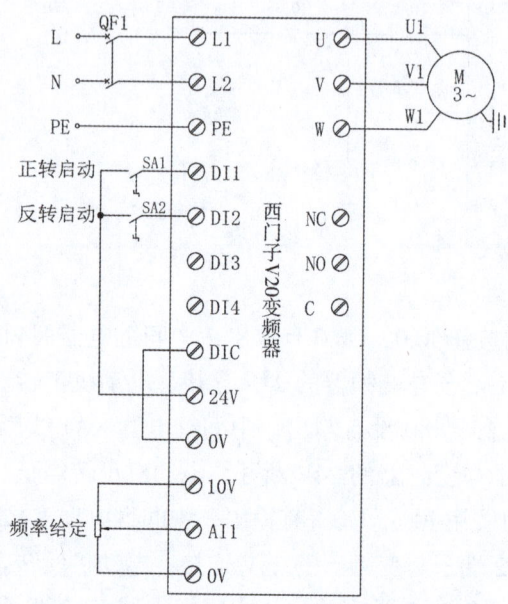

图 7-8　电位器控制西门子 V20 变频器模拟量输入给定原理图

（2）西门子 V20 变频器模拟量输入给定参数设置如表 7-7 所示。

表 7-7　西门子 V20 变频器模拟量输入给定参数设置

变频器参数	设定值	功能说明
P0003	3	权限级别 1：标准 允许访问常用参数 2：扩展 允许扩展访问，例如访问变频器 I/O 功能 3：专家 仅供专家使用 4：维修 仅供经授权的维修人员使用，有密码保护
P0700	2	选择命令源 0：出厂默认设置 1：操作面板（键盘） 2：端子 5：RS-485 上的 USS/MBUS

变频器参数	设定值	功能说明	
P0701	1	数字量输入 1 (DI1) 的功能	0：禁止数字量输入。 1：ON / OFF1。 2：ON 反向 / OFF1。 9：故障确认。 15：固定频率选择器位 0。 16：固定频率选择器位 1。 17：固定频率选择器位 2。 18：固定频率选择器位 3
P0702	2	数字量输入 2 (DI2) 的功能	
P0703	0	数字量输入 3 (DI3) 的功能	
P0704	0	数字量输入 4 (DI4) 的功能	
P0756	0	模拟量输入类型 0：单极性电压输入（0 ~ 10V）。 1：单极性电压输入带监控功能（0 ~ 10V）。 2：单极性电流输入（0 ~ 20mA）。 3：单极性电流输入带监控功能（0 ~ 20mA）。 4：双极性电压输入（−10 ~ 10V）	
P1000	2	频率设定值选择 0：无主设定值。 1：MOP 设定值（面板▲、▼键）。 2：模拟量设定值。 3：固定频率。 5：RS–485 上的 USS	

（3）工作原理。

将 DIC 端子接在 0V 上。

当接通按钮 SA1 时，DI1 端子与变频器的 24V 连接，电动机正转。当接通按钮 SA2 时，DI2 端子与变频器的 24V 连接，电动机反转。

通过电位器来调节变频器的频率，当电压信号是 10V 时，变频器的频率为 50Hz，当电压信号是 0V 时，变频器的频率为 0Hz。

7.4.2 PLC 以模拟量方式控制西门子 V20 变频器

案例 7

有一台西门子 V20 变频器，当接通按钮 SB1 时，三相异步电动机正转；当接通按钮 SB2 时，三相异步电动机反转；当接通按钮 SB3 时，三相异步电动机停止运行。对变频器进行电压信号模拟量频率给定，通过触摸屏关联 PLC 地址来修改频率，已知电动机的功率为 0.37kW，额定转速为 1400r/min，额定电压为 220V，额定电流为 1.93A，额定频率为 50Hz。请按上述设计方案。

（1）I/O 分配表如表 7-8 所示。

表 7-8 I/O 分配表（三）

输入		输出	
I0.0	正转启动	Q0.0	正转
I0.1	反转启动	Q0.1	反转
I0.2	停止运行	AQW16	0 ~ 10V

（2）EM AM03 模块介绍。

S7-200 SMART PLC 的 CPU 不具备模拟量输入/输出功能，需要添加模拟量输入/输出模块。模拟量输入、输出混合模块 EM AM03 有 2 路模拟量输入和 1 路模拟量输出。

模拟量输入的功能是将输入的模拟量信号转化为数字量，并将结果存入模拟量输入映像寄存器 AI 中。AI 中的数据以字（1 个字有 16 位）的形式存取，存储的 16 位数据中，模拟量输入有 4 种量程，分别为 0~20mA、–10~10V、–5~5V、–2.5~2.5V。可以通过编程软件 STEP 7-Micro/WIN SMART 来设置量程。单极性满量程输入范围对应的数字量输出为 0~27648；双极性满量程输入范围对应的数字量输出为 –27648~27648。

模拟量输出的功能是将模拟量输出映像寄存器 AQ 中的数字量转换为可用于驱动执行元件的模拟量。此模块有 2 种量程，分别为 ±10V 和 0~20mA，对应的数字量为 –27648~27648 和 0~27648。AO 中的数据以字（1 个字有 16 位）的形式存取。

（3）PLC 以模拟量方式控制西门子 V20 变频器原理图如图 7-9 所示。

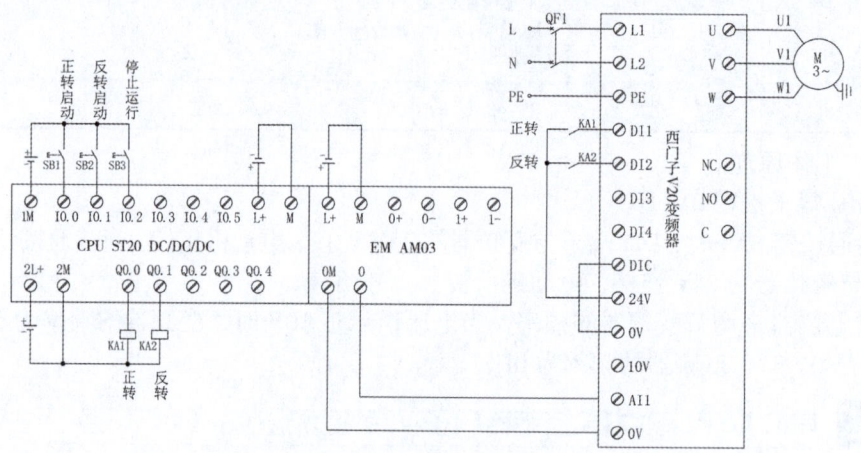

图 7-9　PLC 以模拟量方式控制西门子 V20 变频器原理图

（4）西门子 V20 变频器模拟量输入参数设置参考 7.4.1 节。

（5）以下介绍西门子标准模拟量转换库的使用。

库文件在软件中的位置如图 7-10 所示。

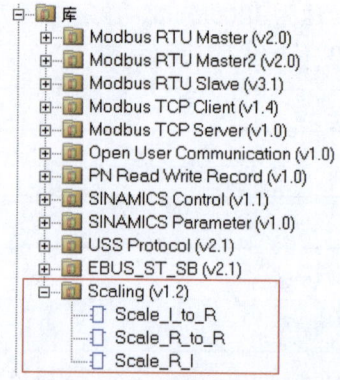

图 7-10　库文件在软件中的位置

模拟量输入库指令如图 7-11 所示。其中，Scale_I_to_R 为整数到实数转换指令，Scale_R_to_R 为实数到实数转换指令，Scale_R_I 为实数到整数转换指令，Input 为输入地址，Ish 为输入上限，Isl 为输入下限，Output 为输出地址，Osh 为输出上限，Osl 为输出下限。

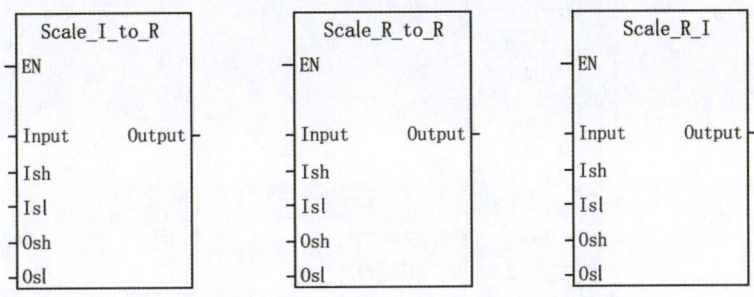

图 7-11 模拟量输入库指令

（6）硬件组态。

在编程软件中，双击"系统块"，打开"系统块"选项卡，在 EM0 处添加 EM AM03（2AI/1AQ）模块，选中模拟量输出，将模拟量的类型设置为电压，电压范围为 +/-10V（-10 ~ 10V）。通道 0 对应的输出地址为 AQW16，如图 7-12 所示。

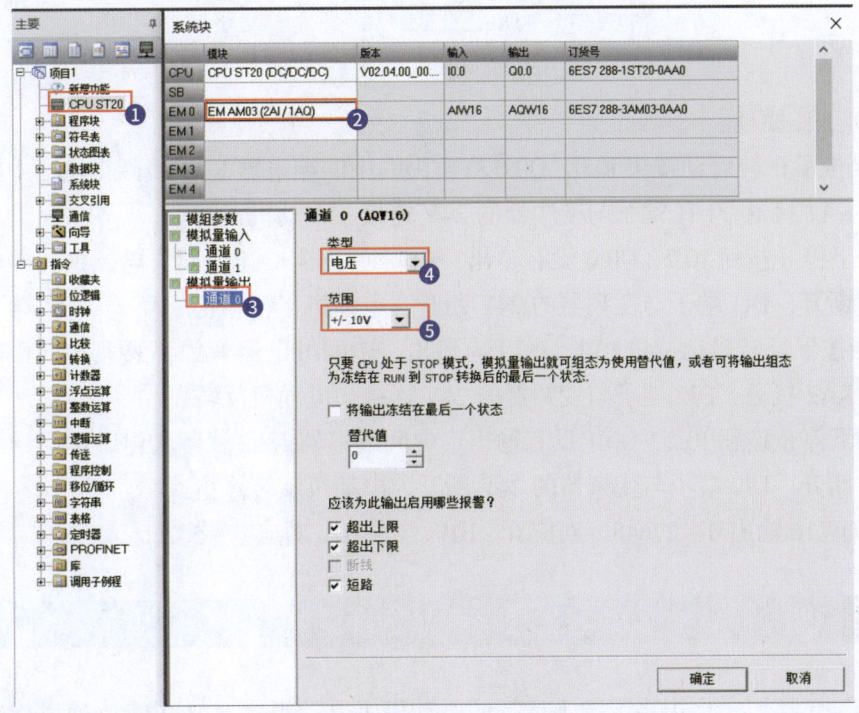

图 7-12 硬件组态

（7）编写程序。

梯形图程序如图 7-13 所示。

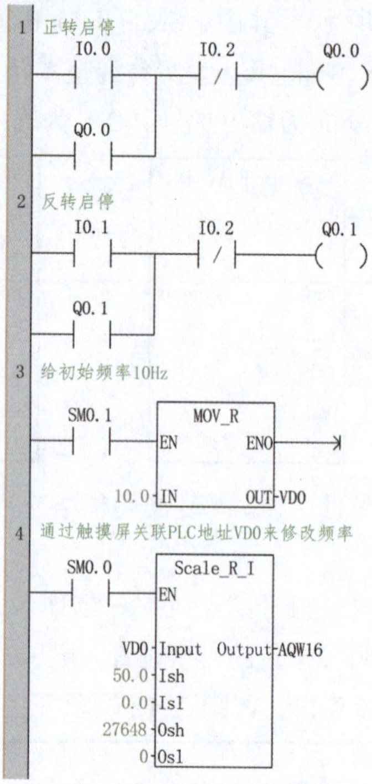

图7-13　梯形图程序（三）

（8）工作原理。

① 当按下正转启动按钮 I0.0，Q0.0 有输出，中间继电器 KA1 线圈得电，中间继电器常开触点 KA1 接通，DI1 端子与变频器的 24V 连接，电动机正转。

当按下停止按钮 I0.2，Q0.0 没有输出，中间继电器 KA1 线圈失电，中间继电器常开触点 KA1 断开，DI1 端子与变频器的 24V 断开，电动机正转停止。

② 当按下反转启动按钮 I0.1，Q0.1 有输出，中间继电器 KA2 线圈得电，中间继电器常开触点 KA2 接通，DI2 端子与变频器的 24V 连接，电动机反转。

当按下停止按钮 I0.2，Q0.1 没有输出，中间继电器 KA2 线圈失电，中间继电器常开触点 KA2 断开，DI2 端子与变频器的 24V 断开，电动机反转停止。

③ AQW16 输出 0～27648，对应 0～10V，0～10V 对应 0～50Hz。

7.5　西门子 V20 变频器工频与变频切换功能

工频与变频切换是指将工频下运行的电动机（电动机接 50Hz 电源）通过旋转开关切换到变频器控制运行，或相反的切换。

工频与变频切换的应用场合主要有：

（1）投入运行后就不允许停机的设备。变频器一旦出现跳闸停机，应马上将电动机切换到工频运行。

（2）变频器是通过轻负载降压来实现节能的。如果变频器达到满载输出，则也应将变频器切换到工频运行。

继电器控制的切换电路如图 7-14 所示。

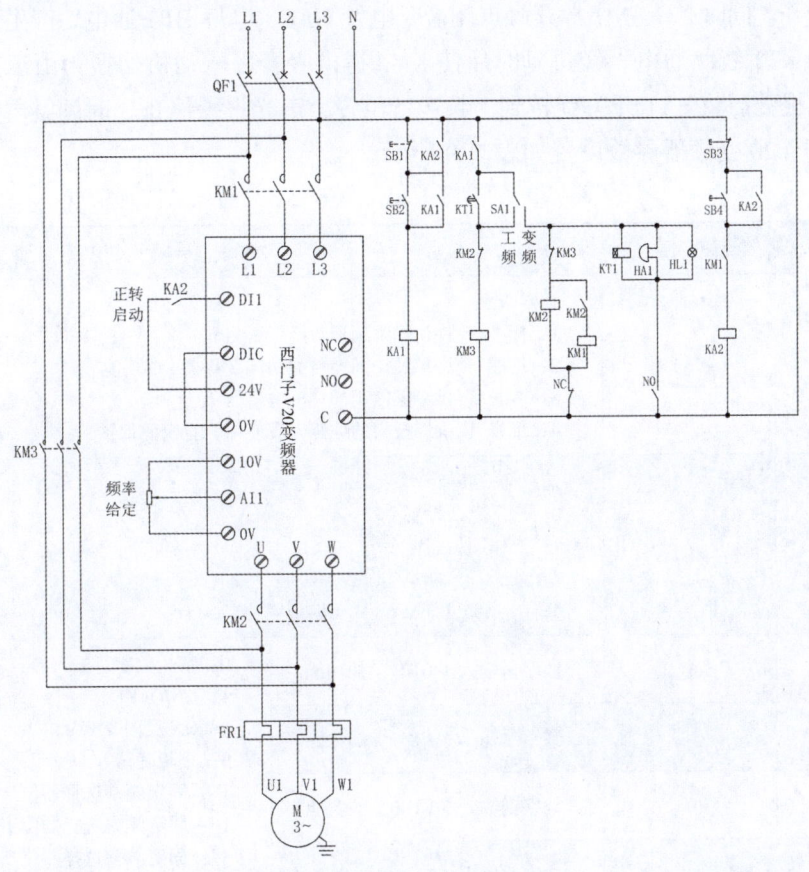

图 7-14 继电器控制的切换电路

切换控制电路的工作过程分析如下。

（1）工频运行。

SB1 为断电按钮，SB2 为通电按钮，KA1 为上电控制继电器，当按下 SB2 按钮时，KA1 线圈得电自锁，KA1 常开触点闭合。SA1 为变频、工频切换旋转开关，KM3 为工频运行接触器。当 KA1 常开触点闭合时，SA1 切到工频位置，KM3 线圈得电，KM3 吸合，电动机由工频供电。

（2）变频运行。

SB3 为变频器停止按钮，SB4 为变频器启动按钮，KM1、KM2 为变频运行接触器。当 KA1 常开触点闭合时，SA1 切到变频位置，KM3 线圈断电，KM3 的主触点断开，KM1、KM2 得电吸合，电动机由变频器控制。按下 SB4 按钮，KA2 得电吸合，变频器控制电动机启动。

（3）故障保护及切换。

① 当变频器正常工作时，变频器的 C、NC 常闭触点闭合，C、NO 常开触点断开，报

警电路不工作。

② 变频器出现故障时，C、NC 常闭触点断开，KM1、KM2 失电断开，变频器与电源及电动机断开。同时，C、NO 常开触点闭合，电铃 HA1、电灯 HL1 通电，产生声光报警。时间继电器 KT1 线圈通电，经过延时后使 KM3 得电吸合，电动机切换为由工频供电。操作人员发现报警后将 SA1 开关旋转到工频运行位置，声光报警停止，时间继电器断电。

西门子 V20 变频器参数设置如表 7-9 所示。

表 7-9　西门子 V20 变频器参数设置

变频器参数	设定值	功能说明	
P0003	3	权限级别 1：标准 允许访问常用参数 2：扩展 允许扩展访问，例如访问变频器 I/O 功能 3：专家 仅供专家使用 4：维修 仅供经授权的维修人员使用，有密码保护	
P0700	2	选择命令源 0：出厂默认设置 1：操作面板（键盘） 2：端子 5：RS-485 上的 USS/MBUS	
P0701	1	数字量输入 1（DI1）的功能	0：禁止数字量输入 1：ON/OFF1
P0702	0	数字量输入 2（DI2）的功能	2：ON 反向 /OFF1 9：故障确认
P0703	0	数字量输入 3（DI3）的功能	15：固定频率选择器位 0 16：固定频率选择器位 1
P0704	0	数字量输入 4（DI4）的功能	17：固定频率选择器位 2 18：固定频率选择器位 3
P0732	52.7	数字量输出 2 的功能 52.2：变频器运行 52.3：变频器故障（反逻辑） 52.7：变频器报警 52.C：电动机抱闸控制（P1215=1 激活抱闸功能时） 52.E：电动机正向运行	
P1000	2	频率设定值选择 0：无主设定值 1：MOP 设定值（面板▲、▼键） 2：模拟量设定值 3：固定频率 5：RS-485 上的 USS	

7.6　S7-200 SMART PLC 与西门子 V20 变频器的 USS 通信

通用串行接口协议（universal serial interface protocol，USS 协议）是西门子公司传动

产品的通用通信协议，它是一种基于串行总线进行数据通信的协议。西门子 V20 变频器支持基于 RS-485 和 RS-232 的 USS 通信。RS-485 接口为 V20 系列变频器标配接口，RS-232 接口通过安装 PC 连接组件扩展。由于 RS-485 具有抗干扰能力良好、传输距离远、支持多点通信等特点，实际应用中使用基于 RS-485 的 USS 通信居多，通常 RS-232 接口只用来调试变频器。

7.6.1　USS 协议简介

USS 协议是主 – 从结构的协议，规定了在 USS 总线上可以有一个主站和最多 31 个从站；总线上的每个从站都有一个站地址（在从站参数中设定），主站依靠它识别每个从站；每个从站也只对主站发来的报文做出响应并回送报文，从站之间不能直接进行数据通信。另外，还有一种广播通信方式，主站可以同时给所有从站发送报文，从站在接收到报文并做出相应的响应后，可不回送报文。

（1）使用 USS 协议的优点。

① 对硬件设备要求低，减少了设备之间的布线。

② 无须重新连线就可以改变控制功能。

③ 可通过串行接口设置或改变传动装置的参数。

④ 可实时监控传动系统。

（2）USS 通信硬件连接注意要点。

① 条件许可的情况下，USS 主站尽量选用直流型的 CPU。

② 一般情况下，USS 通信电缆采用双绞线即可，如果干扰比较大，可采用屏蔽双绞线。

③ 在将屏蔽双绞线作为通信电缆时，把具有不同电位参考点的设备互连，会使互连电缆中产生不应有的电流，从而造成通信口的损坏。所以要确保通信电缆连接的所有设备共用一个公共电路参考点，或使设备相互隔离，以防止产生不应有的电流。屏蔽双绞线必须连接到机箱接地点或 9 针连接插头的插针 1。建议将传动装置上的 0V 端子连接到机箱接地点。

④ 尽量采用较高的波特率，通信速率只与通信距离有关，与干扰没有直接关系。

⑤ 终端电阻的作用是防止信号反射，并不用来抗干扰。在通信距离很近、波特率较低或点对点通信的情况下，可不用终端电阻。多点通信的情况下，一般也只需在 USS 主站上加终端电阻就可以取得较好的通信效果。

⑥ 当使用交流型的 CPU 和单相变频器进行 USS 通信时，CPU 和变频器的电源必须接成同相位。

⑦ 不要带电插拔 USS 通信电缆，尤其是正在通信过程中，这样极易损坏传动装置和PLC 的通信端口。当使用大功率传动装置时，即使传动装置掉电，也要等几分钟，让电容放电后，再去插拔通信电缆。

7.6.2 USS 通信指令介绍

1. USS 通信库指令

USS 通信库指令如图 7-15 所示。

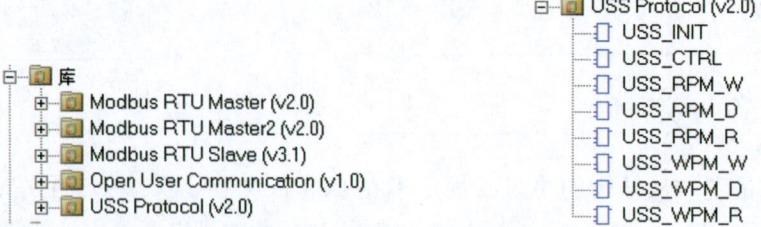

图 7-15　USS 通信库指令

2. 初始化通信设置 USS_INIT

（1）初始化通信设置 USS_INIT 如表 7-10 所示。

表 7-10　USS_INIT 参数表

子程序	输入 / 输出	说明	数据类型
	EN	使能	BOOL
	Mode	模式	BYTE
	Baud	通信的波特率	DWORD
	Port	端口号	BYTE
	Active	激活的驱动器	DWORD
	Done	完成初始化	BOOL
	Error	错误代码	BYTE

（2）初始化通信设置 USS_INIT 详细介绍。

EN：使能。USS_INIT 只需在程序中执行一个周期就能改变通信口的功能，以及进行其他一些必要的初始设置，因此可以使用 SM0.1 或者沿触发的接点调用 USS_INIT 指令。

Mode：模式选择。执行 USS_INIT 时，Mode 的状态决定了是否在端口上使用 USS 通信功能，如表 7-11 所示。

表 7-11　模式选择

状态	模式
1	使用 USS 通信功能并进行相关初始化
0	恢复端口为 PPI 从站模式

Baud：USS 通信波特率。此参数要和变频器的参数设置一致。

Done：初始化完成标志。

Error：初始化错误代码。

Port：设置物理通信端口（0=CPU 中集成的 RS-485，1= 可选 CM01 信号板上的 RS-485 或 RS-232）。

Active：激活。此参数决定网络中的哪些 USS 从站在通信中有效。在该接口处填写通信的站地址，被激活的位为 1，即表示与几号从站通信。例如：与 3 号从站通信，则 3 号位被激活为 1，得到 2#1000，转为 16#08。通信站地址激活如图 7-16 所示。

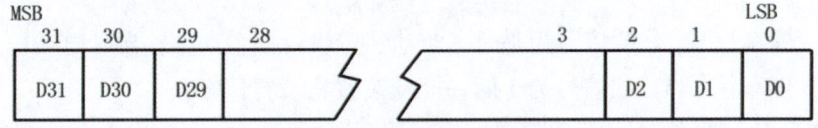

图 7-16　通信站地址激活

3. 驱动装置控制功能块 USS_CTRL

（1）驱动装置控制功能块 USS_CTRL 如表 7-12 所示。

表 7-12　USS_CTRL 指令格式

子程序	输入 / 输出	说明	数据类型
	EN	使能	BOOL
	RUN	运行，表示驱动装置是 ON（1）还是 OFF（0）	BOOL
	OFF2	允许驱动装置迅速停止	BOOL
	OFF3	允许驱动装置滑行停止	BOOL
	F_ACK	故障复位	BOOL
	DIR	驱动装置应当移动的方向	BOOL
	Drive	驱动装置的地址	BYTE
	Type	选择驱动装置的类型	BYTE
	Speed_sp	驱动装置速度	REAL
	Resp_R	收到应答	BOOL
	Error	通信请求结果的错误字节	BYTE
	Status	驱动装置返回的状态字原始数值	WORD
	Speed	全速百分比	REAL
	Run_EN	指示变频器的状态	BOOL
	D_Dir	表示驱动装置的运转方向	BOOL
	Inhibit	驱动装置上的禁止位状态	BOOL
	Fault	故障位状态	BOOL

（2）变频器参数读取功能块详细介绍。

EN：使用 SM0.0 使能 USS_CTRL 指令。

RUN：驱动装置的启动 / 停止控制，如表 7-13 所示。

表 7-13　驱动装置的启动 / 停止控制

状态	模式
0	停止
1	运行

OFF2：停车信号 2。此信号为 1 时，驱动装置将封锁主回路输出，电动机迅速停车。

OFF3：停车信号 3。此信号为 1 时，驱动装置将滑行停车。

F_ACK：故障复位。在驱动装置发生故障后，将通过状态字向 USS 主站报告。如果故障排除，则可以使用此输入端清除驱动装置的报警状态，即复位。注意这是针对驱动装置的操作。

DIR：电动机运转方向控制。其 0/1 状态决定了运行方向。

Drive：驱动装置在 USS 网络中的站号。从站必须先在初始化时激活才能进行控制。

Type：向 USS_CTRL 功能块指示驱动装置类型，如表 7-14 所示。

表 7-14　驱动装置类型

状态	驱动装置
0	MM3 系列或更早的产品
1	MM4 系列，SINAMICSG110

Speed_sp：速度设定值。速度设定值必须是一个实数，给出的数值是变频器的频率范围百分比。

Resp_R：从站应答确认信号。主站从 USS 从站收到有效的数据后，此位将为 1。

Error：错误代码。0 为无差错。

Status：驱动装置的状态字。此状态字直接来自驱动装置的状态字，表示驱动装置当时的实际运行状态。详细的状态字信息的意义请参考相应的驱动装置手册。

Speed：驱动装置返回的实际运转速度值，实数。

Run_EN：运行模式反馈，表示驱动装置是运行（为 1）还是停止（为 0）。

D_Dir：指示驱动装置的运转方向，反馈信号。

Inhibit：驱动装置禁止状态指示（0 为未禁止状态，1 为禁止状态）。禁止状态下驱动装置无法运行。要清除禁止状态，故障位必须复位，并且 RUN、OFF2 和 OFF3 都为 0。

Fault：故障指示位（0 为无故障，1 为有故障）。处于故障状态时，驱动装置上会显示故障代码（如果有显示装置）。要复位故障报警状态，必须先排除故障，然后用 F_ACK 或者驱动装置的端子，或者操作面板复位故障状态。

4. 变频器参数读取功能块

（1）USS_RPM_W：读取无符号字参数格式。USS_RPM_W 指令介绍如表 7-15 所示。

表 7-15　USS_RPM_W 指令介绍

子程序	输入 / 输出	说明	数据类型
USS_RPM_W EN XMT_REQ Drive　Done Param　Error Index　Value DB_Ptr	EN	使能	BOOL
	XMT_REQ	发送请求	BOOL
	Drive	设备站地址	BYTE
	Param	参数号	WORD
	Index	参数下标	WORD
	DB_Ptr	读数据缓存区	DWORD
	Done	功能完成标志位	BOOL
	Error	错误代码	BYTE
	Value	读出的数据值	WORD

（2）变频器参数读取功能块详细介绍。

EN：要使能读写指令，则此输入端必须为 1。

XMT_REQ：发送请求。必须使用一个沿检测触点以触发读操作，它前面的触发条件必须与 EN 端输入一致。

注意：EN 和 XMT_REQ 的触发条件必须同时有效，EN 必须持续到读写功能完成（Done 为 1），否则会出错。

Drive：读写参数的驱动装置在 USS 网络中的地址。

Param：参数号（仅数字）。

Index：参数下标。有些参数由多个带下标的参数组成一个参数组，下标用来指出具体的某个参数。对于没有下标的参数，可设置为 0。

DB_Ptr：读写指令需要一个 16 字节的数据缓存区，可用间接寻址形式给出一个起始地址。此数据缓存区与库存储区不同，是每个指令（功能块）各自独立需要的。应注意，此数据缓存区不能与其他数据区重叠，各指令之间的数据缓存区也不能冲突。

Done：读写功能完成标志位，读写完成后置 1。

Error：错误代码。0 为无错误。

Value：读出的数据值。要指定一个单独的数据存储单元。

5. 变频器参数写入功能块

（1）USS_WPM_W：写入无符号字参数格式。USS_WPM_W 指令介绍如表 7-16 所示。

表 7-16　USS_WPM_W 指令介绍

子程序	输入 / 输出	说明	数据类型
	EN	使能	BOOL
USS_WPM_W EN XMT_REQ EEPROM Drive　　Done Param　　Error Index Value DB_Ptr	XMT_REQ	发送请求	BOOL
	EEPROM	参数写入 EEPROM	BOOL
	Drive	设备站地址	BYTE
	Param	参数号	WORD
	Index	参数下标	WORD
	Value	写的数据值	WORD
	DB_Ptr	写数据缓存区	DWORD
	Done	功能完成标志位	BOOL
	Error	错误代码	BYTE

（2）变频器参数写入功能块详细介绍。

EN：要使能读写指令，则此输入端必须为 1。

XMT_REQ：发送请求。必须使用一个沿检测触点以触发写操作，它前面的触发条件必须与 EN 端输入一致。

注意：EN 和 XMT_REQ 的触发条件必须同时有效，EN 必须持续到读写功能完成（Done 为 1），否则会出错。

EEPROM：将参数写入 EEPROM 中。由于 EEPROM 的写入次数有限，若始终接通，则 EEPROM 很快就会损坏，通常该位用 SM0.0 的常闭触点接通。

Drive：读写参数的驱动装置在 USS 网络中的地址。

Param：参数号（仅数字）。

Index：参数下标。有些参数由多个带下标的参数组成一个参数组，下标用来指出具体的某个参数。对于没有下标的参数，可设置为 0。

Value：写的数据值。要指定一个单独的数据存储单元。

DB_Ptr：读写指令需要一个 16 字节的数据缓存区，可用间接寻址形式给出一个起始地址。此数据缓存区与库存储区不同，是每个指令（功能块）各自独立需要的。应注意，此数据缓存区也不能与其他数据区重叠，各指令之间的数据缓存区也不能冲突。

Done：读写功能完成标志位，读写完成后置 1。

Error：错误代码。0 表示无错误。

7.6.3　分配库存储器

利用指令库编程前首先应为其分配库存储器，否则软件编译时会报错。具体方法如下：打开 STEP 7-Micro/WIN SMART 编程软件，右键单击"程序块"，选择"库存储器"，打开"库存储器分配"对话框。

在"库存储器分配"对话框中输入库存储器（V 存储器）的起始地址，注意避免该地址和程序中已经采用或准备采用的其他地址重合。

点击"建议地址"按钮，系统将自动计算存储器的截止地址，然后点击"确定"按钮即可，步骤如图 7-17 所示。

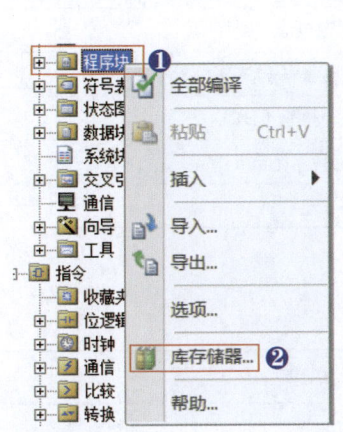
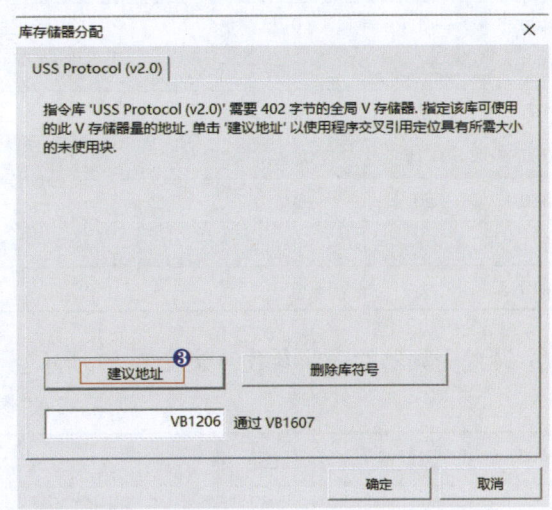

图 7-17 "库存储器分配"对话框

7.6.4 S7-200 SMART PLC 与西门子 V20 变频器通信实操案例 ≪

（1）案例要求。

PLC 通过 USS 通信控制变频器。I0.0：启动变频器；I0.1：立即关停变频器；I0.2：自由关停变频器；I0.3：复位变频器故障；I0.4：控制正转变频器；I0.5：控制反转变频器。

（2）PLC 程序 I/O 分配如表 7-17 所示。

表 7-17 I/O 分配表

输入	功能
I0.0	启动
I0.1	立即停车
I0.2	自由停车
I0.3	故障复位
I0.4	正转
I0.5	反转

（3）西门子 V20 变频器的 USS 通信基本参数设置。

① 恢复变频器出厂值：设定 P0010 为 30，P0970 为 1，按下 OK 键，开始复位。

② 设置电动机参数：电动机参数设置如表 7-18 所示。电动机参数设置完成后，设置 P0010 为 0，变频器当前处于准备状态，可正常运行。

表 7-18　电动机参数设置表

参数号	出厂值	设置值	说明
P0003	1	3	设用户访问级为标准级
P0010	0	1	快速调试
P0100	0	0	工作地区：功率以 kW 表示，频率为 50Hz
P0304	230	220	电动机额定电压（V）
P0305	1.29	1.93	电动机额定电流（A）
P0307	0.75	0.37	电动机额定功率（kW）
P0310	50	50	电动机额定频率（Hz）
P0311	0	1400	电动机额定转速（r/min）
P0010	1	0	退出快速调试

③ 设置变频器的通信参数，如表 7-19 所示。

表 7-19　变频器通信参数设置表

参数号	出厂值	设置值	说明
P0700	2	5	选择命令源 0：出厂默认设置 1：操作面板（键盘） 2：端子 5：RS-485 上的 USS/MBUS
P1000	2	5	频率设定值选择 0：无主设定值 1：MOP 设定值（面板 ▲、▼ 键） 2：模拟量设定值 3：固定频率 5：RS-485 上的 USS
P1120	10	2	斜坡上升时间 2s
P1121	10	2	斜坡下降时间 2s
P2010	6	6	设定 USS/Modbus 通信的波特率 6：9600bps 7：19200bps 8：38400bps 9：57600bps 10：76800bps 11：93750bps 12：115200bps
P2011	0	1	设置变频器的唯一地址 范围：0 至 31
P2023	1	1	协议选择 1：USS 2：Modbus

注：bps 为波特率单位（bit/s），此处为软件说明书中的用法。

（4）S7-200 SMART PLC 与西门子 V20 变频器 USS 通信实物接线。

① 西门子 V20 变频器通信端口如图 7-18 所示。

图 7-18 西门子 V20 变频器通信端口

与 USS 通信有关的端子如表 7-20 所示。PROFIBUS 电缆的红色芯线应当压入端子 6，绿色芯线应当连接到端子 7。

表 7-20 V20 通信端子端口号

端子号	名称	功能
6	P+	RS-485 信号 +
7	N-	RS-485 信号 -

② S7-200 SMART PLC 通信端口如表 7-21 所示。

表 7-21 S7-200 SMART PLC 通信端口

端子号	名称	功能
3	+	RS-485 信号 +
8	-	RS-485 信号 -

③ S7-200 SMART PLC 与西门子 V20 变频器 USS 通信端口接线如图 7-19 所示。

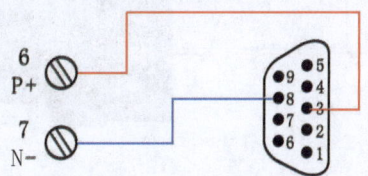

图 7-19 S7-200 SMART PLC 与西门子 V20 变频器 USS 通信端口接线示意图

④ S7-200 SMART PLC 与西门子 V20 变频器 USS 通信接线如图 7-20 所示。

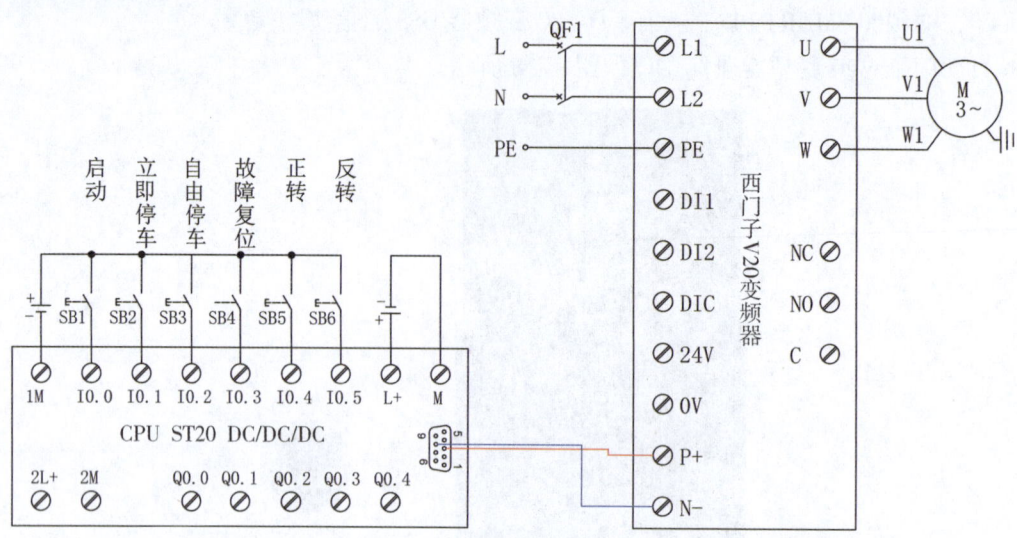

图 7-20　S7-200 SMART PLC 与西门子 V20 变频器 USS 通信接线

S7-200 SMART PLC 与西门子 V20 变频器 USS 通信电路实物接线如图 7-21 所示。

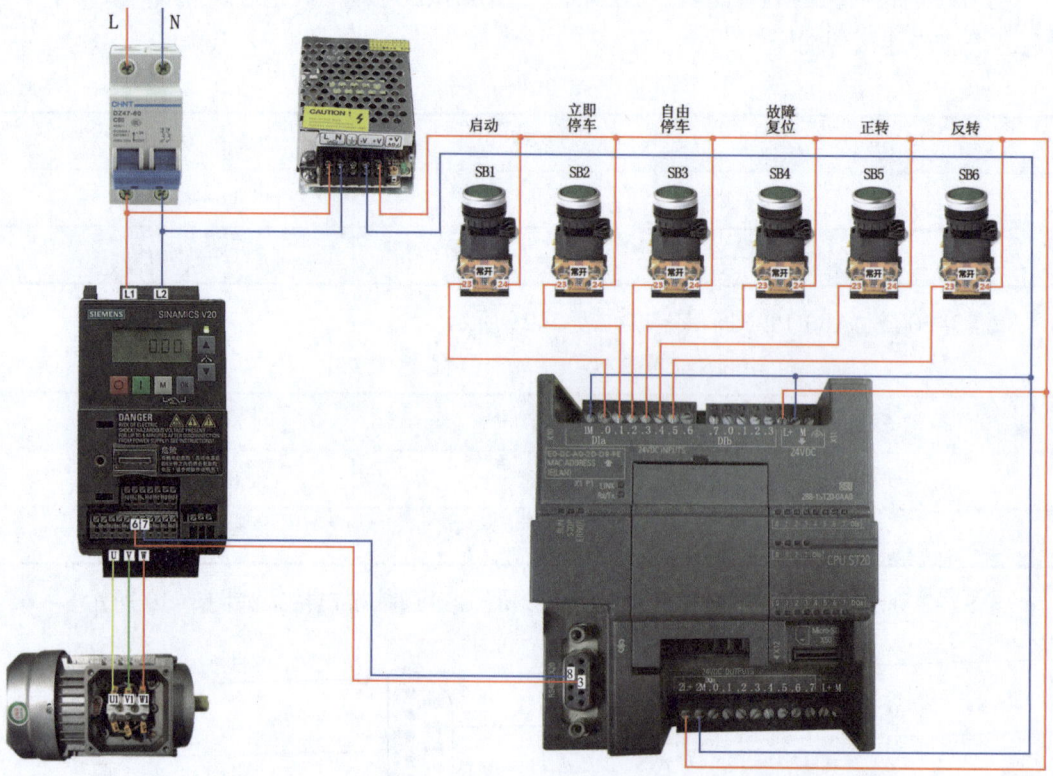

图 7-21　S7-200 SMART PLC 与西门子 V20 变频器 USS 通信电路实物接线

（5）PLC 程序如图 7-22 所示。

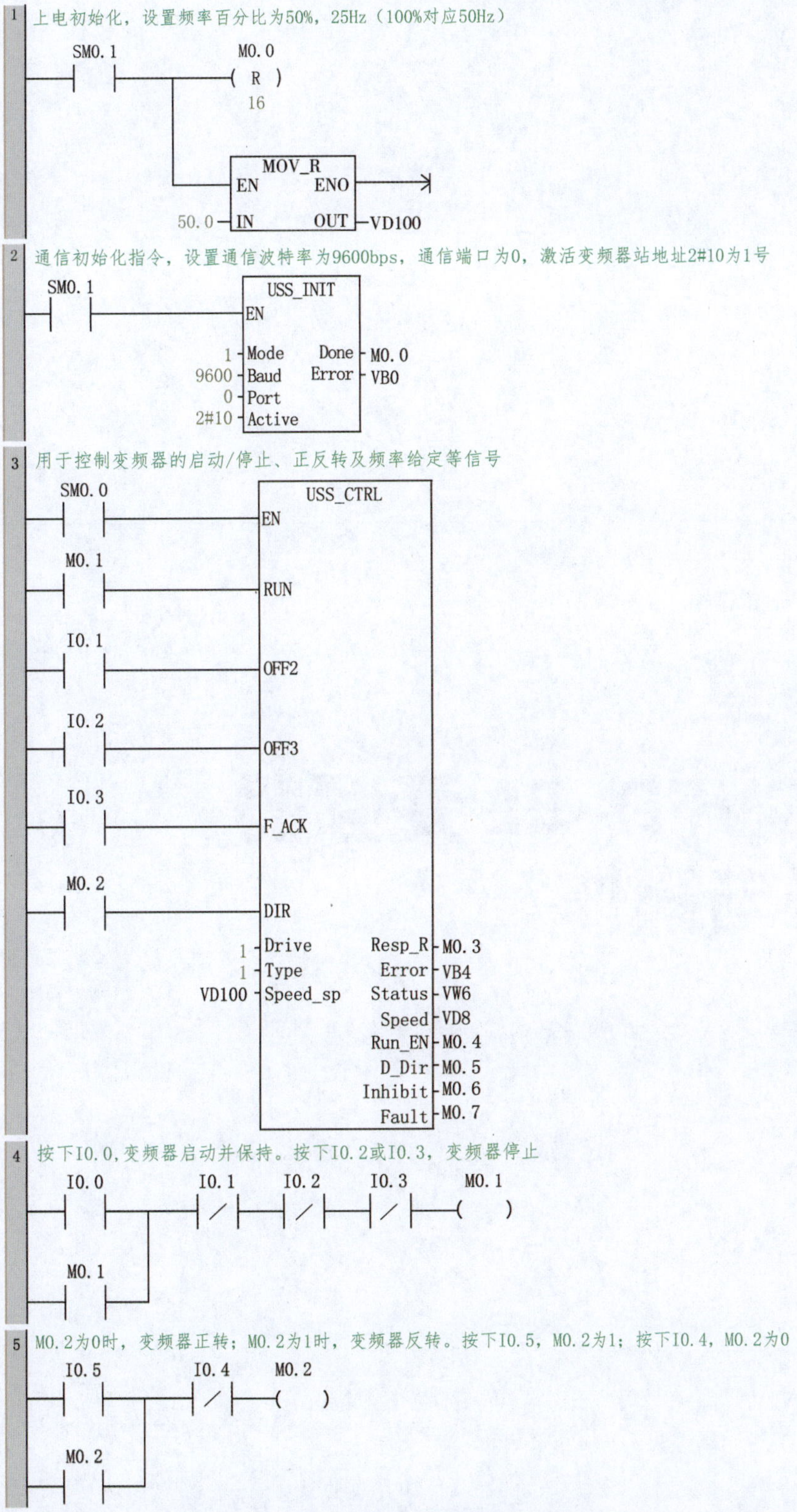

1 上电初始化，设置频率百分比为50%，25Hz（100%对应50Hz）

```
   SM0.1      M0.0
   ─┤├──┬──────( R )
        │        16
        │
        │      ┌─────────┐
        │      │  MOV_R  │
        └──────┤EN    ENO├──
               │         │
        50.0 ──┤IN    OUT├── VD100
               └─────────┘
```

2 通信初始化指令，设置通信波特率为9600bps，通信端口为0，激活变频器站地址2#10为1号

```
   SM0.1    ┌──────────┐
   ─┤├──────┤EN        │
            │ USS_INIT │
            │          │
       1 ──┤Mode   Done├── M0.0
    9600 ──┤Baud  Error├── VB0
       0 ──┤Port      │
    2#10 ──┤Active    │
            └──────────┘
```

3 用于控制变频器的启动/停止、正反转及频率给定等信号

```
   SM0.0    ┌──────────────┐
   ─┤├──────┤EN   USS_CTRL │
            │              │
   M0.1     │              │
   ─┤├──────┤RUN           │
            │              │
   I0.1     │              │
   ─┤├──────┤OFF2          │
            │              │
   I0.2     │              │
   ─┤├──────┤OFF3          │
            │              │
   I0.3     │              │
   ─┤├──────┤F_ACK         │
            │              │
   M0.2     │              │
   ─┤├──────┤DIR           │
            │              │
       1 ──┤Drive   Resp_R├── M0.3
       1 ──┤Type     Error├── VB4
   VD100 ──┤Speed_sp Status├── VW6
            │         Speed├── VD8
            │        Run_EN├── M0.4
            │         D_Dir├── M0.5
            │       Inhibit├── M0.6
            │         Fault├── M0.7
            └──────────────┘
```

4 按下I0.0，变频器启动并保持。按下I0.2或I0.3，变频器停止

```
   I0.0      I0.1  I0.2  I0.3   M0.1
   ─┤├──┬────┤/├──┤/├──┤/├────( )
        │
   M0.1 │
   ─┤├──┘
```

5 M0.2为0时，变频器正转；M0.2为1时，变频器反转。按下I0.5，M0.2为1；按下I0.4，M0.2为0

```
   I0.5      I0.4   M0.2
   ─┤├──┬────┤/├────( )
        │
   M0.2 │
   ─┤├──┘
```

图 7-22 PLC 程序图

第 8 章

台达 VFD-EL 变频器
接线与操作

8.1　台达 VFD-EL 变频器外形

台达 VFD-EL 变频器外形如图 8-1 所示。

8.2　台达 VFD-EL 变频器端子功能与接线

变频器的端子主要有主回路端子和控制回路端子。在使用变频器时，应根据实际需要正确地将有关端子与外部器件（如开关、继电器等）连接好。

图 8-1　台达 VFD-EL 变频器外形

8.2.1　台达 VFD-EL 变频器总接线图

台达 VFD-EL 变频器总接线如图 8-2 所示。

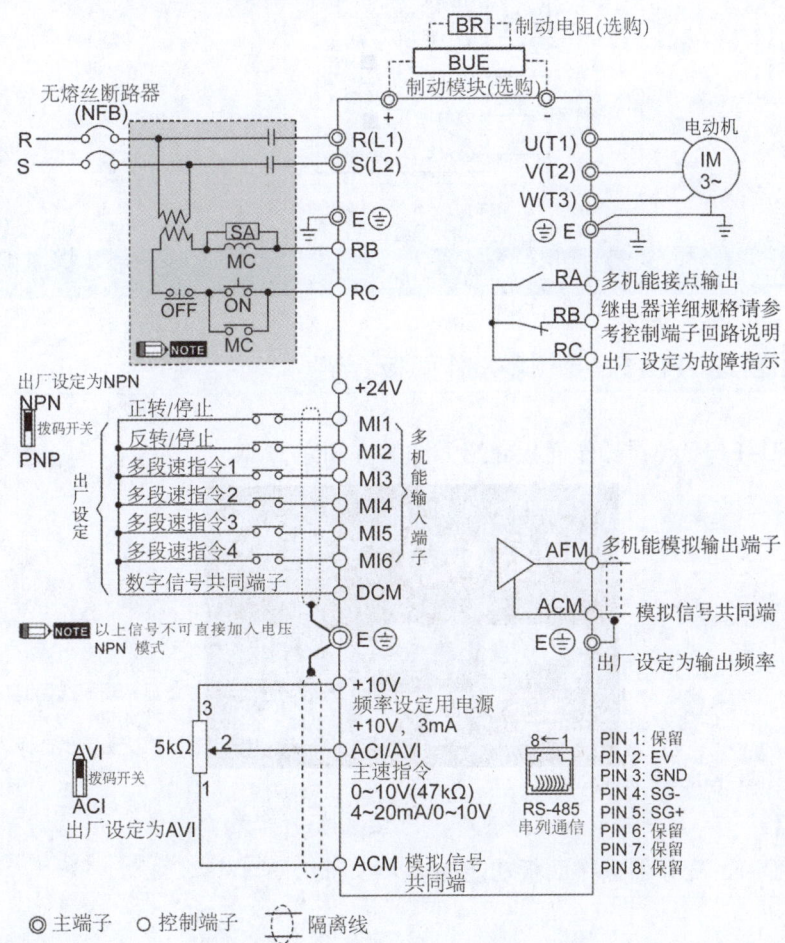

图 8-2　台达 VFD-EL 变频器总接线

8.2.2 台达 VFD-EL 变频器的接线实例

案例 1

　　某自动化设备选用台达 VFD-EL 变频器，电源电压为单相 220V 供电，用数字量输入作为启停控制，用数字量输出作为报警信号，报警时点亮一个灯，模拟量输入作为频率给定，要求绘制变频器的控制原理图。

　　解： 控制原理图如图 8-3 所示。

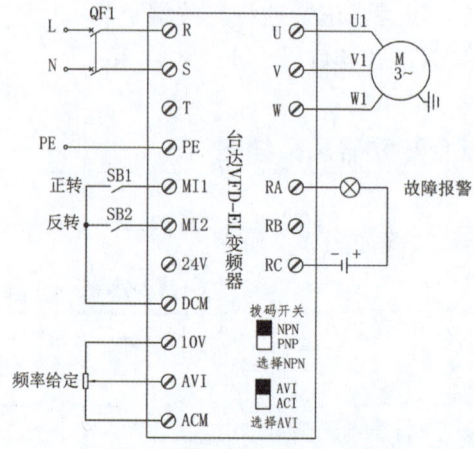

图 8-3　控制原理图

8.3　台达 VFD-EL 变频器操作面板

8.3.1 台达 VFD-EL 变频器操作面板介绍

　　台达 VFD-EL 变频器操作面板介绍如图 8-4 所示。

图 8-4　台达 VFD-EL 变频器操作面板介绍

　　台达 VFD-EL 变频器操作面板功能如表 8-1 所示。

表 8-1　台达 VFD-EL 变频器操作面板功能

序号	功能
1	状态显示区：可显示驱动器的运转状态，如运转、停止、寸动、正转、反转等
2	主显示区：可显示频率、电流、电压、转向、使用者定义单位、异常等
3	频率设定旋钮：可通过此旋钮设定主频率输入
4	数值变更键：设定值及参数变更使用

面板上四种指示灯的作用如表 8-2 所示。

表 8-2　面板上四种指示灯的作用

名称	作用
STOP	停止指示灯：当指示灯亮起时，显示运转停止状态
RUN	运转指示灯：当设定电动机运转时，指示灯会亮起
FWD	正转指示灯：当设定电动机运转为正转时，指示灯会亮起
REV	反转指示灯：当设定电动机运转为反转时，指示灯会亮起

8.3.2　台达 VFD-EL 变频器操作面板的使用

用台达 VFD-EL 变频器修改参数的方法是先选择参数号，再修改参数值。

下面以将参数 02.01 设置为 1 的过程为例，讲解参数的设定方法。参数的设定方法见表 8-3。

表 8-3　参数的设定方法

序号	操作步骤	显示
1	按 ENTER 键，进入参数选择画面	00.
2	按 ▲ 或者 ▼ 键，选择所需要的参数组 02.	02.
3	按 ENTER 键，显示参数号	02.00
4	按 ▲ 或者 ▼ 键，选择所需要的参数 02.01	02.01
5	按 ENTER 键，进入参数值设置界面；按 ▲ 或者 ▼ 键，增减参数值，设为 1	01
6	按 ENTER 键，保存设置的参数值	02.01
7	按 MODE 键，返回参数组	02.
8	按 MODE 键，返回频率界面	F0.0

8.4 台达 VFD-EL 变频器面板控制

案例 2

　　有一台台达 VFD-EL 变频器，当按下按键 RUN 时，三相异步电动机运行，调节频率设定旋钮 ⬤ 可以加、减频率。已知电动机的功率为 0.37kW，额定转速为 1400r/min，额定电压为 220V，额定电流为 1.93A，额定频率为 50Hz。请按上述设计方案。

（1）台达 VFD-EL 变频器面板控制原理图如图 8-5 所示。

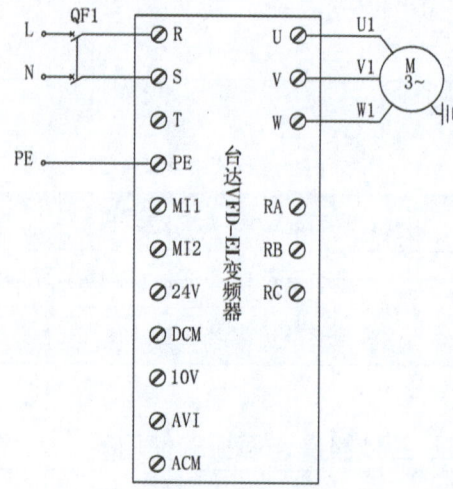

图 8-5　台达 VFD-EL 变频器面板控制原理图

（2）台达 VFD-EL 变频器面板控制参数设置如表 8-4 所示。

表 8-4　台达 VFD-EL 变频器面板控制参数设置

参数码	设定值	功能说明
01.01	50.00	三相异步电动机额定频率设定 0.10 ~ 599.0Hz
01.02	220.0	三相异步电动机额定电压设定 115V/230V 机种：0.1 ~ 255.0V 460V 机种：0.1 ~ 510.0V
01.09	2.0	第一加速时间设定 0.1 ~ 600.0s/0.01 ~ 600.00s
01.10	2.0	第一减速时间设定 0.1 ~ 600.0s/0.01 ~ 600.00s
01.19	0	加减速时间单位设定 0：以 0.1s 为单位 1：以 0.01s 为单位

续表

参数码	设定值	功能说明
02.00	4	第一频率指令来源设定 0：由数字操作器输入 1：由外部端子 AVI 输入仿真信号 DC 0～10V 控制 2：由外部端子 ACI 输入仿真信号 DC 4～20mA 控制 3：由通信 RS-485 输入 4：由数字操作器上所附 V.R 控制
02.01	0	运转指令来源设定 0：由数字操作器输入 1：外部端子操作键盘 STOP 键有效 2：外部端子操作键盘 STOP 键无效 3：RS-485 通信界面操作键盘 STOP 键有效 4：RS-485 通信界面操作键盘 STOP 键无效

（3）工作原理。

当按下按键 RUN 时，三相异步电动机运行。

当按下按键 STOP RESET 时，三相异步电动机停止运行。

调节频率设定旋钮○可以加、减频率。

第 9 章
台达 VFD-EL 变频器的
常用外围电路

9.1 台达 VFD-EL 变频器控制电动机正反转

9.1.1 开关控制台达 VFD-EL 变频器正反转 《

案例 1

有一台台达 VFD-EL 变频器：当接通按钮 SA1 时，三相异步电动机正转；当接通按钮 SA2 时，三相异步电动机反转。已知电动机的功率为 0.37kW，额定转速为 1400r/min，额定电压为 220V，额定电流为 1.93A，额定频率为 50Hz。请按上述设计方案。

（1）开关控制台达 VFD-EL 变频器正反转原理图如图 9-1 所示。

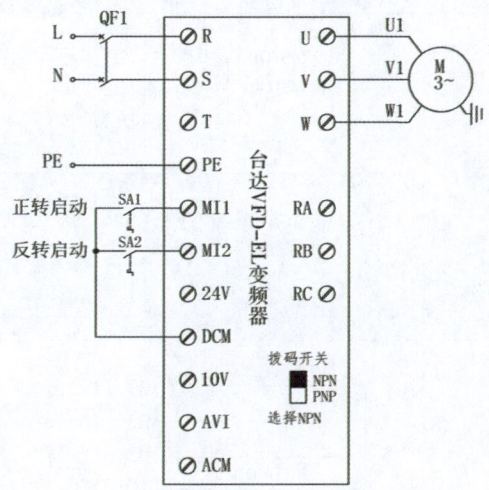

图 9-1 开关控制台达 VFD-EL 变频器正反转原理图

（2）台达 VFD-EL 变频器控制电动机正反转参数设置如表 9-1 所示。

表 9-1 台达 VFD-EL 变频器控制电动机正反转参数设置

变频器参数	设定值	功能说明
02.00	4	第一频率指令来源设定 0：由数字操作器输入 1：由外部端子 AVI 输入仿真信号 DC 0 ~ 10V 控制 2：由外部端子 ACI 输入仿真信号 DC 4 ~ 20mA 控制 3：由通信 RS-485 输入 4：由数字操作器上所附 V.R 控制
02.01	1	运转指令来源设定 0：由数字操作器输入 1：外部端子操作键盘 STOP 键有效 2：外部端子操作键盘 STOP 键无效 3：RS-485 通信界面操作键盘 STOP 键有效 4：RS-485 通信界面操作键盘 STOP 键无效

变频器参数	设定值	功能说明
04.04	0	二 / 三线式选择 0：二线式（1）MI1，MI2 1：二线式（2）MI1，MI2 2：三线式 MI1，MI2，MI3

（3）参数 04.04 详细说明如表 9-2 所示。

表 9-2　参数 04.04 详细说明

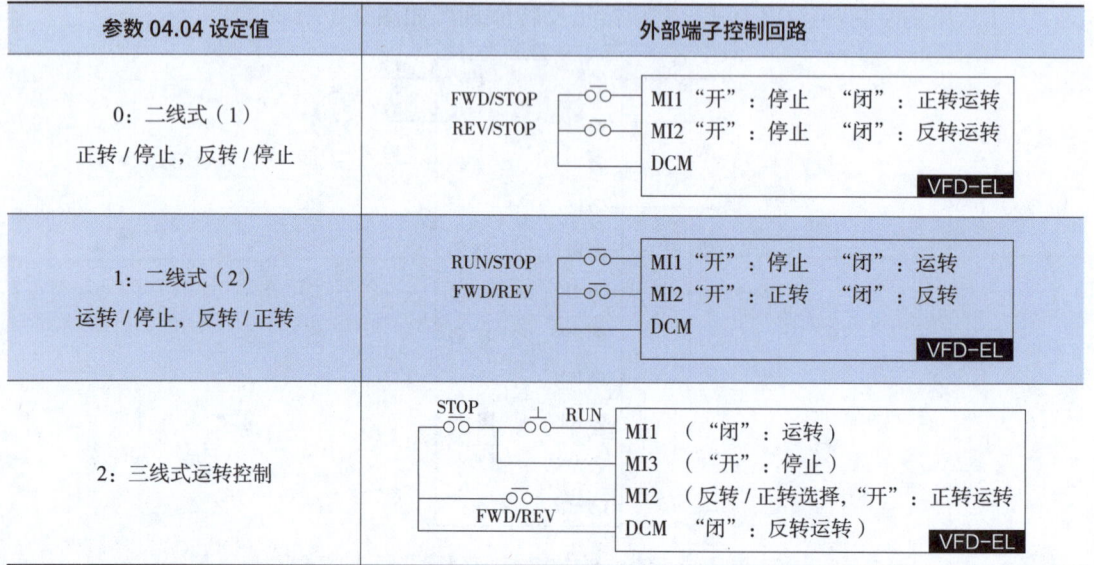

参数 04.04 设定值	外部端子控制回路
0：二线式（1） 正转 / 停止，反转 / 停止	FWD/STOP REV/STOP　MI1 "开"：停止　"闭"：正转运转 MI2 "开"：停止　"闭"：反转运转 DCM　　VFD-EL
1：二线式（2） 运转 / 停止，反转 / 正转	RUN/STOP FWD/REV　MI1 "开"：停止　"闭"：运转 MI2 "开"：正转　"闭"：反转 DCM　　VFD-EL
2：三线式运转控制	STOP ⊥ RUN　MI1（"闭"：运转） MI3（"开"：停止） MI2（反转 / 正转选择，"开"：正转运转 FWD/REV　DCM　"闭"：反转运转）　VFD-EL

（4）工作原理。

当接通按钮 SA1 时，MI1 端子与变频器的 DCM 连接，电动机正转。

当接通按钮 SA2 时，MI2 端子与变频器的 DCM 连接，电动机反转。

调节频率设定旋钮 ⬤ 可以加、减频率。

9.1.2　PLC 以开关量方式控制台达 VFD-EL 变频器正反转

案例 2

　　有一台台达 VFD-EL 变频器：当接通按钮 SB1 时，三相异步电动机正转；当接通按钮 SB2 时，三相异步电动机反转；当接通按钮 SB3 时，三相异步电动机停止运行。已知电动机的功率为 0.37kW，额定转速为 1400r/min，额定电压为 220V，额定电流为 1.93A，额定频率为 50Hz。请按上述设计方案。

（1）I/O 分配表如表 9-3 所示。

表 9-3　I/O 分配表（一）

输入		输出	
I0.0	正转启动	Q0.0	正转
I0.1	反转启动	Q0.1	反转
I0.2	停止运行		

（2）PLC 以开关量方式控制台达 VFD-EL 变频器正反转原理图如图 9-2 所示。

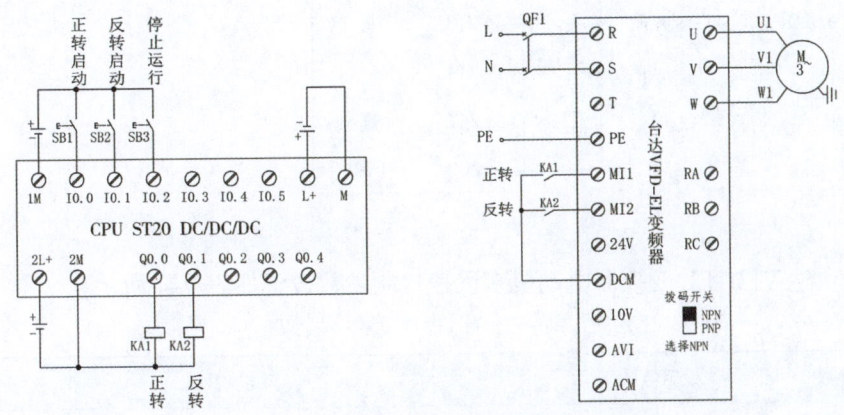

图 9-2　PLC 以开关量方式控制台达 VFD-EL 变频器正反转原理图

（3）台达 VFD-EL 变频器控制电动机正反转参数设置参考 9.1.1 节。

（4）编写程序。

梯形图程序参考 7.2.2 节程序。

9.2　台达 VFD-EL 变频器多段速控制

9.2.1　开关控制台达 VFD-EL 变频器多段速

案例 3

　　有一台台达 VFD-EL 变频器：当接通按钮 SA1 和 SA3 时，三相异步电动机以 10Hz 的频率正转；当接通按钮 SA1 和 SA4 时，三相异步电动机以 25Hz 的频率正转；当接通按钮 SA1、SA3 和 SA4 时，三相异步电动机以 50Hz 的频率正转；当接通按钮 SA2 和 SA3 时，三相异步电动机以 10Hz 的频率反转；当接通按钮 SA2 和 SA4 时，三相异步电动机以 25Hz 的频率反转；当接通按钮 SA2、SA3 和 SA4 时，三相异步电动机以 50Hz 的频率反转。已知电动机的功率为 0.37kW，额定转速为 1400r/min，额定电压为 220V，额定电流为 1.93A，额定频率为 50Hz。请按上述设计方案。

（1）台达 VFD-EL 变频器电动机多段速控制原理图如图 9-3 所示。

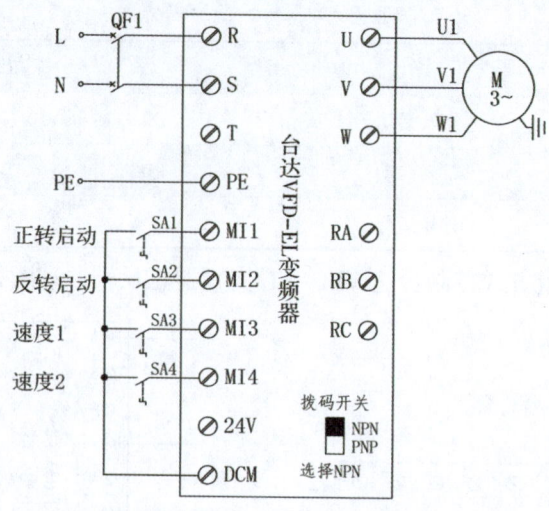

图 9-3　台达 VFD-EL 变频器电动机多段速控制原理图

（2）台达 VFD-EL 变频器电动机多段速控制参数设置如表 9-4 所示。

表 9-4　台达 VFD-EL 变频器电动机多段速控制参数设置

变频器参数	设定值	功能说明		
02.00	0	第一频率指令来源设定 0：由数字操作器输入 1：由外部端子 AVI 输入仿真信号 DC 0 ~ 10V 控制 2：由外部端子 ACI 输入仿真信号 DC 4 ~ 20mA 控制 3：由通信 RS-485 输入 4：由数字操作器上所附 V.R 控制		
02.01	1	运转指令来源设定 0：由数字操作器输入 1：外部端子操作键盘 STOP 键有效 2：外部端子操作键盘 STOP 键无效 3：RS-485 通信界面操作键盘 STOP 键有效 4：RS-485 通信界面操作键盘 STOP 键无效		
04.04	0	二 / 三线式选择 0：二线式 (1) MI1，MI2 1：二线式 (2) MI1，MI2 2：三线式 MI1，MI2，MI3		
04.05	1	多功能输入指令三（MI3）	0：无功能 1：多段速一 2：多段速二 3：多段速三 4：多段速四 5：重置（RESET）	
04.06	2	多功能输入指令四（MI4）		
04.07	3	多功能输入指令五（MI5）		
04.08	4	多功能输入指令六（MI6）		
05.00	10	第一段速频率设定	设定范围 0.0 ~ 599.0Hz	
05.01	25	第二段速频率设定		

续表

变频器参数	设定值	功能说明	
05.02	50	第三段速频率设定	
05.03	0	第四段速频率设定	
05.04	0	第五段速频率设定	
05.05	0	第六段速频率设定	
05.06	0	第七段速频率设定	
05.07	0	第八段速频率设定	
05.08	0	第九段速频率设定	设定范围 0.0 ~ 599.0Hz
05.09	0	第十段速频率设定	
05.10	0	第十一段速频率设定	
05.11	0	第十二段速频率设定	
05.12	0	第十三段速频率设定	
05.13	0	第十四段速频率设定	
05.14	0	第十五段速频率设定	

（3）固定频率与数字量输入端子的关系。

利用多功能输入端子（参考参数 04.05 ~ 04.08）可选择段速运行（最多为 15 段速），段速频率设定为参数 05.00 ~ 05.14。

当 04.05=1、04.06=2、04.07=3、04.08=4 时，多功能输入端子与段速如表 9–5 所示。

表 9–5 多功能输入端子与段速

频率设定	多功能输入指令六（MI6）	多功能输入指令五（MI5）	多功能输入指令四（MI4）	多功能输入指令三（MI3）
第一段速频率设定	断开（OFF）	断开（OFF）	断开（OFF）	接通（ON）
第二段速频率设定	断开（OFF）	断开（OFF）	接通（ON）	断开（OFF）
第三段速频率设定	断开（OFF）	断开（OFF）	接通（ON）	接通（ON）
第四段速频率设定	断开（OFF）	接通（ON）	断开（OFF）	断开（OFF）
第五段速频率设定	断开（OFF）	接通（ON）	断开（OFF）	接通（ON）
第六段速频率设定	断开（OFF）	接通（ON）	接通（ON）	断开（OFF）
第七段速频率设定	断开（OFF）	接通（ON）	接通（ON）	接通（ON）
第八段速频率设定	接通（ON）	断开（OFF）	断开（OFF）	断开（OFF）
第九段速频率设定	接通（ON）	断开（OFF）	断开（OFF）	接通（ON）
第十段速频率设定	接通（ON）	断开（OFF）	接通（ON）	断开（OFF）

续表

频率设定	多功能输入指令六 （MI6）	多功能输入指令五 （MI5）	多功能输入指令四 （MI4）	多功能输入指令三 （MI3）
第十一段速频率设定	断开（OFF）	断开（OFF）	接通（ON）	接通（ON）
第十二段速频率设定	接通（ON）	接通（ON）	断开（OFF）	断开（OFF）
第十三段速频率设定	接通（ON）	接通（ON）	断开（OFF）	接通（ON）
第十四段速频率设定	接通（ON）	接通（ON）	接通（ON）	断开（OFF）
第十五段速频率设定	接通（ON）	接通（ON）	接通（ON）	接通（ON）

（4）工作原理。

当接通按钮 SA1 和 SA3 时，MI1 端子和 MI3 端子与变频器的 DCM 连接，电动机以 10Hz 的频率正转。当接通按钮 SA1 和 SA4 时，MI1 端子和 MI4 端子与变频器的 DCM 连接，电动机以 25Hz 的频率正转。当接通按钮 SA1、SA3 和 SA4 时，MI1 端子、MI3 端子和 MI4 端子与变频器的 DCM 连接，电动机以 50Hz 的频率正转。

当接通按钮 SA2 和 SA3 时，MI2 端子和 MI3 端子与变频器的 DCM 连接，电动机以 10Hz 的频率反转。当接通按钮 SA2 和 SA4 时，MI2 端子和 MI4 端子与变频器的 DCM 连接，电动机以 25Hz 的频率反转。当接通按钮 SA2、SA3 和 SA4 时，MI2 端子、MI3 端子和 MI4 端子与变频器的 DCM 连接，电动机以 50Hz 的频率反转。

9.2.2　PLC 以开关量方式控制台达 VFD-EL 变频器多段速

案例 4

有一台台达 VFD-EL 变频器：当接通按钮 SB1 时，三相异步电动机正转；当接通按钮 SB2 时，三相异步电动机反转；当接通按钮 SB4 时，三相异步电动机以 10Hz 的频率运行；当接通按钮 SB5 时，三相异步电动机以 25Hz 的频率运行；当接通按钮 SB6 时，三相异步电动机以 50Hz 的频率运行。已知电动机的功率为 0.37kW，额定转速为 1400r/min，额定电压为 220V，额定电流为 1.93A，额定频率为 50Hz。请按上述设计方案。

（1）I/O 分配表如表 9-6 所示。

表 9-6　I/O 分配表（二）

输入		输出	
I0.0	正转启动	Q0.0	正转
I0.1	反转启动	Q0.1	反转
I0.2	停止运行	Q0.2	速度 1
I0.3	速度 1 设置	Q0.3	速度 2

续表

输入		输出
I0.4	速度 2 设置	
I0.5	速度 3 设置	

（2）开关控制台达 VFD-EL 变频器多段速原理图如图 9-4 所示。

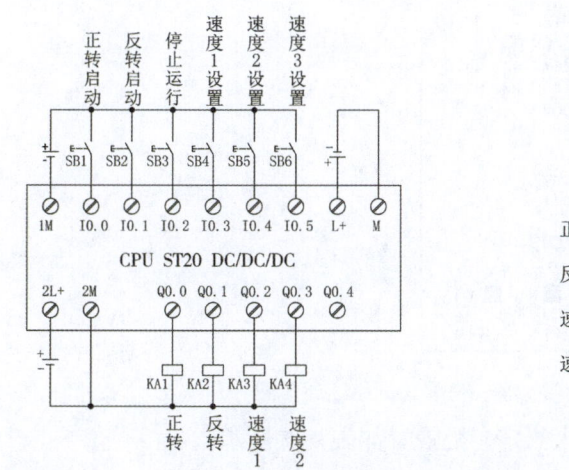 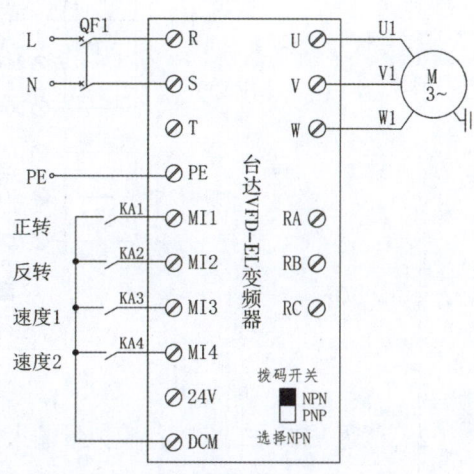

图 9-4　开关控制台达 VFD-EL 变频器多段速原理图

（3）台达 VFD-EL 变频器多段速控制参数设置参考 9.2.1 节。

（4）编写程序。

梯形图程序参考 7.3.2 节。

9.3　台达 VFD-EL 变频器模拟量输入给定

数字量多段频率给定虽然可以设定速度段的数量是有限的，但是不能做到无级调速，而外部模拟量输入可以做到无级调速，也容易实现自动控制，而且模拟量可以是电压信号或者电流信号，使用比较灵活，因此应用范围较广。以下介绍模拟量信号频率给定。

9.3.1　电位器控制台达 VFD-EL 变频器模拟量输入给定

案例 5

有一台台达 VFD-EL 变频器：当接通按钮 SA1 时，三相异步电动机正转；当接通按钮 SA2 时，三相异步电动机反转。对变频器进行电压信号模拟量频率给定，已知电动机的功率为 0.37kW，额定转速为 1400r/min，额定电压为 220V，额定电流为 1.93A，额定频率为 50Hz。请按上述设计方案。

（1）台达 VFD-EL 变频器模拟量输入给定原理图如图 9-5 所示。

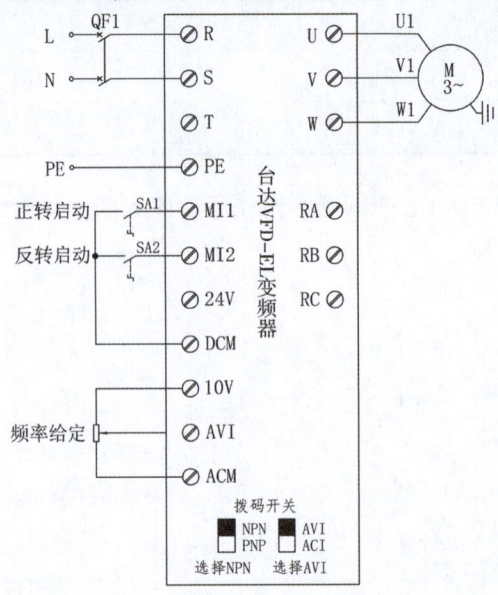

图 9-5　台达 VFD-EL 变频器模拟量输入给定原理图

（2）台达 VFD-EL 变频器模拟量输入给定参数设置如表 9-7 所示。

表 9-7　台达 VFD-EL 变频器模拟量输入给定参数设置

变频器参数	设定值	功能说明
02.00	1	第一频率指令来源设定 0：由数字操作器输入 1：由外部端子 AVI 输入仿真信号 DC 0 ~ 10V 控制 2：由外部端子 ACI 输入仿真信号 DC 4 ~ 20mA 控制 3：由通信 RS-485 输入 4：由数字操作器上所附 V.R 控制
02.01	1	运转指令来源设定 0：由数字操作器输入 1：外部端子操作键盘 STOP 键有效 2：外部端子操作键盘 STOP 键无效 3：RS-485 通信界面操作键盘 STOP 键有效 4：RS-485 通信界面操作键盘 STOP 键无效
04.04	0	二 / 三线式选择 0：二线式 (1) MI1，MI2 1：二线式 (2) MI1，MI2 2：三线式 MI1，MI2，MI3

（3）工作原理。

当接通按钮 SA1 时，MI1 端子与变频器的 DCM 连接，电动机正转。当接通按钮 SA2 时，MI2 端子与变频器的 DCM 连接，电动机反转。

通过电位器来调节变频器的频率：当电压信号是 10V 时，变频器的频率为 50Hz；当电压信号是 0V 时，变频器的频率为 0Hz。

9.3.2 PLC 以模拟量方式控制台达 VFD-EL 变频器

案例 6

有一台台达 VFD-EL 变频器：当接通按钮 SB1 时，三相异步电动机正转；当接通按钮 SB2 时，三相异步电动机反转。对变频器进行电压信号模拟量频率给定，通过触摸屏关联 PLC 地址来修改频率，已知电动机的功率为 0.37kW，额定转速为 1400r/min，额定电压为 220V，额定电流为 1.93A，额定频率为 50Hz。请按上述设计方案。

（1）I/O 分配表如表 9-8 所示。

表 9-8　I/O 分配表（三）

输入		输出	
I0.0	正转启动	Q0.0	正转
I0.1	反转启动	Q0.1	反转
I0.2	停止运行	AQW16	0 ~ 10V

（2）PLC 以模拟量方式控制台达 VFD-EL 变频器原理图如图 9-6 所示。

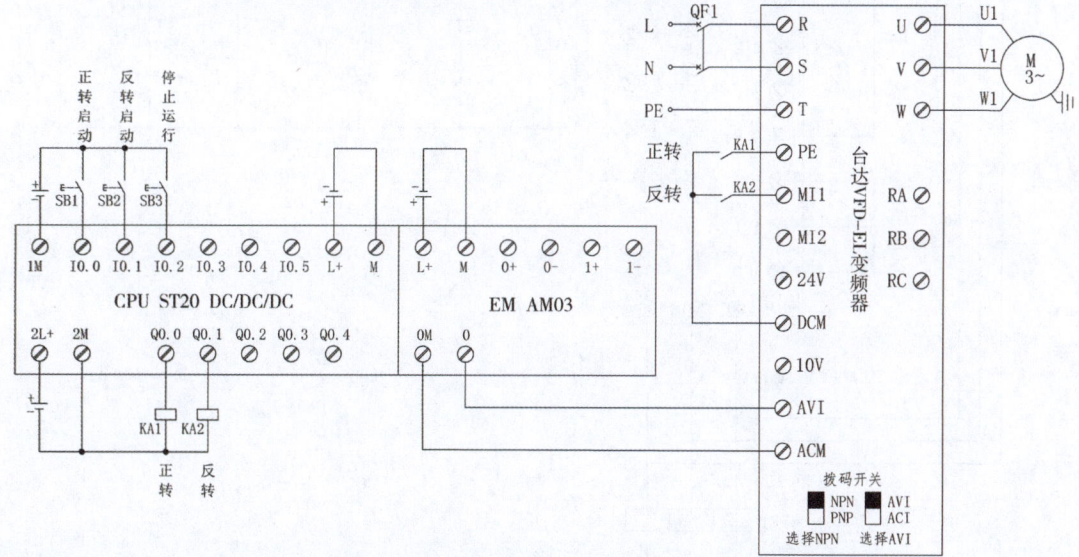

图 9-6　PLC 以模拟量方式控制台达 VFD-EL 变频器原理图

（3）台达 VFD-EL 变频器模拟量输入给定参数设置参考 9.3.1 节。

（4）编写程序。

梯形图程序参考 7.4.2 节。

9.4　台达 VFD-EL 变频器工频与变频切换功能

工频与变频切换是指将工频下运行的电动机（电动机接 50Hz 电源）通过旋转开关切换到变频器控制运行，或相反的切换。工频与变频切换的应用场合主要有：

（1）投入运行后就不允许停机的设备。变频器一旦出现跳闸停机，应马上将电动机切换到工频运行。

（2）变频器是通过轻负载降压来实现节能的。当变频器达到满载输出时，也应将变频器切换到工频运行。

继电器控制的切换电路如图 9-7 所示。

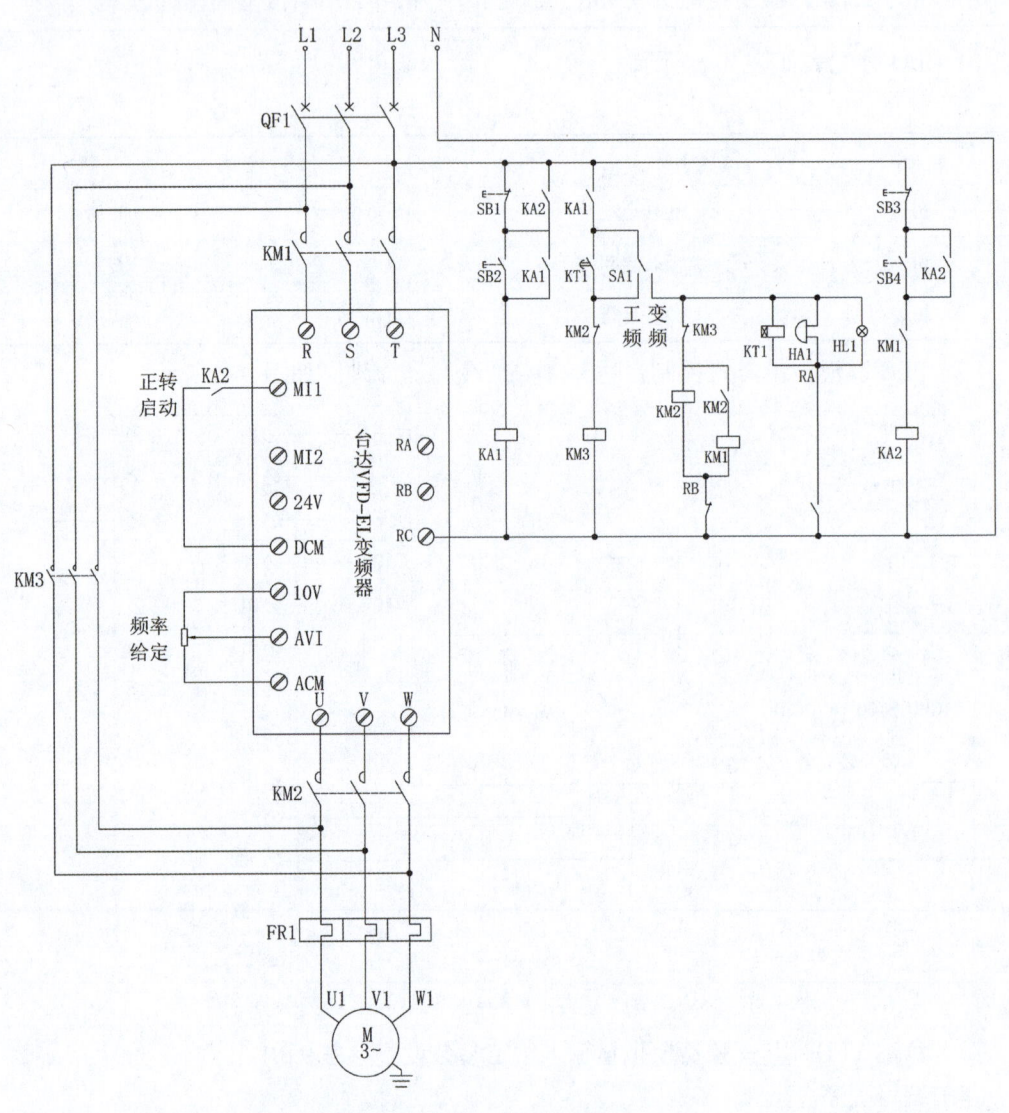

图 9-7　继电器控制的切换电路

切换控制电路的工作过程分析如下。

（1）工频运行。

SB1 为断电按钮，SB2 为通电按钮，KA1 为上电控制继电器。当按下 SB2 按钮时，KA1 线圈得电自锁，KA1 常开触点闭合。SA1 为变频与工频切换旋转开关，KM3 为工频运行接触器。当 KA1 常开触点闭合时，SA1 切到工频位置，KM3 线圈得电，KM3 吸合，电动机由工频供电。

（2）变频运行。

SB3 为变频器停止按钮，SB4 为变频器启动按钮，KM1、KM2 为变频运行接触器。当 KA1 常开触点闭合时，SA1 切到变频位置，KM3 线圈断电，KM3 的主触点断开，KM1、KM2 得电吸合，电动机由变频器控制。按下 SB4 按钮，KA2 得电吸合，变频器控制电动机启动。

（3）故障保护及切换。

① 当变频器正常工作时，变频器的 RC、RB 常闭触点闭合，RC、RA 常开触点断开，报警电路不工作。

② 当变频器出现故障时，RC、RB 常闭触点断开，KM1、KM2 失电断开，变频器与电源及电动机断开。同时，RC、RA 常开触点闭合，电铃 HA1、电灯 HL1 通电，产生声光报警。时间继电器 KT1 线圈通电，经过延时后使 KM3 得电吸合，电动机切换为由工频供电。操作人员发现报警后将 SA1 开关旋转到工频运行位置，声光报警停止，时间继电器断电。

台达 VFD-EL 变频器参数设置如表 9-9 所示。

表 9-9　台达 VFD-EL 变频器参数设置

变频器参数	设定值	功能说明
02.00	1	第一频率指令来源设定 0：由数字操作器输入 1：由外部端子 AVI 输入仿真信号 DC 0～10V 控制 2：由外部端子 ACI 输入仿真信号 DC 4～20mA 控制 3：由通信 RS-485 输入 4：由数字操作器上所附 V.R 控制
02.01	1	运转指令来源设定 0：由数字操作器输入 1：外部端子操作键盘 STOP 键有效 2：外部端子操作键盘 STOP 键无效 3：RS-485 通信界面操作键盘 STOP 键有效 4：RS-485 通信界面操作键盘 STOP 键无效
03.00	8	多功能输出（Relay 接点） 0：无功能 1：运转中指示 2：设定到达频率 8：故障指示
04.04	0	二／三线式选择 0：二线式 (1) MI1，MI2 1：二线式 (2) MI1，MI2 2：三线式 MI1，MI2，MI3

9.5 S7-200 SMART PLC 与台达 VFD-EL 变频器的 Modbus 通信

9.5.1 Modbus 定义

Modbus 通信协议是 Modicon 公司提出的一种报文传输协议，它广泛应用于工业控制领域，并已经成为一种通用的行业标准。不同厂商提供的控制设备可通过 Modbus 协议连成通信网络，从而实现集中控制。

根据传输网络类型的区别，Modbus 通信协议又分为串行链路 Modbus 协议和基于 TCP/IP 协议的 Modbus 协议。

串行链路 Modbus 协议只有一个主站，可以有 1~247 个从站。Modbus 通信只能从主站发起，从站在未收到主站的请求时，不能发送数据或互相通信。

串行链路 Modbus 协议的通信接口可采用 RS-485 接口，也可使用 RS-232C 接口。其中，RS-485 接口可用于长距离通信，RS-232C 接口只能用于短距离通信。

9.5.2 Modbus 寻址

Modbus 地址通常是包含数据类型和偏移量的 5 个或 6 个字符值。第一个或前两个字符决定数据类型，最后的 4 个字符是符合数据类型的一个适当的值。Modbus 主设备指令能将地址映射至正确的功能，以便将指令发送到从站。

9.5.3 Modbus 主站寻址

Modbus 主设备指令支持下列 Modbus 地址：

00001~09999 对应离散输出（线圈）；

10001~19999 对应离散输入（触点）；

30001~39999 对应输入寄存器（通常是模拟量输入）；

40001~49999 对应保持寄存器（V 存储区）。

其中离散输出（线圈）和保持寄存器支持读取和写入请求，而离散输入（触点）和输入寄存器仅支持读取请求。地址参数的具体值应与 Modbus 从站支持的地址一致。

9.5.4 S7-200 SMART PLC 的 Modbus 通信地址定义

Modbus 地址与 S7-200 SMART PLC 地址的对应关系如表 9-10 所示。

表 9-10 Modbus 地址与 S7-200 SMART PLC 地址的对应关系

Modbus 地址	S7-200 SMART PLC 地址	Modbus 地址	S7-200 SMART PLC 地址
000001	Q0.0	000127	Q15.6
000002	Q0.1	000128	Q15.7
000003	Q0.2	010001	I0.0
…	…	010002	I0.1

续表

Modbus 地址	S7-200 SMART PLC 地址	Modbus 地址	S7-200 SMART PLC 地址
010003	I0.2	⋯	⋯
⋯	⋯	030032	AIW62
010127	I15.6	040001	HoldStart
010128	I15.7	040002	HoldStart+2
030001	AIW0	040003	HoldStart+4
030002	AIW2	⋯	⋯
030003	AIW4	04××××	HoldStart+2(××××−1)

所有 Modbus 地址均以 1 为基位，表示第一个数据值从地址 1 开始。有效地址范围取决于从站。不同的从站将支持不同的数据类型和地址范围。

指令库包括主站指令库和从站指令库。Modbus 指令库如图 9-8 所示。

图 9-8　Modbus 指令库

使用 Modbus 指令库必须注意：S7-200 SMART PLC 自带 RS-485 串口，默认端口的地址为 0，故可利用指令库来实现端口 0 的 Modbus RTU 主/从站通信。

9.5.5　Modbus 指令介绍

在编程前先让我们认识一下要用到的指令，西门子 Modbus 主站协议库主要包括两条指令：MBUS_CTRL 指令和 MBUS_MSG 指令。

MBUS_CTRL 指令用于初始化主站通信；MBUS_MSG 指令用于启动对 Modbus 从站的请求并处理应答，单条 MBUS_MSG 指令只能完成对指定从站的读或写请求。

MBUS_CTRL 指令可初始化、监视或禁用 Modbus 通信。在使用 MBUS_MSG 指令之前，必须正确执行 MBUS_CTRL 指令。MBUS_CTRL 指令完成后，立即设定"完成"位，才能继续执行下一条指令。

MBUS_CTRL 指令在每次扫描且 EN 输入打开时执行。MBUS_CTRL 指令必须在每次扫描（包括首次扫描）时被调用，以允许监视随 MBUS_MSG 指令启动的任何突出消息的进程。

1. MBUS_CTRL 指令

（1）MBUS_CTRL 指令如表 9-11 所示。

表 9-11　MBUS_CTRL 指令

子程序	输入 / 输出	说明	数据类型
	EN	使能	BOOL
	Mode	1：将 CPU 端口分配给 Modbus 协议并启用该协议；0：将 CPU 端口分配给 PPI 协议并禁用 Modbus 协议	BOOL
MBUS_CTRL EN Mode Baud　　Done Parity　　Error Port Timeout	Baud	将波特率设为 1200bps、2400bps、4800bps、9600bps、19200bps、38400bps、57600bps 或 115200bps	DWORD
	Parity	0 表示无奇偶校验；1 表示奇校验；2 表示偶校验	BYTE
	Port	端口号	BYTE
	Timeout	等待来自从站应答的毫秒时间数	WORD
	Done	数据完成标志位	BOOL
	Error	出错时返回错误代码	BYTE

（2）MBUS_CTRL 指令详细介绍。

EN：使能。

Mode：模式参数。根据模式输入数值选择通信协议。输入值为 1 表示将 CPU 端口分配给 Modbus 协议并启用该协议。输入值为 0 表示将 CPU 端口分配给 PPI 协议并禁用 Modbus 协议。

Baud：波特率参数。MBUS_CTRL 指令支持的波特率为 1200bps、2400bps、4800bps、9600bps、19200bps、38400bps、57600bps 或 115200bps。

Parity：奇偶校验参数。奇偶校验参数被设为与 Modbus 从站奇偶校验相匹配。所有设置使用一个起始位和一个停止位。可接受的数值为：0（无奇偶校验）、1（奇校验）、2（偶校验）。

Port：端口号，设置物理通信端口（0=CPU 中集成的 RS-485，1= 可选 CM01 信号板上的 RS-485 或 RS-232）。

Timeout：超时参数。超时参数设为等待来自从站应答的毫秒时间数。超时数值的范围为 1 ~ 32767ms。典型值是 1000ms（1s）。超时参数应该设置得足够大，以便从站在所选的波特率对应的时间内做出应答。

Done：MBUS_CTRL 指令完成时，Done 输出为 1，否则为 0。

Error：错误输出代码。错误输出代码由反映执行该指令的结果的特定数字构成。错误输出代码的含义如表 9-12 所示。

表 9-12　错误输出代码的含义

代码	含义	代码	含义
0	无错误	3	超时选择无效
1	奇偶校验选择无效	4	模式选择无效
2	波特率选择无效		

2. MBUS_MSG 指令

当 EN 输入和首次输入都为 1 时，MBUS_MSG 指令启动对 Modbus 从站的请求。发送请求、等待应答和处理应答通常需要多次扫描。EN 输入必须打开以启用发送请求，并应该保持打开状态，直到完成位被置位。

必须注意的是，一次只能激活一条 MBUS_MSG 指令。如果启用了多条 MBUS_MSG 指令，则将处理所启用的第一条 MBUS_MSG 指令，之后的所有 MBUS_MSG 指令将中止并产生错误代码 6。

（1）MBUS_MSG 指令如表 9-13 所示。

表 9-13　MBUS_MSG 指令

子程序	输入/输出	说明	数据类型
	EN	使能	BOOL
	First	首次参数	BOOL
	Slave	从站参数	BYTE
	RW	0——读；1——写	BYTE
MBUS_MSG EN First Slave　　Done RW　　　Error Addr Count DataPtr	Addr	地址参数	DWORD
	Count	计数参数	INT
	DataPtr	S7-200 SMART PLC CPU 的 V 存储器中与读取或写入请求相关的数据的间接地址指针	DWORD
	Done	完成标识位	BOOL
	Error	出错时返回错误代码	BYTE

（2）MBUS_MSG 指令详细介绍。

EN：使能。

First：首次参数。首次参数应该在有新请求要发送时才打开以进行一次扫描。首次输入应当通过一个边沿检测元素（例如上升沿）打开，这将导致请求被传送一次。

Slave：从站参数。从站参数是 Modbus 从站的地址，允许的范围是 0~247。地址 0 是广播地址，只能用于写请求，不存在对地址 0 的广播请求的应答。并非所有的从站都支持广播地址，S7-200 SMART PLC Modbus 从站协议库不支持广播地址。

RW：读写参数。读写参数指定是否要读取或写入该消息。读写参数允许使用下列两个值：0——读，1——写。

Addr：地址参数。地址参数是 Modbus 的起始地址。

Count：计数参数。计数参数指定在请求中读取或写入的数据元素的数目。计数数值是位数（对于位数据类型）和字数（对于字数据类型）。

根据 Modbus 协议，计数参数与 Modbus 地址存在表 9-14 所示的对应关系。

表 9-14 计数参数与 Modbus 地址的对应关系

地址	计数参数
0××××	计数参数是要读取或写入的位数
1××××	计数参数是要读取的位数
3××××	计数参数是要读取的输入寄存器的字数
4××××	计数参数是要读取或写入的保持寄存器的字数

MBUS_MSG 指令最大能够读取或写入 120 个字或 1920 个位 (240 字节的数据)。计数的实际限值还取决于 Modbus 从站中的限制。

DataPtr：S7-200 SMART PLC CPU 的 V 存储器中与读取或写入请求相关的数据的间接地址指针（ 如 &VB100 ）。对于读取请求，DataPtr 应指向用于存储从 Modbus 从站读取的数据的第一个 CPU 存储器位置。对于写入请求，DataPtr 应指向要发送到 Modbus 从站的数据的第一个 CPU 存储器位置。

Done：完成输出。完成输出在发送请求和接收应答时关闭。完成输出在应答完成或 MBUS_MSG 指令因错误而终止时打开。

Error：错误输出。错误输出仅当完成输出打开时有效。低位编号的错误代码 (1 到 8) 是 MBUS_MSG 指令检测到的错误。这些错误代码通常指示与 MBUS_MSG 指令的输入参数有关的问题，或接收来自从站的应答时出现的问题。奇偶校验和 CRC 错误指示存在应答，但是数据未正确接收，这通常是由电气故障 (例如连接有问题或者存在电噪声) 引起的。高位编号的错误代码 (从 101 开始) 是由 Modbus 从站返回的。这些错误表明从站不支持所请求的功能，或者所请求的地址 (或数据类型，或地址范围) 不被 Modbus 从站支持。

9.5.6 分配库存储器

利用指令库编程前首先应为其分配存储器，否则软件编译时会报错。具体方法如下。

打开 STEP 7-Micro/WIN SMART 软件，右键单击"程序块"，选择"库存储器"，打开"库存储器分配"对话框。

在"库存储器分配"对话框中输入库存储器（ V 存储器）的起始地址，注意避免该地址和程序中已经采用或准备采用的其他地址重合。

点击"建议地址"按钮，系统将自动计算存储器的截止地址，然后点击"确定"按钮即可，步骤如图 9-9 所示。

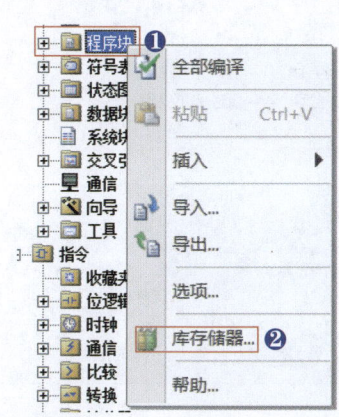

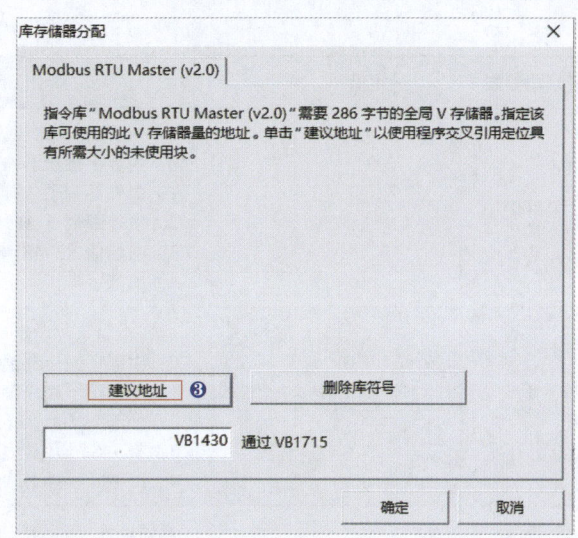

图 9-9 分配库存储器

9.5.7 S7-200 SMART PLC 与台达 VFD-EL 变频器 Modbus 通信实操案例 ≪

Modbus 已经成为工业领域通信协议的业界标准，并且是工业电子设备之间常用的连接方式。Modbus 协议比其他通信协议应为更为广泛，主要原因如下：

（1）公开发表，并且无版权要求。

（2）易于部署和维护。

使用 Modbus 协议通信，外部接线方式更简单，更容易实现一对多控制。下面就以 S7-200 SMART PLC 与台达 VFD-EL 变频器为例讲解 Modbus 通信。

1. S7-200 SMART PLC 与台达 VFD-EL 变频器 Modbus 通信基本参数设置

（1）恢复变频器出厂值：设定 P76 为 09，按下 ENTER 键，开始复位。

（2）设置电动机参数：电动机参数设置如表 9-15 所示。

表 9-15 电动机参数设置

参数号	设置值	说明
01.01	50.00	电动机额定频率设定 0.10 ~ 599.0Hz
01.02	220.0	电动机额定电压设定 115V/230V 机种：0.1 ~ 255.0V 460V 机种：0.1 ~ 510.0V
01.09	2.0	第一加速时间设定 0.1 ~ 600.0s/ 0.01 ~ 600.00s
01.10	2.0	第一减速时间设定 0.1 ~ 600.0s/ 0.01 ~ 600.00s
01.19	0	加、减速时间单位设定 0：以 0.1s 为单位 1：以 0.01s 为单位

（3）设置变频器的通信参数、控制方式，如表 9-16 所示。

表 9-16　变频器通信参数

变频器参数	设定值	功能说明
02.00	3	第一频率指令来源设定 0：由数字操作器输入 1：由外部端子 AVI 输入仿真信号 DC 0 ~ 10V 控制 2：由外部端子 ACI 输入仿真信号 DC 4 ~ 20mA 控制 3：由通信 RS-485 输入 4：由数字操作器上所附 V.R 控制
02.01	3	运转指令来源设定 0：由数字操作器输入 1：外部端子操作键盘 STOP 键有效 2：外部端子操作键盘 STOP 键无效 3：RS-485 通信界面操作键盘 STOP 键有效 4：RS-485 通信界面操作键盘 STOP 键无效
09.00	1	通信地址 1 ~ 254
09.01	1	通信传送速度 0：Baud rate 4800bps 1：Baud rate 9600bps 2：Baud rate 19200bps 3：Baud rate 38400bps
09.04	4	通信数据格式 0：7,N,2 for ASCII 1：7,E,1 for ASCII 2：7,O,1 for ASCII 3：8,N,2 for RTU 4：8,E,1 for RTU 5：8,O,1 for RTU E: 偶校验 O: 奇校验 N: 无校验

2. S7-200 SMART PLC 与台达 VFD-EL 变频器 Modbus 通信实物接线

台达 VFD-EL 变频器通信端口如图 9-10 所示。

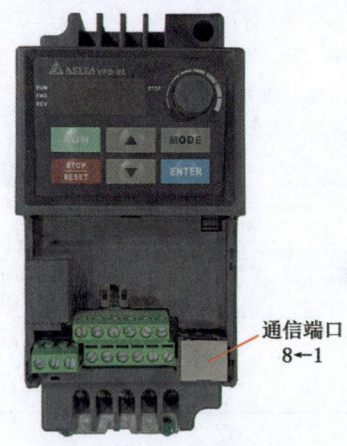

通信端口
8←1

图 9-10　台达 VFD-EL 变频器通信端口

与 Modbus 通信有关的前面板端子如表 9-17 所示。通信线的红色芯线应当压入端子 5+，绿色芯线应当连接到端子 4-。

表 9-17　Modbus 通信端子

端子号	名称	功能
4-	SG-	RS-485 信号 -
5+	SG+	RS-485 信号 +

S7-200 SMART PLC 通信端口如表 9-18 所示。

表 9-18　S7-200 SMART PLC 通信端口

端子号	名称	功能
3	+	RS-485 信号 +
8	-	RS-485 信号 -

S7-200 SMART PLC 与台达 VFD-EL 变频器 Modbus 通信端口接线如图 9-11 所示。

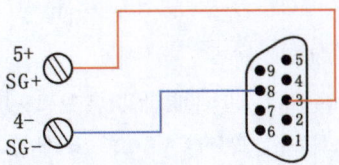

图 9-11　S7-200 SMART PLC 与台达 VFD-EL 变频器 Modbus 通信端口接线

S7-200 SMART PLC 与台达 VFD-EL 变频器的 Modbus 通信电路工作原理如图 9-12 所示。

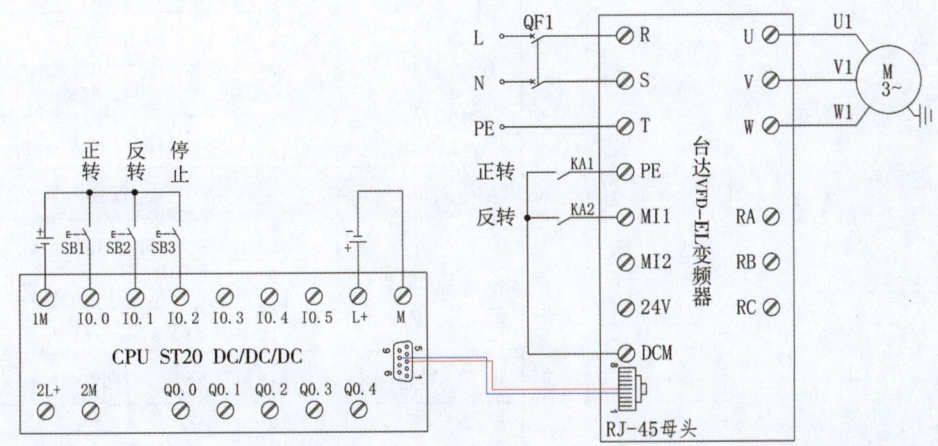

图 9-12　S7-200 SMART PLC 与台达 VFD-EL 变频器的 Modbus 通信电路工作原理

S7-200 SMART PLC 与台达 VFD-EL 变频器 Modbus 通信电路实物接线如图 9-13 所示。

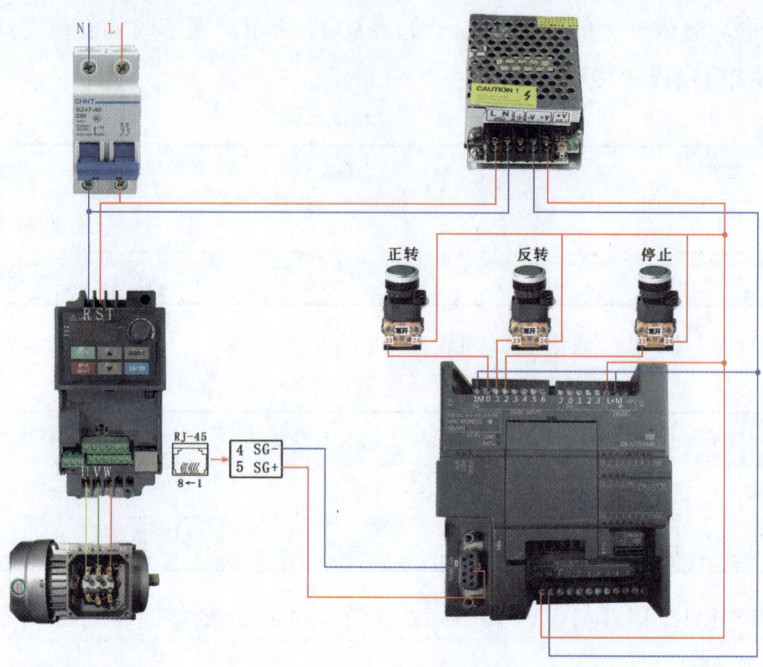

图 9-13　S7-200 SMART PLC 与台达 VFD-EL 变频器 Modbus 通信电路实物接线

3. 台达 VFD-EL 变频器通信地址

台达 VFD-EL 变频器 Modbus RTU 通信地址如表 9-19 所示。

表 9-19　台达 VFD-EL 变频器 Modbus RTU 通信地址（部分）

定义	参数地址	功能说明	
驱动器内部设定参数	00nnH	nn 表示参数号码	
对驱动器的命令	2000H	Bit0 ~ 1	00B：无功能
			01B：停止
			10B：启动
			11B：JOG 启动
		Bit2 ~ 3	保留
		Bit4 ~ 5	00B：无功能 01B：正方向指令 10B：反方向指令 11B：改变方向指令
		Bit6 ~ 15	保留
	2001H	频率命令	
	2002H	Bit0	1：E.F.ON
		Bit1	1：Reset 指令
		Bit2 ~ 15	保留

例如，变频器的通信参数地址为 2000H。我们知道 Modbus 的通信功能码是 0（离散量输出）、1（离散量输入）、3（输入寄存器）、4（保持寄存器），而这里的 2000H 指的就是 4（保持寄存器），同时这个 2000H 是十六进制数 2000，在软件中输入的是十进制数，故需要将十六进制数 2000 转换为十进制数，得到 8192。另外，Modbus 的通信地址都是从 1 开始的，故还需要将 8192 加上 1 为 8193，最终得到的变频器地址为 "48193"。

在控制命令 2000H 的地址中，每个位置的含义已经定义好了，Bit2 ~ 3 和 Bit6 ~ 15 保留，即为 0。Bit0 ~ 1 和 Bit4 ~ 5 表示启动及运行方向，若电动机以反向点动运行，则 Bit0 ~ 1 设置为 11，Bit4 ~ 5 设置为 10，最终得到 2#100011。将 2#100011 通过通信传输到变频器的 2000H 中，变频器将会按照设定的方式工作。台达 VFD-EL 变频器 Modbus RTV 通信地址如表 9-20 所示。

表 9-20 台达 VFD-EL 变频器 Modbus RTV 通信地址（部分）

定义	参数地址	功能说明
对驱动器的命令	2102H	频率指令（F）（小数 2 位）
	2103H	输出频率（H）（小数 2 位）
	2104H	输出电流（A）（小数 1 位）
	2105H	DC-BUS 电压（U）（小数 1 位）
	2106H	输出电压（E）（小数 1 位）
	2107H	多段速指令目前执行的段速（步）
	2108H	程序执行时该段速剩余时间（s）
	2109H	外部 TRIGER 的内容值（count）
	210AH	与功率因数角度对应的值（小数 1 位）
	210BH	P65 xH 的低位（小数 2 位）
	210CH	P65 xH 的高位
	210DH	变频器温度（小数 1 位）
	210EH	PID 回授信号（小数 2 位）
	210FH	PID 目标值（小数 2 位）
	2110H	变频器机种识别

表 9-20 中的 "频率指令（F）（小数 2 位）"，"小数 2 位" 是指频率范围是 00.00 ~ 50.00Hz，频率是一个实数，但是一个实数占用 32 位，Modbus 通信的保持寄存器每次通信的单位是字，并不能直接传输小数。因此，在通信过程中我们读到的频率信息是放在两个字里边的，第一个字中存储的是一个 4 位十进制数，例如 0563，但是我们都知道，频率并没有 0563Hz。我们还要读取第二个字中的值，第二个字中的值表示小数的位数，例如 2，表示小数的位数为 2 位。因此，当前的运行频率表示为 05.63Hz。这才是我们真正

读到的频率值。

4. S7-200 SMART PLC 与台达 VFD-EL 变频器 Modbus 通信的 PLC 程序

（1）案例要求。

PLC 通过 Modbus 通信控制台达变频器。I0.0 启动变频器正转，I0.1 启动变频器反转，I0.2 停止变频器。

（2）PLC 程序 I/O 分配如表 9-21 所示。

表 9-21　I/O 分配表（四）

输入	功能
I0.0	正转
I0.1	反转
I0.2	停止

（3）PLC 程序如图 9-14 所示。

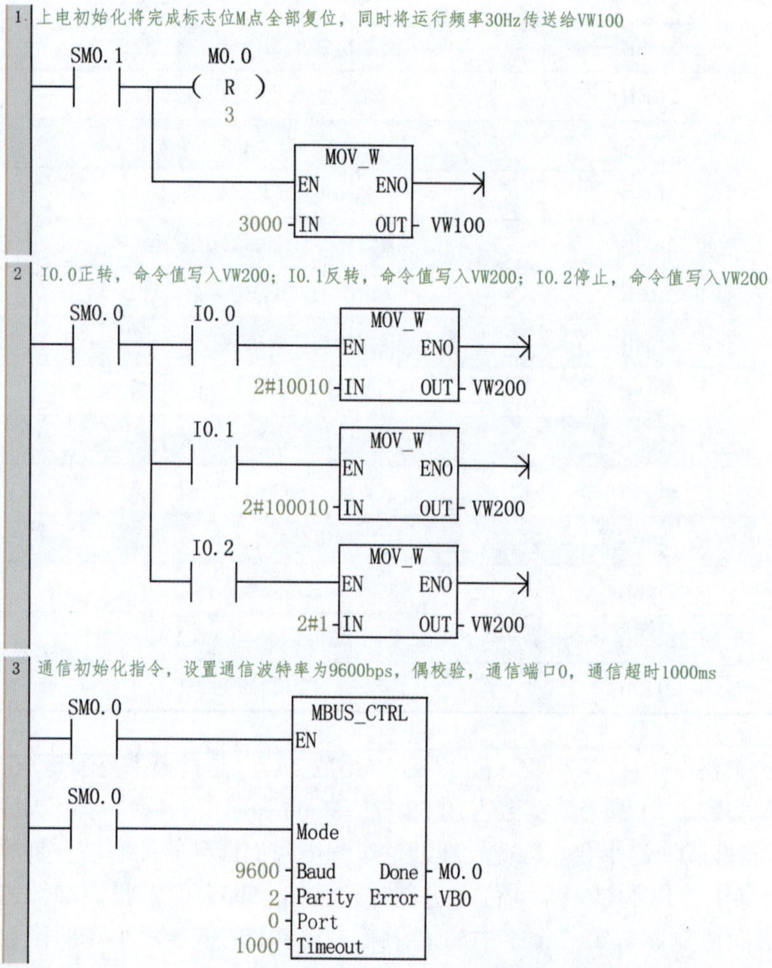

图 9-14　PLC 程序图

4 SM0.5的上升沿接通写入变频器频率指令，把存储于VW100中的频率值写入变频器当中

```
    SM0.0                            MBUS_MSG
  ──┤├──────────────────────────────EN

    SM0.5
  ──┤├──────┤ P ├────────────────────First

                          1─┤Slave      Done├─ M0.1
                          1─┤RW        Error├─ VB1
                      48194─┤Addr
                          1─┤Count
                     &VB100─┤DataPtr
```

5 SM0.5的下降沿接通写入变频器运行指令（正转/反转/停止），把存储于VW200中的运行值写入变频器当中

```
    SM0.0                            MBUS_MSG
  ──┤├──────────────────────────────EN

    SM0.5
  ──┤├──────┤ N ├────────────────────First

                          1─┤Slave      Done├─ M0.2
                          1─┤RW        Error├─ VB2
                      48193─┤Addr
                          1─┤Count
                     &VB200─┤DataPtr
```

续图 9-14

第 10 章
英威腾 GD20 变频器接线与操作

10.1　英威腾 GD20 变频器外形

英威腾 GD20 变频器外形如图 10-1 所示。

10.2　英威腾 GD20 变频器端子功能与接线

变频器的端子主要有主回路端子和控制回路端子。在使用变频器时，应根据实际需要正确地将有关端子与外部器件（如开关、继电器等）连接好。

图 10-1　英威腾 GD20 变频器外形

10.2.1　英威腾 GD20 变频器接线图

英威腾 GD20 变频器主回路接线如图 10-2 所示。

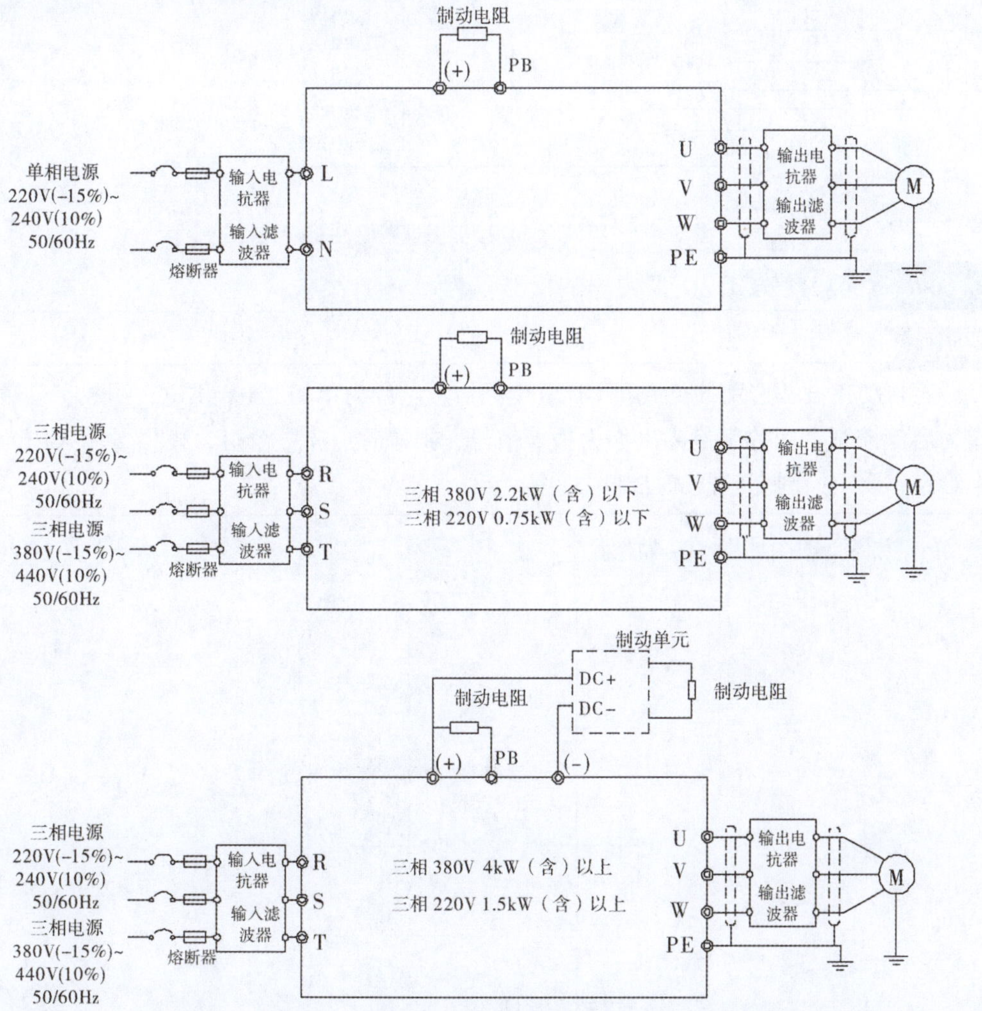

图 10-2　英威腾 GD20 变频器主回路接线

英威腾 GD20 变频器控制回路接线如图 10-3 所示。

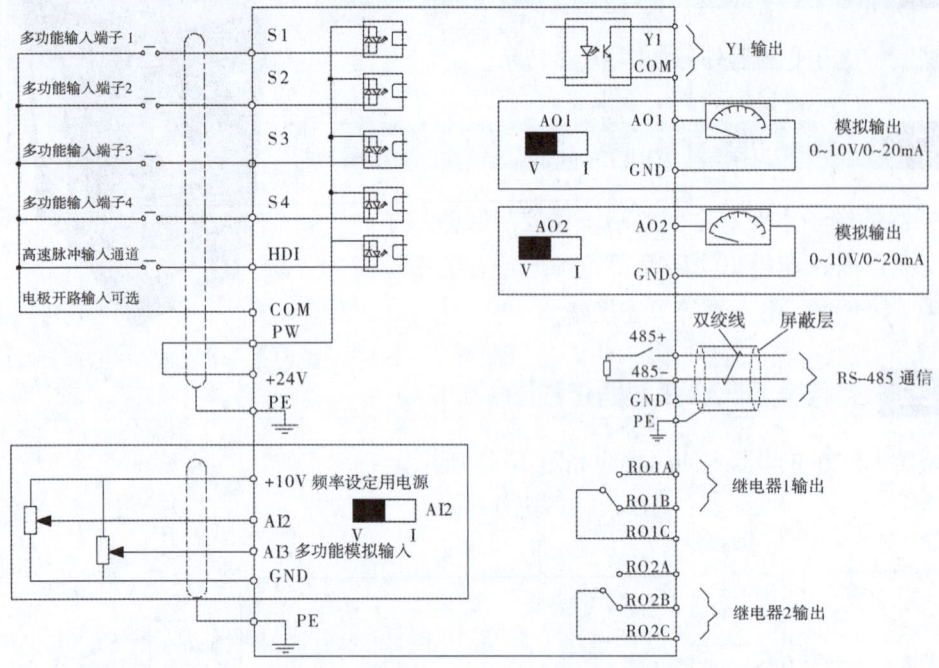

图 10-3 英威腾 GD20 变频器控制回路接线

10.2.2 英威腾 GD20 变频器的接线实例

案例 1

　　某自动化设备选用的英威腾 GD20 变频器，电源为单相 220V 供电，用数字量输入作为启停控制，用数字量输出作为报警信号，报警时点亮一个灯，模拟量输入作为频率给定，要求绘制变频器的控制原理图。

　　解：控制原理图如图 10-4 所示。

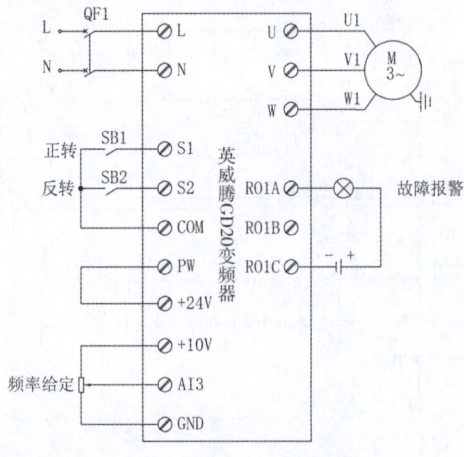

图 10-4 控制原理图

10.3 英威腾 GD20 变频器操作面板

10.3.1 英威腾 GD20 变频器操作面板介绍

英威腾 GD20 变频器操作面板如图 10-5 所示。

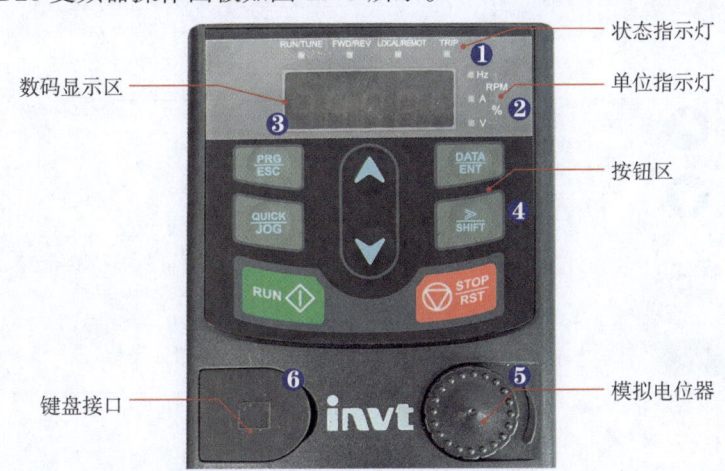

状态指示灯
数码显示区
单位指示灯
按钮区
键盘接口
模拟电位器

图 10-5 英威腾 GD20 变频器操作面板

英威腾 GD20 变频器面板功能如表 10-1 所示。

表 10-1 英威腾 GD20 变频器面板功能

序号	名称	说明	
1	状态指示灯	RUN/TUNE	灯灭表示变频器处于停机状态；灯闪烁表示变频器处于参数自学习状态；灯亮表示变频器处于运转状态
		FWD/REV	正反转指示灯 灯灭表示变频器处于正转状态；灯亮表示变频器处于反转状态
		LOCAL/REMOT	键盘操作，端子操作与远程通信控制的指示灯。 灯灭表示处于键盘操作控制状态；灯闪烁表示处于端子操作控制状态；灯亮表示处于远程操作控制状态
		TRIP	故障指示灯 当变频器处于故障状态时，该灯点亮；正常状态下该灯熄灭；当变频器处于预报警状态时，该灯闪烁
2	单位指示灯	表示键盘当前显示的单位	
		Hz	频率单位
		RPM	转速单位
		A	电流单位
		%	百分数
		V	电压单位

序号	名称			说明
3	数码显示区			5 位 LED 显示，显示设定频率、输出频率等各种监视数据以及报警代码。显示符号与对应符号的关系见表 10-2
4	按钮区	PRG ESC	编程键	一级菜单进入或退出，快捷参数删除
		DATA ENT	确定键	逐级进入菜单画面，设定参数确认
		⋀	递增键	数据或功能码的递增
		⋁	递减键	数据或功能码的递减
		SHIFT	右移位键	在停机显示界面和运行显示界面下，可右移循环选择显示参数；在修改参数时，可以选择参数的修改位
		RUN	运行键	在键盘操作方式下，用于运行操作
		STOP RST	停止 / 复位键	运行状态时，按此键可用于停止运行操作；该功能码受 P07.04 制约。故障报警状态时，所有控制模式可用该键来复位操作
		QUICK JOG	快捷多功能键	该键功能由功能码 P07.02 确定
5	模拟电位器			即 AI1。在外引普通键盘（不带参数拷贝功能）有效时，本机键盘 AI1 与外引普通键盘 AI1 的区别是：当外引普通键盘 AI1 调至最小时，本机键盘 AI1 有效，P17.19 显示的 AI1 值是本机键盘 AI1 的电压值；否则，外引普通键盘 AI1 有效，P17.19 显示的值是外引普通键盘 AI1 的电压值。注意：如将外引普通键盘的 AI1 作为频率给定源，则在启动变频器之前，需要将本机的面板电位器 AI1 调到 0V/0mA
6	键盘接口			外引普通键盘接口。在外引带参数拷贝键盘有效时，本机键盘不亮；在外引不带参数拷贝键盘有效时，本机键盘和外引普通键盘同时点亮。注意：只有外引带参数拷贝功能的键盘才有参数拷贝功能，其他键盘没有参数拷贝功能。仅限 2.2kW（含）以下机型

表 10-2　显示符号与对应符号的关系

显示符号	对应符号	显示符号	对应符号	显示符号	对应符号	显示符号	对应符号
0	0	1	1	2	2	3	3
4	4	5	5	6	6	7	7
8	8	9	9	A.	A	b.	B
C	C	d.	D	E.	E	F.	F
H.	H	I	I	L.	L	n.	N
n	n	o	o	P.	P	r	r
S	S	t	t	U.	U	u.	v
.	.	-	-				

10.3.2 英威腾 GD20 变频器操作面板的使用

用英威腾 GD20 变频器修改参数的方法是先选择参数号，再修改参数值。

将功能码 P00.01 从 0 更改为 1 的参数设定方法如表 10-3 所示。

表 10-3　参数设定方法

序号	操作步骤	显示
1	按 PRG ESC 键，进入参数组选择画面	P00
2	按 ∧ 或 ∨ 键选择所需要的参数组 P00	P00
3	按 DATA ENT 键，显示参数号	P00.00
4	按 ∧ 或 ∨ 键选择所需要的参数 P00.01	P00.01
5	按 DATA ENT 键，进入参数值设置界面，按 ∧ 或 ∨ 键增、减参数值，设为 1	1
6	按 DATA ENT 键，保存设置的参数值	P00.02
7	按 PRG ESC 键，返回参数组	P00
8	按 PRG ESC 键，返回频率界面	0

10.4 英威腾 GD20 变频器面板控制

案例 2

有一台英威腾 GD20 变频器，当按下按键 RUN 时，三相异步电动机运行，模拟电位器 可以加、减频率。已知电动机的功率为 0.37kW，额定转速为 1400r/min，额定电压为 220V，额定电流为 1.93A，额定频率为 50Hz。请按上述设计方案。

（1）英威腾 GD20 变频器面板控制参数设置如表 10-4 所示。

表 10-4　英威腾 GD20 变频器面板控制参数设置

参数码	设定值	功能说明
P00.03	50.00	最大输出频率 设定范围：0.00 ~ 630.00Hz
P00.11	2.0	加速时间 1 设定范围：0.0 ~ 3600.0s
P00.12	2.0	减速时间 1 设定范围：0.0 ~ 3600.0s

续表

参数码	设定值	功能说明
P02.04	220	异步电动机额定电压 设定范围：0～1200V
P00.01	0	运行指令通道 0：键盘运行指令通道 1：端子运行指令通道 2：通信运行指令通道
P00.06	1	A 频率指令选择 0：键盘数字设定 1：模拟量 AI1 设定（对应键盘模拟电位器） 2：模拟量 AI2 设定（对应端子 AI2） 3：模拟量 AI3 设定（对应端子 AI3）

（2）英威腾 GD20 变频器面板控制原理图如图 10-6 所示。

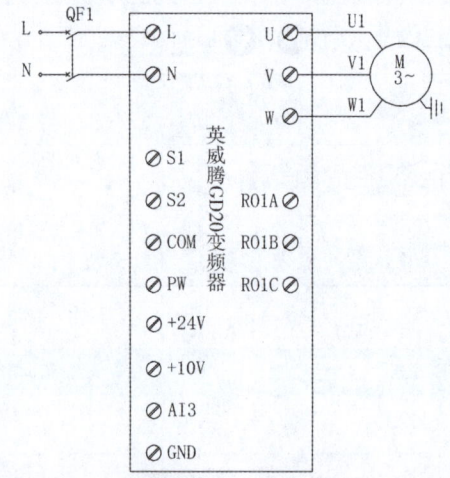

图 10-6　英威腾 GD20 变频器面板控制原理图

（3）工作原理。

当按下按键 时，三相异步电动机运行。

当按下按键 时，三相异步电动机停止运行。

调节模拟电位器 可以加、减频率。

第 11 章

英威腾 GD20 变频器的
常用外围电路

11.1 英威腾 GD20 变频器控制电动机正反转

11.1.1 开关控制英威腾 GD20 变频器正反转

案例 1

　　有一台英威腾 GD20 变频器：当接通按钮 SA1 时，三相异步电动机正转；当接通按钮 SA2 时，三相异步电动机反转。已知电动机的功率为 0.37kW，额定转速为 1400r/min，额定电压为 220V，额定电流为 1.93A，额定频率为 50Hz。请按上述设计方案。

（1）开关控制英威腾 GD20 变频器正反转原理图如图 11-1 所示。

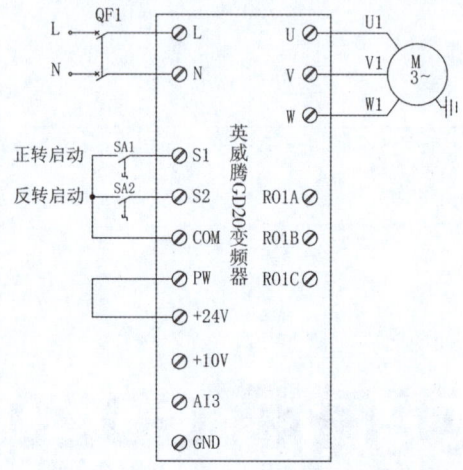

图 11-1　开关控制英威腾 GD20 变频器正反转原理图

（2）英威腾 GD20 变频器控制电动机正反转参数设置如表 11-1 所示。

表 11-1　英威腾 GD20 变频器控制电动机正反转参数设置

变频器参数	设定值	功能说明	
P00.01	1	运行指令通道 0：键盘运行指令通道 1：端子运行指令通道 2：通信运行指令通道	
P00.06	1	A 频率指令选择 0：键盘数字设定 1：模拟量 AI1 设定（对应键盘模拟电位器） 2：模拟量 AI2 设定（对应端子 AI2） 3：模拟量 AI3 设定（对应端子 AI3）	
P05.01	1	S1 端子功能选择	0：无功能 1：正转运行 2：反转运行 16：多段速端子 1 17：多段速端子 2 18：多段速端子 3 19：多段速端子 4
P05.02	2	S2 端子功能选择	
P05.03	0	S3 端子功能选择	
P05.04	0	S4 端子功能选择	

（3）工作原理。

当接通按钮 SA1 时，S1 端子与变频器的 COM 连接，电动机正转。当接通按钮 SA2 时，S2 端子与变频器的 COM 连接，电动机反转。

调节旋钮 可以加、减频率。

11.1.2 PLC 以开关量方式控制英威腾 GD20 变频器正反转

案例 2

有一台英威腾 GD20 变频器：当接通按钮 SB1 时，三相异步电动机正转；当接通按钮 SB2 时，三相异步电动机反转；当接通按钮 SB3 时，三相异步电动机停止运行。已知电动机的功率为 0.37kW，额定转速为 1400r/min，额定电压为 220V，额定电流为 1.93A，额定频率为 50Hz。请按上述设计方案。

（1）I/O 分配表如表 11-2 所示。

表 11-2 I/O 分配表（一）

输入		输出	
I0.0	正转启动	Q0.0	正转
I0.1	反转启动	Q0.1	反转
I0.2	停止运行		

（2）PLC 以开关量方式控制英威腾 GD20 变频器正反转原理图如图 11-2 所示。

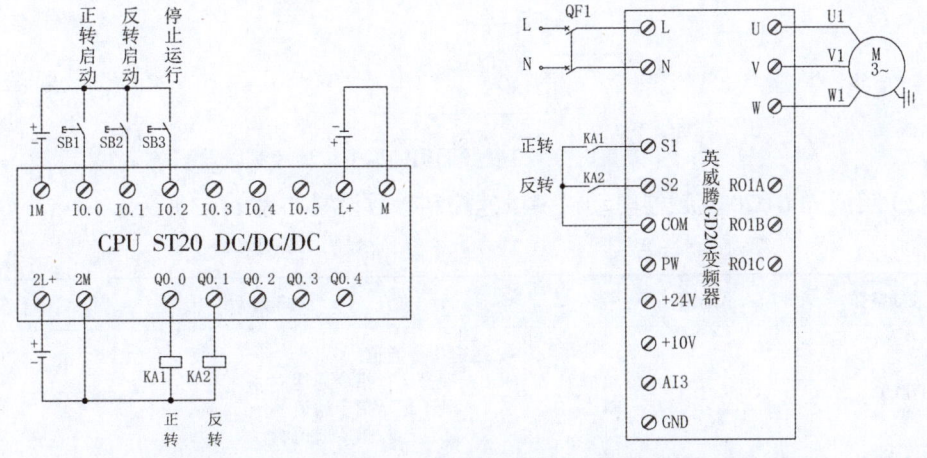

图 11-2 PLC 以开关量方式控制英威腾 GD20 变频器正反转原理图

（3）英威腾 GD20 变频器控制电动机正反转参数设置参考 11.1.1 节。

（4）编写程序。

梯形图程序参考 7.2.2 节程序。

11.2 英威腾 GD20 变频器多段速控制

11.2.1 开关控制英威腾 GD20 变频器多段速

案例 3

有一台英威腾 GD20 变频器：当接通按钮 SA1 和 SA3 时，三相异步电动机以 10Hz 的频率正转；当接通按钮 SA1 和 SA4 时，三相异步电动机以 25Hz 的频率正转；当接通按钮 SA1、SA3 和 SA4 时，三相异步电动机以 50Hz 的频率正转；当接通按钮 SA2 和 SA3 时，三相异步电动机以 10Hz 的频率反转；当接通按钮 SA2 和 SA4 时，三相异步电动机以 25Hz 的频率反转；当接通按钮 SA2、SA3 和 SA4 时，三相异步电动机以 50Hz 的频率反转。已知电动机的功率为 0.37kW，额定转速为 1400r/min，额定电压为 220V，额定电流为 1.93A，额定频率为 50Hz。请按上述设计方案。

（1）英威腾 GD20 变频器电动机多段速控制原理图如图 11-3 所示。

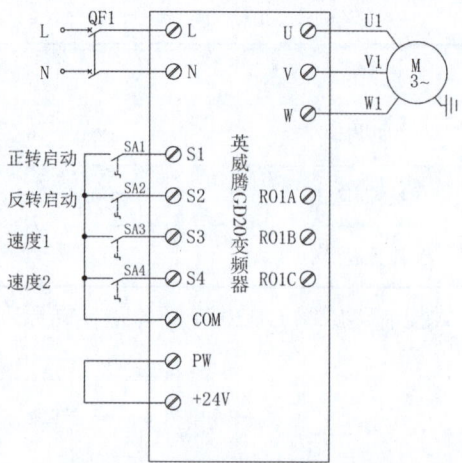

图 11-3　英威腾 GD20 变频器电动机多段速控制原理图

（2）英威腾 GD20 变频器电动机多段速控制参数设置如表 11-3 所示。

表 11-3　英威腾 GD20 变频器电动机多段速控制参数设置

变频器参数	设定值	功能说明
P00.01	1	运行指令通道 0：键盘运行指令通道 1：端子运行指令通道 2：通信运行指令通道
P00.06	6	A 频率指令选择 0：键盘数字设定 1：模拟量 AI1 设定（对应键盘模拟电位器） 2：模拟量 AI2 设定（对应端子 AI2） 3：模拟量 AI3 设定（对应端子 AI3） 6：多段速运行设定 8：Modbus 通信设定

变频器参数	设定值	功能说明	
P05.01	1	S1 端子功能选择	0：无功能
P05.02	2	S2 端子功能选择	1：正转运行 2：反转运行
P05.03	16	S3 端子功能选择	16：多段速端子 S1 17：多段速端子 S2
P05.04	17	S4 端子功能选择	18：多段速端子 S3 19：多段速端子 S4
P10.02	0.0	多段速 0	
P10.04	20.0	多段速 1	
P10.06	50.0	多段速 2	
P10.08	100.0	多段速 3	
P10.10	0.0	多段速 4	
P10.12	0.0	多段速 5	
P10.14	0.0	多段速 6	备注： 频率为百分比。
P10.16	0.0	多段速 7	例：设为 20.0% 表示 10Hz；
P10.18	0.0	多段速 8	设为 50.0% 表示 25Hz；
P10.20	0.0	多段速 9	设为 100.0% 表示 50Hz
P10.22	0.0	多段速 10	
P10.24	0.0	多段速 11	
P10.26	0.0	多段速 12	
P10.28	0.0	多段速 13	
P10.30	0.0	多段速 14	
P10.32	0.0	多段速 15	

（3）固定频率与数字量输入端子的关系。

利用多功能输入端子（参考参数 P05.01～P05.04）可选择段速运行（最多为 15 段速），段速频率分别设定为参数 P10.02～P10.32。

当 P05.01=16、P05.02=17、 P05.03=18、 P05.04=19 时，多功能输入端子与段速如表 11-4 所示。

表 11-4　多功能输入端子与段速

频率设定	多段速端子 S4	多段速端子 S3	多段速端子 S2	多段速端子 S1
第一段速频率设定	断开（OFF）	断开（OFF）	断开（OFF）	接通（ON）
第二段速频率设定	断开（OFF）	断开（OFF）	接通（ON）	断开（OFF）
第三段速频率设定	断开（OFF）	断开（OFF）	接通（ON）	接通（ON）
第四段速频率设定	断开（OFF）	接通（ON）	断开（OFF）	断开（OFF）

续表

频率设定	多段速端子 S4	多段速端子 S3	多段速端子 S2	多段速端子 S1
第五段速频率设定	断开（OFF）	接通（ON）	断开（OFF）	接通（ON）
第六段速频率设定	断开（OFF）	接通（ON）	接通（ON）	断开（OFF）
第七段速频率设定	断开（OFF）	接通（ON）	接通（ON）	接通（ON）
第八段速频率设定	接通（ON）	断开（OFF）	断开（OFF）	断开（OFF）
第九段速频率设定	接通（ON）	断开（OFF）	断开（OFF）	接通（ON）
第十段速频率设定	接通（ON）	断开（OFF）	接通（ON）	断开（OFF）
第十一段速频率设定	断开（OFF）	断开（OFF）	接通（ON）	接通（ON）
第十二段速频率设定	接通（ON）	接通（ON）	断开（OFF）	断开（OFF）
第十三段速频率设定	接通（ON）	接通（ON）	断开（OFF）	接通（ON）
第十四段速频率设定	接通（ON）	接通（ON）	接通（ON）	断开（OFF）
第十五段速频率设定	接通（ON）	接通（ON）	接通（ON）	接通（ON）

（4）工作原理。

当接通按钮 SA1 和 SA3 时，S1 端子和 S3 端子与变频器的 COM 连接，电动机以 10Hz 的频率正转。当接通按钮 SA1 和 SA4 时，S1 端子和 S4 端子与变频器的 COM 连接，电动机以 25Hz 的频率正转。当接通按钮 SA1、SA3 和 SA4 时，S1 端子、S3 端子和 S4 端子与变频器的 COM 连接，电动机以 50Hz 的频率正转。

当接通按钮 SA2 和 SA3 时，S2 端子和 S3 端子与变频器的 COM 连接，电动机以 10Hz 的频率反转。当接通按钮 SA2 和 SA4 时，S2 端子和 S4 端子与变频器的 COM 连接，电动机以 25Hz 的频率反转。当接通按钮 SA2、SA3 和 SA4 时，S2 端子、S3 端子和 S4 端子与变频器的 COM 连接，电动机以 50Hz 的频率反转。

11.2.2　PLC 以开关量方式控制英威腾 GD20 变频器多段速

案例 4

有一台英威腾 GD20 变频器：当接通按钮 SB1 时，三相异步电动机正转；当接通按钮 SB2 时，三相异步电动机反转；当接通按钮 SB3 时，三相异步电动机停止运行；当接通按钮 SB4 时，三相异步电动机以 10Hz 的频率运行；当接通按钮 SB5 时，三相异步电动机以 25Hz 的频率运行；当接通按钮 SB6 时，三相异步电动机以 50Hz 的频率运行。已知电动机的功率为 0.37kW，额定转速为 1400r/min，额定电压为 220V，额定电流为 1.93A，额定频率为 50Hz。请按上述设计方案。

（1）I/O 分配表如表 11-5 所示。

表 11-5　I/O 分配表（二）

输入		输出	
I0.0	正转启动	Q0.0	正转
I0.1	反转启动	Q0.1	反转
I0.2	停止运行	Q0.2	速度 1
I0.3	速度 1 设置	Q0.3	速度 2
I0.4	速度 2 设置		
I0.5	速度 3 设置		

（2）开关控制英威腾 GD20 变频器多段速原理图如图 11-4 所示。

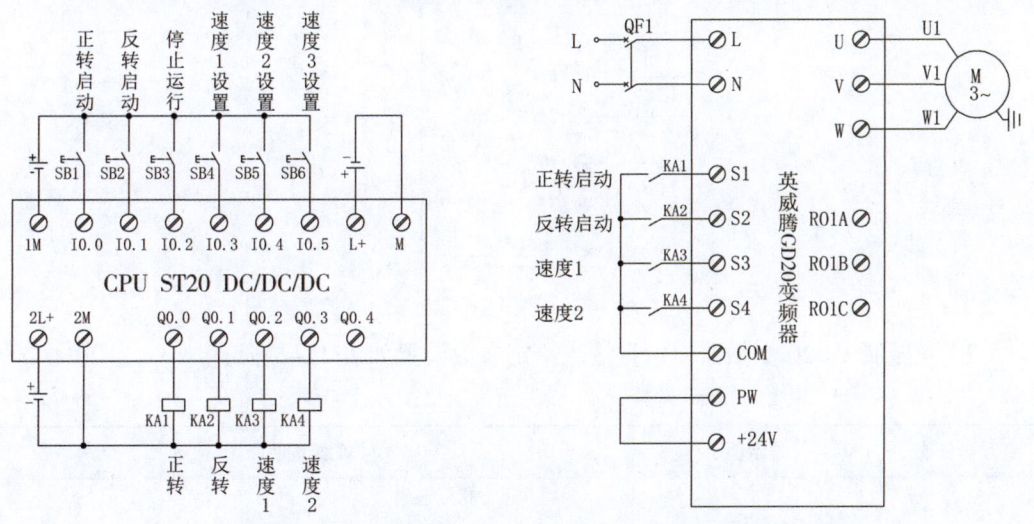

图 11-4　开关控制英威腾 GD20 变频器多段速原理图

（3）英威腾 GD20 变频器多段速控制参数设置参考 11.2.1 节。

（4）编写程序。

梯形图程序参考 7.3.2 节。

11.3　英威腾 GD20 变频器模拟量输入给定

　　数字量多段频率给定虽然可以设定速度段的数量是有限的，但是不能做到无级调速，而外部模拟量输入可以做到无级调速，也容易实现自动控制，而且模拟量可以是电压信号或者电流信号，使用比较灵活，因此应用较广。以下介绍模拟量信号频率给定。

11.3.1 电位器控制英威腾 GD20 变频器模拟量输入给定

案例 5

有一台英威腾 GD20 变频器：当接通按钮 SA1 时，三相异步电动机正转；当接通按钮 SA2 时，三相异步电动机反转。对变频器进行电压信号模拟量频率给定。已知电动机的功率为 0.37kW，额定转速为 1400r/min，额定电压为 220V，额定电流为 1.93A，额定频率为 50Hz。请按上述设计方案。

（1）英威腾 GD20 变频器模拟量输入给定原理图如图 11-5 所示。

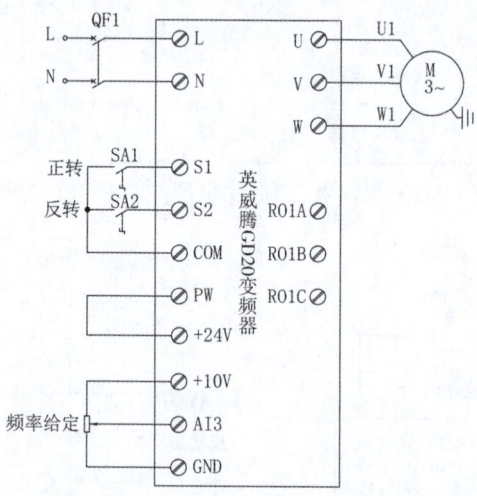

图 11-5　英威腾 GD20 变频器模拟量输入给定原理图

（2）英威腾 GD20 变频器模拟量输入给定参数设置如表 11-6 所示。

表 11-6　英威腾 GD20 变频器模拟量输入给定参数设置

变频器参数	设定值	功能说明	
P00.01	1	运行指令通道 0：键盘运行指令通道 1：端子运行指令通道 2：通信运行指令通道	
P00.06	3	A 频率指令选择 0：键盘数字设定 1：模拟量 AI1 设定（对应键盘模拟电位器） 2：模拟量 AI2 设定（对应端子 AI2） 3：模拟量 AI3 设定（对应端子 AI3） 6：多段速运行设定 8：Modbus 通信设定	
P05.01	1	S1 端子功能选择	0：无功能 1：正转运行 2：反转运行 16：多段速端子 S1 17：多段速端子 S2 18：多段速端子 S3 19：多段速端子 S4
P05.02	2	S2 端子功能选择	
P05.03	0	S3 端子功能选择	
P05.04	0	S4 端子功能选择	

（3）工作原理。

当接通按钮 SA1 时，S1 端子与变频器的 COM 连接，电动机正转。当接通按钮 SA2 时，S2 端子与变频器的 COM 连接，电动机反转。

通过电位器来调节变频器的频率，当电压信号是 10V 时，变频器的频率为 50Hz；当电压信号是 0V 时，变频器的频率为 0Hz。

11.3.2　PLC 以模拟量方式控制英威腾 GD20 变频器 《

案例 6

有一台英威腾 GD20 变频器：当接通按钮 SB1 时，三相异步电动机正转；当接通按钮 SB2 时，三相异步电动机反转。对变频器进行电压信号模拟量频率给定，通过触摸屏关联 PLC 地址来修改频率。已知电动机的功率为 0.37kW，额定转速为 1400r/min，额定电压为 220V，额定电流为 1.93A，额定频率为 50Hz。请按上述设计方案。

（1）I/O 分配如表 11-7 所示。

表 11-7　I/O 分配表（三）

输入		输出	
I0.0	正转启动	Q0.0	正转
I0.1	反转启动	Q0.1	反转
I0.2	停止运行	AQW16	0 ~ 10V

（2）PLC 以模拟量方式控制英威腾 GD20 变频器原理图如图 11-6 所示。

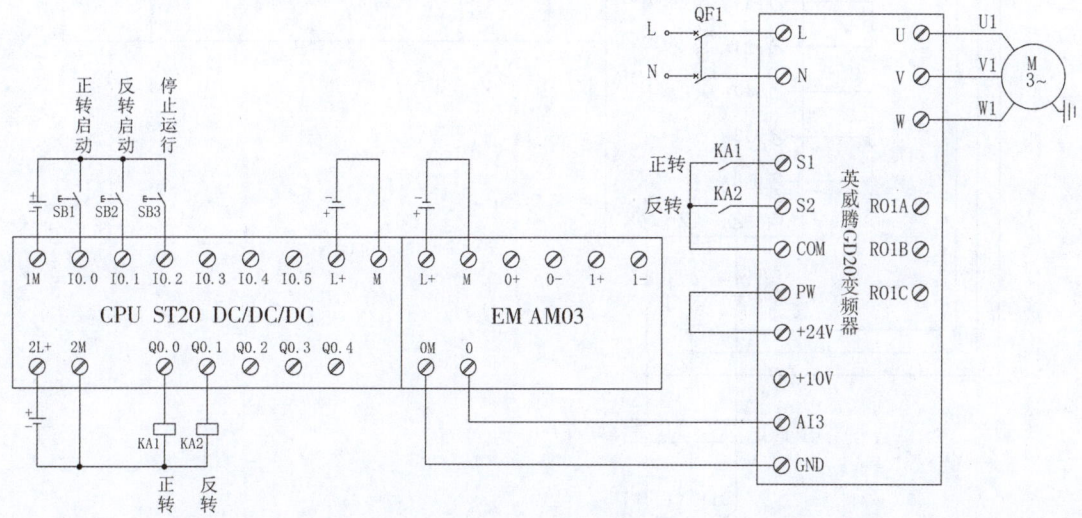

图 11-6　PLC 以模拟量方式控制英威腾 GD20 变频器原理图

（3）英威腾 GD20 变频器模拟量输入给定参数设置参考 11.3.1 节。

（4）编写程序。

梯形图程序参考 7.4.2 节。

11.4 英威腾 GD20 变频器工频与变频切换功能

工频与变频切换是指将工频下运行的电动机（电动机接 50Hz 电源）通过旋转开关切换到变频器控制运行，或相反的切换。工频与变频切换的应用场合主要有：

（1）投入运行后就不允许停机的设备。变频器一旦出现跳闸停机，应马上将电动机切换到工频运行。

（2）变频器是通过轻负载降压来实现节能的。当变频器达到满载输出时，也应将变频器切换到工频运行。

继电器控制的切换电路如图 11-7 所示。

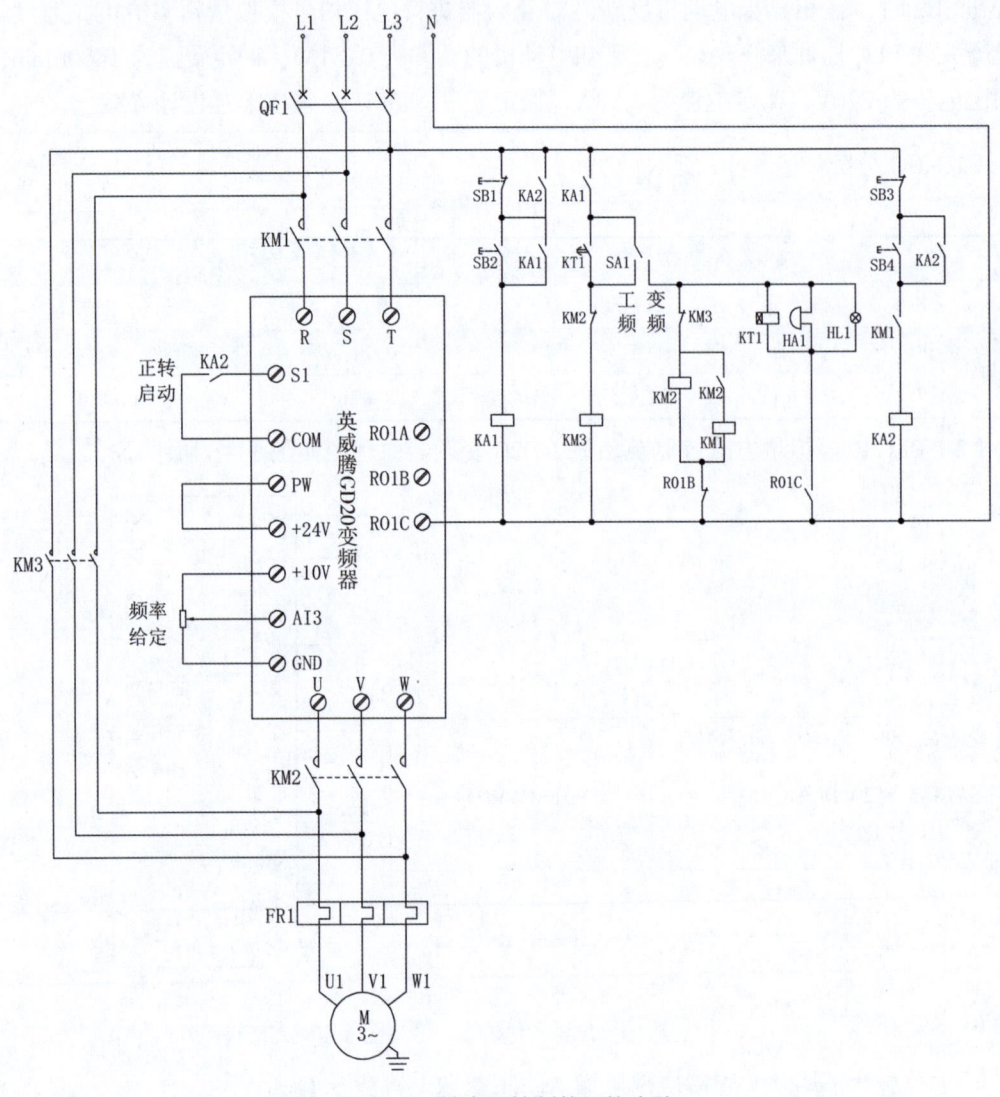

图 11-7　继电器控制的切换电路

切换控制电路的工作过程分析如下。

（1）工频运行。

SB1 为断电按钮，SB2 为通电按钮，KA1 为上电控制继电器，当按下 SB2 按钮时，KA1 线圈得电自锁，KA1 常开触点闭合。SA1 为变频与工频切换旋转开关，KM3 为工频运行接触器。当 KA1 常开触点闭合时，SA1 切到工频位置，KM3 线圈得电，KM3 吸合，电动机由工频供电。

（2）变频运行。

SB3 为变频器停止按钮，SB4 为变频器启动按钮，KM1、KM2 为变频运行接触器。当 KA1 常开触点闭合时，SA1 切到变频位置，KM3 线圈断电，KM3 的主触点断开，KM1、KM2 得电吸合，电动机由变频器控制。按下 SB4 按钮，KA2 得电吸合，变频器控制电动机启动。

（3）故障保护及切换。

① 当变频器正常工作时，变频器的 R01C、R01B 常闭触点闭合，R01C、R01A 常开触点断开，报警电路不工作。

② 变频器出现故障时，R01C、R01B 常闭触点断开，KM1、KM2 失电断开，变频器与电源及电动机断开。同时，R01C、R01A 常开触点闭合，电铃 HA1、电灯 HL1 通电，产生声光报警。时间继电器 KT1 线圈通电，经过延时后使 KM3 得电吸合，电动机切换为由工频供电。操作人员发现报警后将 SA1 开关旋转到工频运行位置，声光报警停止，时间继电器断电。

英威腾 GD20 变频器参数设置如表 11-8 所示。

表 11-8　英威腾 GD20 变频器参数设置

变频器参数	设定值	功能说明	
P00.01	1	运行指令通道 0：键盘运行指令通道 1：端子运行指令通道 2：通信运行指令通道	
P00.06	3	A 频率指令选择 0：键盘数字设定 1：模拟量 AI1 设定（对应键盘模拟电位器） 2：模拟量 AI2 设定（对应端子 AI2） 3：模拟量 AI3 设定（对应端子 AI3） 6：多段速运行设定 8：Modbus 通信设定	
P05.01	1	S1 端子功能选择	0：无功能 1：正转运行 2：反转运行 16：多段速端子 S1 17：多段速端子 S2 18：多段速端子 S3 19：多段速端子 S4
P05.02	2	S2 端子功能选择	
P05.03	0	S3 端子功能选择	
P05.04	0	S4 端子功能选择	

变频器参数	设定值	功能说明
P06.03	5	继电器 RO1 输出选择 0：无效 1：运行中 2：正转运行中 3：反转运行中 4：点动运行中 5：变频器故障

11.5　S7-200 SMART PLC 与英威腾 GD20 变频器的 Modbus 通信

1. S7-200 SMART PLC 与英威腾 GD20 变频器 Modbus 通信基本参数设置

（1）恢复变频器工厂默认值：设定 P00.08 为 01，按下确定键，开始复位。

（2）设置电动机参数，如表 11-9 所示。

表 11-9　电动机参数设置

参数号	设置值	说明
P00.03	50.00	最大输出频率 设定范围：0.00～630.00Hz
P00.11	2.0	加速时间 1 设定范围：0.0～3600.0s
P00.12	2.0	减速时间 1 设定范围：0.0～3600.0s
P02.04	220	异步电动机额定电压 设定范围：0～1200V

（3）设置变频器的通信参数，如表 11-10 所示。

表 11-10　变频器通信参数设置

变频器参数	设定值	功能说明
P00.01	2	运行指令通道 0：键盘运行指令通道 1：端子运行指令通道 2：通信运行指令通道
P00.06	8	A 频率指令选择 0：键盘数字设定 1：模拟量 AI1 设定（对应键盘模拟电位器） 2：模拟量 AI2 设定（对应端子 AI2） 3：模拟量 AI3 设定（对应端子 AI3） 6：多段速运行设定 8：Modbus 通信设定

续表

变频器参数	设定值	功能说明
P14.00	1	本机通信地址 设定范围：1 ~ 247
P14.01	3	通信波特率设置 0：1200bps 1：2400bps 2：4800bps 3：9600bps 4：19200bps 5：38400bps 6：57600bps
P14.02	1	数据位校验设置 0：无校验（N，8，1）for RTU 1：偶校验（E，8，1）for RTU 2：奇校验（O，8，1）for RTU 3：无校验（N，8，2）for RTU 4：偶校验（E，8，2）for RTU 5：奇校验（O，8，2）for RTU

2. S7–200 SMART PLC 与英威腾 GD20 变频器 Modbus 通信实物接线

英威腾 GD20 变频器通信端口如图 11–8 所示。

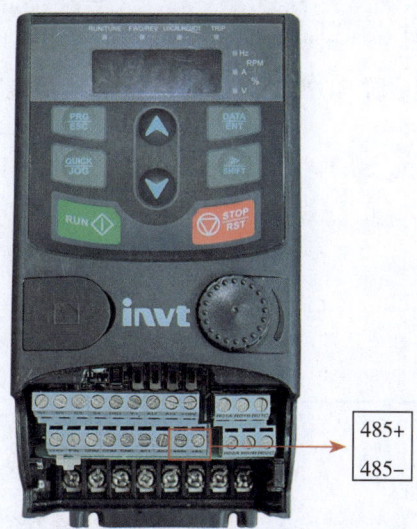

485+

485–

图 11–8 英威腾 GD20 变频器通信端口

英威腾 GD20 变频器与 Modbus 通信有关的端子如表 11–11 所示。通信线的红色芯线应当压入端子 485+，绿色芯线应当连接到端子 485–。

表 11-11　英威腾 GD20 变频器与 Modbus 通信有关的端子

端子号	功能
485–	RS–485 信号 –
485+	RS–485 信号 +

S7-200 SMART PLC 通信端口如表 11-12 所示。

表 11-12　S7-200 SMART PLC 通信端口

端子号	名称	功能
3	+	RS–485 信号 +
8	–	RS–485 信号 –

S7-200 SMART PLC 与英威腾 GD20 变频器 Modbus 通信端口接线如图 11-9 所示。

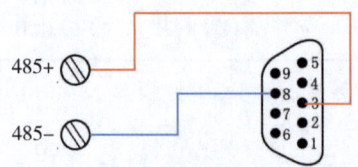

图 11-9　S7-200 SMART PLC 与英威腾 GD20 变频器 Modbus 通信端口接线

S7-200 SMART PLC 与英威腾 GD20 变频器的 Modbus 通信电路工作原理如图 11-10 所示。

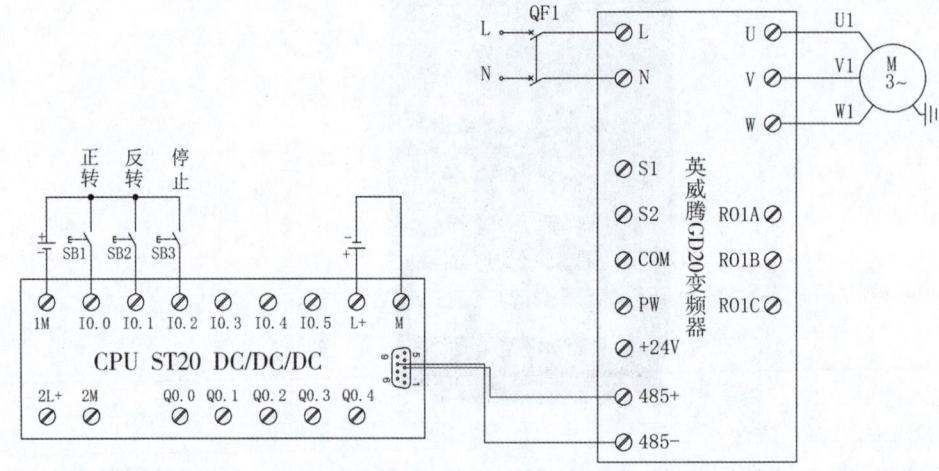

图 11-10　S7-200 SMART PLC 与英威腾 GD20 变频器的 Modbus 通信电路工作原理

S7-200 SMART PLC 与英威腾 GD20 变频器 Modbus 通信电路实物接线如图 11-11 所示。

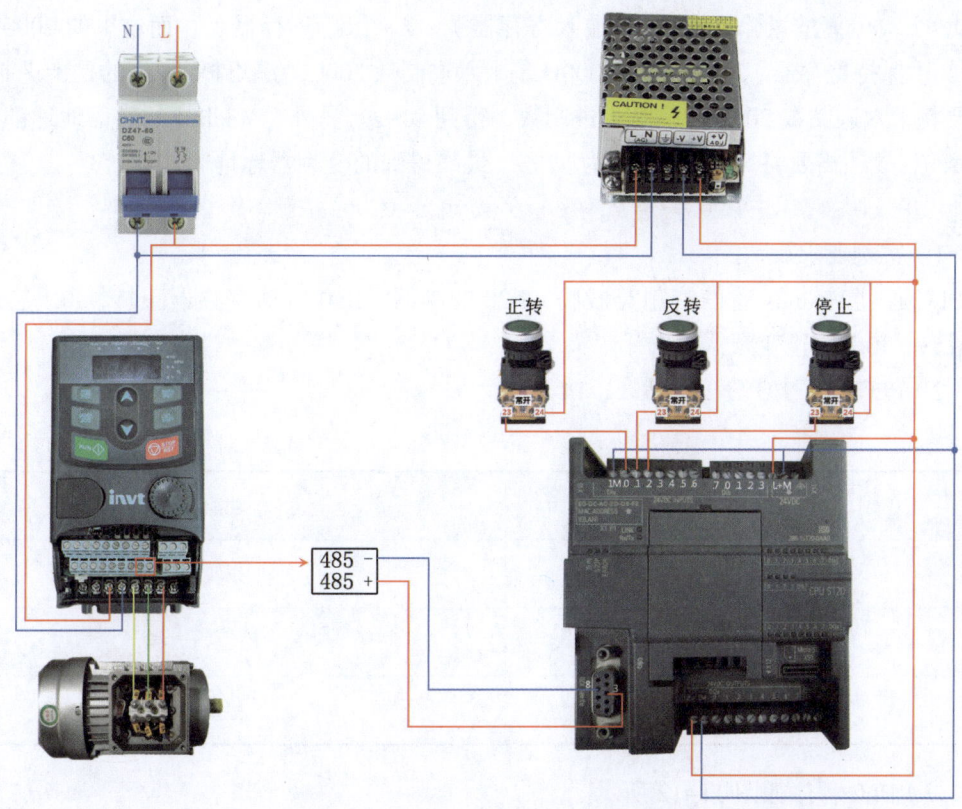

图 11–11　S7–200 SMART PLC 与英威腾 GD20 变频器通信电路实物接线

3. 英威腾 GD20 变频器通信地址

英威腾 GD20 变频器通信地址如表 11–13 所示。

表 11–13　英威腾 GD20 变频器通信地址

功能说明	地址定义	数据意义说明
通信控制命令	2000H	0001H：正转运行 0002H：反转运行 0003H：正转点动 0004H：反转点动 0005H：停机 0006H：自由停机 0007H：故障复位 0008H：点动停止
通信设定值地址	2001H	通信设定频率 [0～Fmax（单位：0.01Hz）]
输出电压	3003H	0～1200V（单位：1V）
输出电流	3004H	0.0～3000.0A（单位：0.1A）

例如，变频器的通信参数地址为 2000H。我们知道 Modbus 的通信功能码是 0（离散

量输出）、1（离散量输入）、3（输入寄存器）、4（保持寄存器）。而这里的 2000H 指的就是 4（保持寄存器），同时这个 2000H 是十六进制数 2000，在软件中输入的是十进制数，故需要将十六进制数 2000 转换为十进制数，得到 8192。另外，Modbus 的通信地址都是从 1 开始的，故还需要将 8192 加上 1 为 8193，最终得到的变频器地址为 "48193"。

4. S7-200 SMART PLC 与英威腾 GD20 变频器 Modbus 通信的 PLC 程序

（1）案例要求。

PLC 通过 Modbus 通信控制英威腾 GD20 变频器。I0.0 启动变频器正转，I0.1 启动变频器反转，I0.2 停止变频器。

（2）PLC 程序 I/O 分配如表 11-14 所示。

表 11-14　I/O 分配表（四）

输入	功能
I0.0	正转
I0.1	反转
I0.2	停止

（3）PLC 程序如图 11-12 所示。

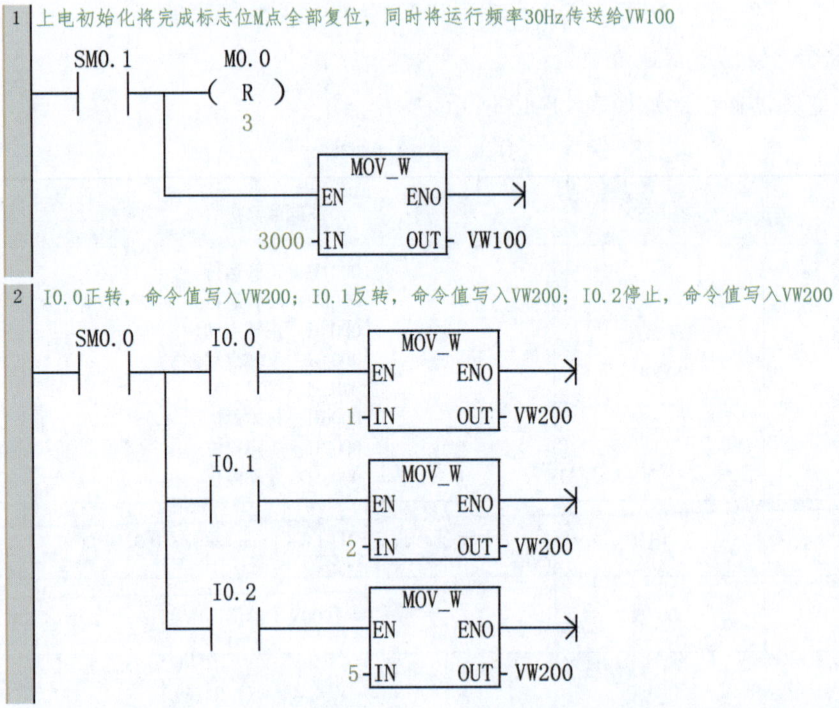

图 11-12　PLC 程序图

3　通信初始化指令，设置通信波特率为9600bps，偶校验，通信端口0，通信超时1000ms

```
       SM0.0              MBUS_CTRL
    ─────┤ ├─────────────┤EN
       SM0.0
    ─────┤ ├─────────────┤
                          │Mode
                  9600 ─┤Baud     Done├─ M0.0
                     2 ─┤Parity  Error├─ VB0
                     0 ─┤Port
                  1000 ─┤Timeout
```

4　SM0.5的上升沿接通写入变频器频率指令，把存储于VW100中的频率值写入变频器

```
       SM0.0              MBUS_MSG
    ─────┤ ├─────────────┤EN
       SM0.5
    ─────┤ ├──────┤ P ├──┤First
                     1 ─┤Slave    Done├─ M0.1
                     1 ─┤RW      Error├─ VB1
                 48194 ─┤Addr
                     1 ─┤Count
                &VB100 ─┤DataPtr
```

5　SM0.5的下降沿接通写入变频器运行指令（正转、反转、停止），把存储于VW200中的运行值写入变频器

```
       SM0.0              MBUS_MSG
    ─────┤ ├─────────────┤EN
       SM0.5
    ─────┤ ├──────┤ N ├──┤First
                     1 ─┤Slave    Done├─ M0.2
                     1 ─┤RW      Error├─ VB2
                 48193 ─┤Addr
                     1 ─┤Count
                &VB200 ─┤DataPtr
```

续图 11-12

第 12 章

三菱 FR-D700 变频器
接线与操作

12.1　三菱 FR-D700 变频器外形

三菱 FR-D700 变频器外形如图 12-1 所示。

12.2　三菱 FR-D700 变频器端子功能与接线

变频器的端子主要有主回路端子和控制回路端子。在使用变频器时，应根据实际需要正确地将有关端子与外部器件（如开关、继电器等）连接好。

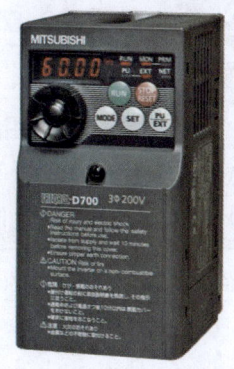

图 12-1　三菱 FR-D700 变频器外形

12.2.1　三菱 FR-D700 变频器接线图

三菱 FR-D700 变频器回路接线如图 12-2 所示。

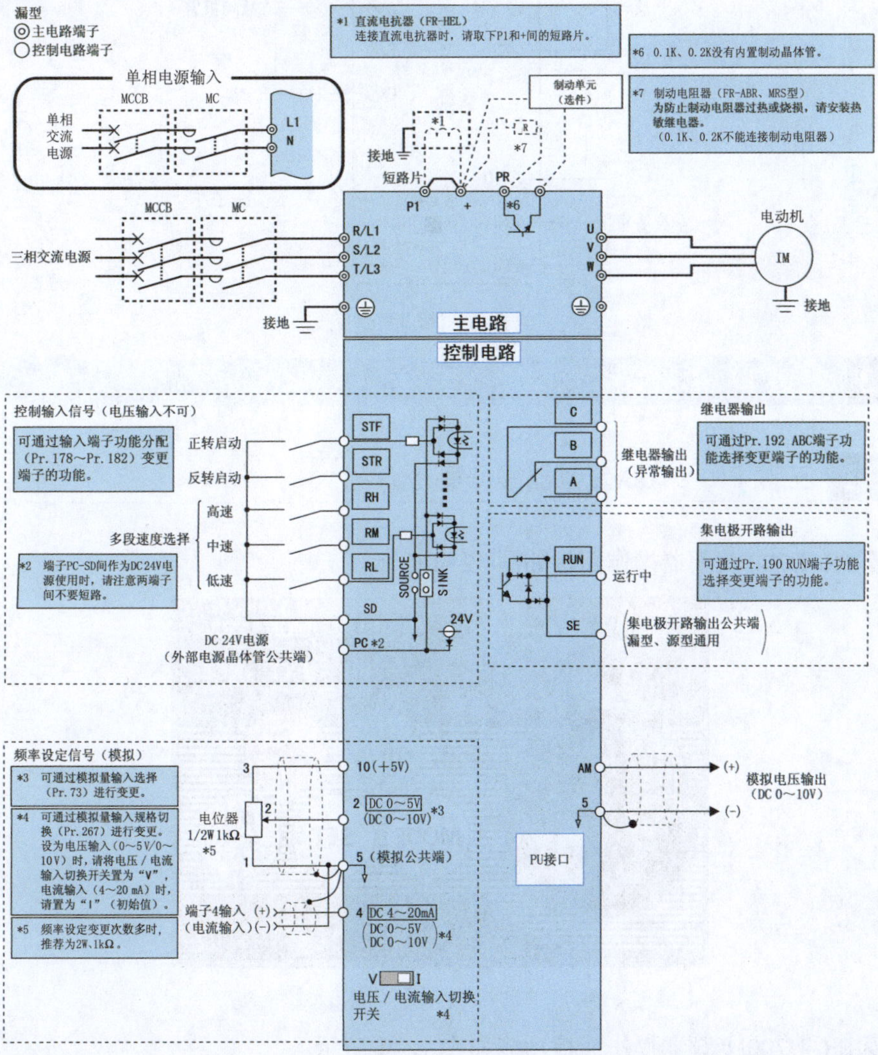

图 12-2　三菱 FR-D700 变频器回路接线

12.2.2 三菱 FR-D700 变频器的接线实例

案例 1

　　某自动化设备选用的三菱 FR-D700 变频器，电源电压为单相 220V 供电，用数字量输入作为启停控制，用数字量输出作为报警信号，报警时点亮一个灯，模拟量输入作为频率给定，要求绘制变频器的控制原理图。

　　解：控制原理图如图 12-3 所示。

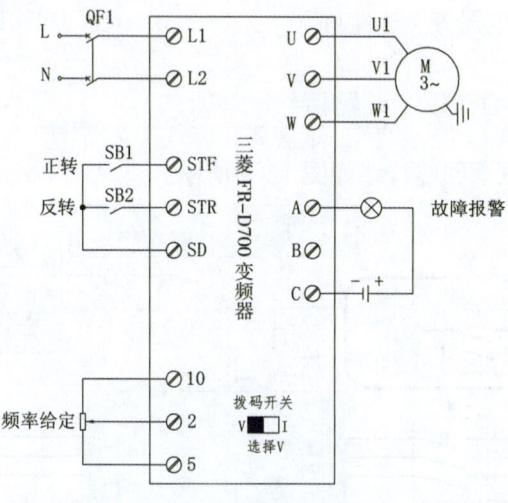

图 12-3　控制原理图

12.3　三菱 FR-D700 变频器操作面板

12.3.1 三菱 FR-D700 变频器操作面板介绍

　　三菱 FR-D700 变频器操作面板如图 12-4 所示。

图 12-4　三菱 FR-D700 变频器操作面板

　　三菱 FR-D700 变频器操作面板功能如表 12-1 所示。

表 12-1　三菱 FR-D700 变频器操作面板功能

序号	名称	说明
1	监视器（4 位，LED）	显示频率、参数编号等
2	单位显示	Hz: 显示频率时亮灯 显示设定频率监视时闪烁 A: 显示电流时亮灯 （显示上述以外的信息时，"Hz" "A" 均熄灯）
3	运行模式显示	PU：PU 运行模式时亮灯 EXT: 外部运行模式时亮灯 NET: 网络运行模式时亮灯 PU、EXT: 外部 /PU 组合运行模式时亮灯
4	运行状态显示	变频器动作中亮灯 / 闪烁 亮灯：正转运行中 缓慢闪烁（1.4s 循环）：反转运行中
5	监视器显示	监视模式时亮灯
6	参数设定模式显示	参数设定模式时灯亮
7	模式切换	用于切换各设定模式
8	各设定的确定	运行中按此键，则监视器显示以下信息： 运行频率 输出电流 输出电压
9	启动指令	通过 Pr.40 的设定，可以选择旋转方向
10	停止运行	停止运转指令 保护功能（严重故障）生效时，也可以进行报警复位
11	运行模式切换	用于切换 PU/ 外部运行模式

12.3.2　三菱 FR-D700 变频器操作面板的使用

　　用三菱 FR-D700 变频器修改参数的方法是先选择参数号，再修改参数值。

　　以下通过将功能码 P.79 从 0 更改设定为 1 的示例来讲解一个参数的设定方法，具体如表 12-2 所示。

表 12-2　参数的设定方法

序号	操作步骤	显示
1	按 MODE 键，进入参数选择画面	P.0
2	调节 ⬤ 旋钮，选择所需要的参数 P.79	P.79
3	按 SET 键，进入参数设置界面，调节 ⬤ 旋钮来修改参数值，设为 1	1
4	按 SET 键，保存设置的参数值	P.79
5	按 MODE 键，进入报警历史界面	E---
6	按 MODE 键，返回频率界面	50.00

12.4　三菱 FR-D700 变频器面板控制

案例 2

　　有一台三菱 FR-D700 变频器，当按下按键 RUN 时，三相异步电动机运行，调节模拟电位器 ⬤ 可以加、减频率。已知电动机的功率为 0.37kW，额定转速为 1400r/min，额定电压为 220V，额定电流为 1.93A，额定频率为 50Hz。请按上述设计方案。

（1）三菱 FR-D700 变频器面板控制原理图如图 12-5 所示 。

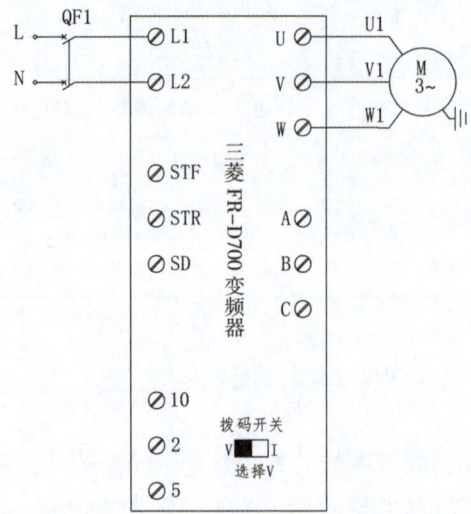

图 12-5　三菱 FR-D700 变频器面板控制原理图

（2）三菱 FR-D700 变频器面板控制参数设置如表 12-3 所示。

表 12-3 三菱 FR-D700 变频器面板控制参数设置

参数码	设定值	功能说明
P.160	0	扩展功能显示选择 9999：只显示简单模式的参数 0：可以显示简单模式和扩展参数
P.1	50.0	上限频率：输出频率的上限 0～120Hz
P.2	0.0	下限频率：输出频率的下限 0～120Hz
P.7	2.0	电动机加速时间：0～3600s
P.8	2.0	电动机减速时间：0～3600s
P.80	0.37	电动机容量 0.1～7.5kW 适用电动机容量 9999：V/F 控制
P.82	1.93	电动机励磁电流：0～500A
P.83	220.0	电动机额定电压：0～1000V
P.84	50.00	电动机额定频率：10～120Hz
P.79	1	运行模式选择 0：外部 /PU 切换模式，通过⑨键可以切换 PU 与外部运行模式 1：固定为 PU 运行模式 2：固定为外部运行模式，可以在外部、网络运行模式间切换运行 3：外部 /PU 组合运行模 1

（3）工作原理。

当按下按键 (RUN) 时，三相异步电动机开始运行。

当按下按键 (STOP RESET) 时，三相异步电动机停止运行。

调节频率设定旋钮 ● 可以加、减频率。

第 13 章
三菱 FR-D700 变频器的常用外围电路

13.1　三菱 FR-D700 变频器控制电动机正反转

13.1.1　开关控制三菱 FR-D700 变频器正反转 《

案例 1

　　有一台三菱 FR-D700 变频器：当接通按钮 SA1 时，三相异步电动机正转；当接通按钮 SA2 时，三相异步电动机反转。已知电动机的功率为 0.37kW，额定转速为 1400r/ min，额定电压为 220V，额定电流为 1.93A，额定频率为 50Hz。请按上述设计方案。

　　（1）开关控制三菱 FR-D700 变频器正反转原理图如图 13-1 所示 。

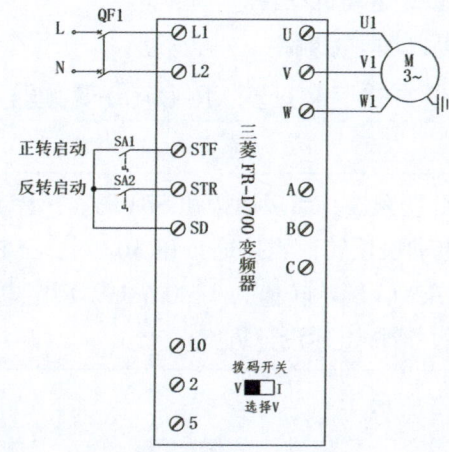

图 13-1　开关控制三菱 FR-D700 变频器正反转原理图

　　（2）三菱 FR-D700 变频器控制电动机正反转参数设置如表 13-1 所示。

表 13-1　三菱 FR-D700 变频器控制电动机正反转参数设置

参数码	设定值	功能说明	
P.160	0	扩展功能显示选择 9999：只显示简单模式的参数 0：可以显示简单模式的参数和扩展参数	
P.79	3	运行模式选择 0：外部 /PU 切换模式，通过 键可以切换 PU 与外部运行模式 1：固定为 PU 运行模式 2：固定为外部运行模式，可以在外部、网络运行模式间切换运行 3：外部 /PU 组合运行模式 1	
		频率指令	启动指令
		通过操作面板设定或外部信号输入 外部信号输入（多段速设定，端子 4、5)	外部信号输入（端子 STF、STR）

续表

参数码	设定值	功能说明	
P.178	60	STF 端子功能选择	60：STF（正转指令）
P.179	61	STR 端子功能选择	61：STR（反转指令）
P.180	0	RL 端子功能选择	0：RL（低速运行指令）
P.181	1	RM 端子功能选择	1：RM（中速运行指令）
P.182	2	RH 端子功能选择	2：RH（高速运行指令）

（3）工作原理。

当接通按钮 SA1 时，STF 端子与变频器的 SD 连接，电动机正转。当接通按钮 SA2 时，STR 端子与变频器的 SD 连接，电动机反转。

调节频率设定旋钮 ◉ 可以加、减频率。

13.1.2　PLC 以开关量方式控制三菱 FR-D700 变频器正反转

案例 2

> 有一台三菱 FR-D700 变频器：当接通按钮 SB1 时，三相异步电动机正转；当接通按钮 SB2 时，三相异步电动机反转；当接通按钮 SB3 时，三相异步电动机停止运行。已知电动机的功率为 0.37kW，额定转速为 1400r/min，额定电压为 220V，额定电流为 1.93A，额定频率为 50Hz。请按上述设计方案。

（1）I/O 分配如表 13-2 所示。

表 13-2　I/O 分配表（一）

输入		输出	
I0.0	正转启动	Q0.0	正转
I0.1	反转启动	Q0.1	反转
I0.2	停止运行		

（2）PLC 以开关量方式控制三菱 FR-D700 变频器正反转原理图如图 13-2 所示。

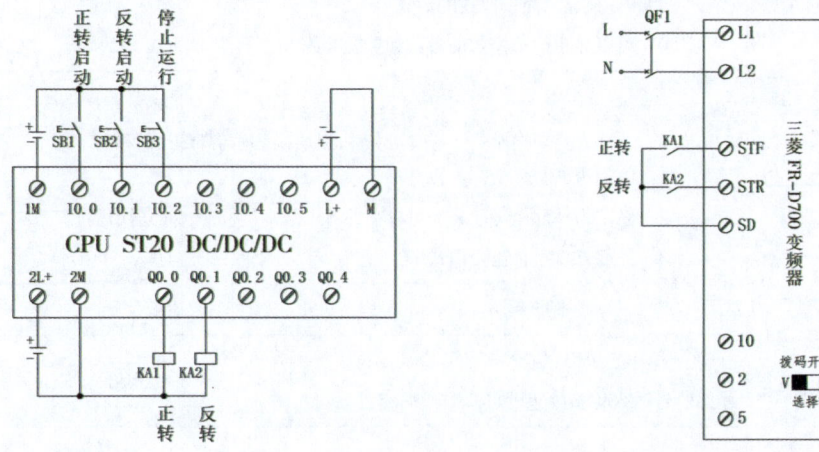

图 13-2　PLC 以开关量方式控制三菱 FR-D700 变频器正反转原理图

（3）三菱 FR-D700 变频器控制电动机正反转参数设置参考 13.1.1 节。

（4）编写程序。

梯形图程序参考 7.2.2 节程序。

13.2　三菱 FR-D700 变频器多段速控制

13.2.1　开关控制三菱 FR-D700 变频器多段速

案例 3

　　有一台三菱 FR-D700 变频器：当接通按钮 SA1 和 SA3 时，三相异步电动机以 10Hz 的频率正转；当接通按钮 SA1 和 SA4 时，三相异步电动机以 25Hz 的频率正转；当接通按钮 SA1 和 SA5 时，三相异步电动机以 50Hz 的频率正转；当接通按钮 SA2 和 SA3 时，三相异步电动机以 10Hz 的频率反转；当接通按钮 SA2 和 SA4 时，三相异步电动机以 25Hz 的频率反转；当接通按钮 SA2 和 SA5 时，三相异步电动机以 50Hz 的频率反转。已知电动机的功率为 0.37kW，额定转速为 1400r/min，额定电压为 220V，额定电流为 1.93A，额定频率为 50Hz。请按上述设计方案。

（1）三菱 FR-D700 变频器电动机多段速控制原理图如图 13-3 所示。

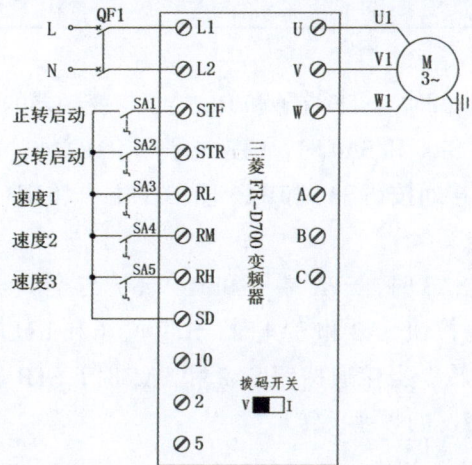

图 13-3　三菱 FR-D700 变频器电动机多段速控制原理图

（2）三菱 FR-D700 变频器电动机多段速控制参数设置如表 13-3 所示。

表 13-3　三菱 FR-D700 变频器电动机多段速控制参数设置

参数码	设定值	功能说明
P.160	0	扩展功能显示选择 9999：只显示简单模式的参数 0：可以显示简单模式的参数和扩展参数

续表

参数码	设定值	功能说明	
P.79	3	运行模式选择 0：外部 /PU 切换模式，通过 键可以切换 PU 与外部运行模式 1：固定为 PU 运行模式 2：固定为外部运行模式，可以在外部、网络运行模式间切换运行 3：外部 /PU 组合运行模式 1	
		频率指令	启动指令
		通过操作面板设定或外部信号输入 外部信号输入（多段速设定，端子 4、5）	外部信号输入（端子 STF、STR）
P.178	60	STF 端子功能选择	60：STF（正转指令） 61：STR（反转指令） 0：RL（低速运行指令） 1：RM（中速运行指令） 2：RH（高速运行指令）
P.179	61	STR 端子功能选择	
P.180	0	RL 端子功能选择	
P.181	1	RM 端子功能选择	
P.182	2	RH 端子功能选择	
P.4	50.00	多段速设定（高速）：0～400Hz	
P.5	25.00	多段速设定（中速）：0～400Hz	
P.6	10.00	多段速设定（低速）：0～400Hz	

（3）工作原理。

当接通按钮 SA1 和 SA3 时，STF 端子和 RL 端子与变频器的 SD 连接，电动机以 10Hz 的频率正转。当接通按钮 SA1 和 SA4 时，STF 端子和 RM 端子与变频器的 SD 连接，电动机以 25Hz 的频率正转。当接通按钮 SA1 和 SA5 时，STF 端子和 RH 端子与变频器的 SD 连接，电动机以 50Hz 的频率正转。

当接通按钮 SA2 和 SA3 时，STR 端子和 RL 端子与变频器的 SD 连接，电动机以 10Hz 的频率反转。当接通按钮 SA2 和 SA4 时，STR 端子和 RM 端子与变频器的 SD 连接，电动机以 25Hz 的频率反转。当接通按钮 SA2 和 SA5 时，STR 端子和 RH 端子与变频器的 SD 连接，电动机以 50Hz 的频率反转。

13.2.2 PLC 以开关量方式控制三菱 FR-D700 变频器多段速

案例 4

有一台三菱 FR-D700 变频器：当接通按钮 SB1 时，三相异步电动机正转；当接通按钮 SB2 时，三相异步电动机反转；当接通按钮 SB4 时，三相异步电动机以 10Hz 的频率运行；当接通按钮 SB5 时，三相异步电动机以 25Hz 的频率运行；当接通按钮 SB6 时，三相异步电动机以 50Hz 的频率运行。已知电动机的功率为 0.37kW，额定转速为 1400r/min，额定电压为 220V，额定电流为 1.93A，额定频率为 50Hz。请按上述设计方案。

（1）I/O 分配如表 13-4 所示。

表 13-4　I/O 分配表（二）

输入		输出	
I0.0	正转启动	Q0.0	正转
I0.1	反转启动	Q0.1	反转
I0.2	停止运行	Q0.2	速度 1
I0.3	速度 1 设置	Q0.3	速度 2
I0.4	速度 2 设置	Q0.4	速度 3
I0.5	速度 3 设置		

（2）PLC 以开关量方式控制三菱 FR-D700 变频器多段速原理图如图 13-4 所示。

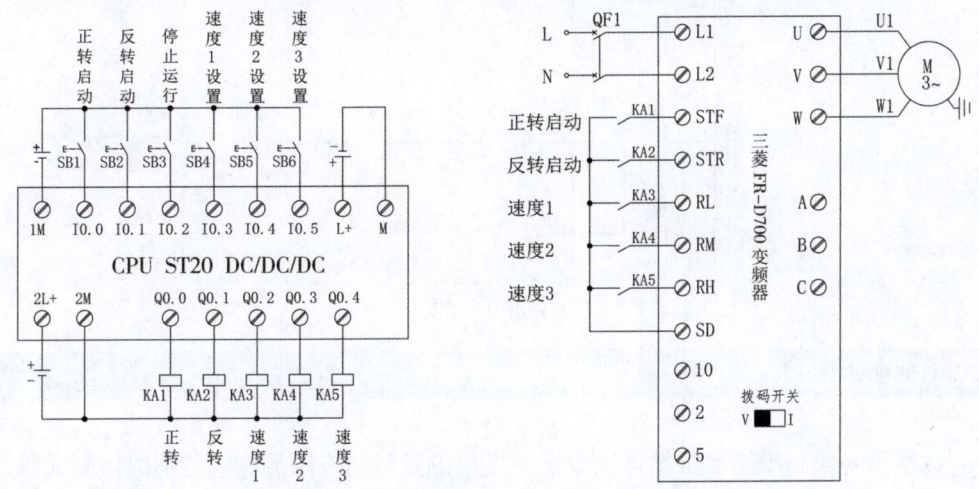

图 13-4　PLC 以开关量方式控制三菱 FR-D700 变频器多段速原理图

（3）三菱 FR-D700 变频器多段速控制参数设置参考 13.2.1 节。

（4）编写程序。

梯形图程序如图 13-5 所示。

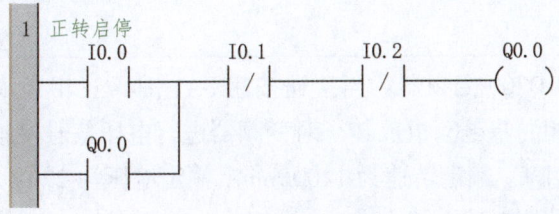

图 13-5　梯形图程序

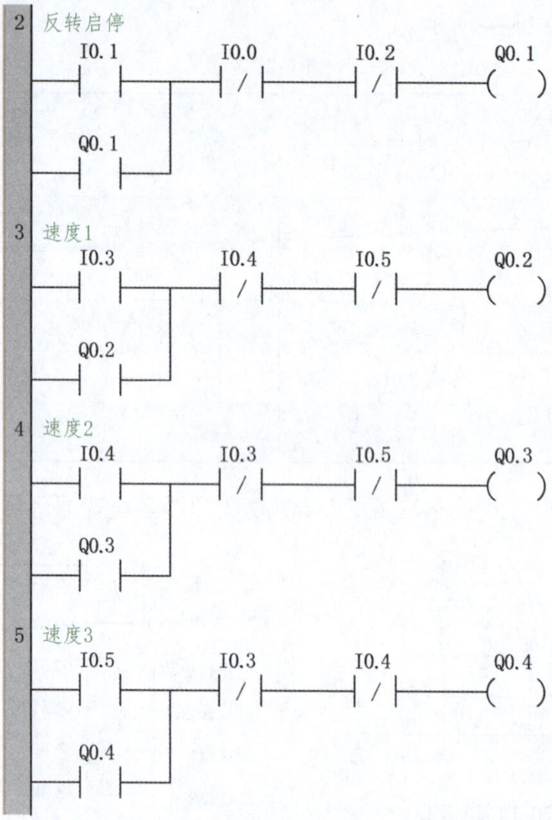

续图 13-5

13.3　三菱 FR-D700 变频器模拟量输入给定

数字量多段频率给定虽然可以设定速度段的数量是有限的，但是不能做到无级调速，而外部模拟量输入可以做到无级调速，也容易实现自动控制，而且模拟量可以是电压信号或者电流信号，使用比较灵活，因此应用较广。以下介绍模拟量信号频率给定。

13.3.1　电位器控制三菱 FR-D700 变频器模拟量输入给定

案例 5

有一台三菱 FR-D700 变频器：当接通按钮 SA1 时，三相异步电动机正转；当接通按钮 SA2 时，三相异步电动机反转。对变频器进行电压信号模拟量频率给定。已知电动机的功率为 0.37kW，额定转速为 1400r/min，额定电压为 220V，额定电流为 1.93A，额定频率为 50Hz。请按上述设计方案。

（1）三菱 FR-D700 变频器模拟量输入给定原理图如图 13-6 所示。

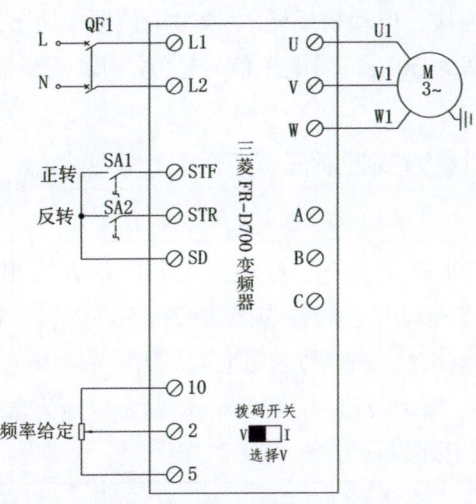

图 13-6　三菱 FR-D700 变频器模拟量输入给定原理图

（2）三菱 FR-D700 变频器模拟量输入给定参数设置如表 13-5 所示。

表 13-5　三菱 FR-D700 变频器模拟量输入给定参数设置

参数码	设定值	功能说明		
P.160	0	扩展功能显示选择 9999: 只显示简单模式的参数 0: 可以显示简单模式的参数和扩展参数		
P.79	2	运行模式选择 0：外部 /PU 切换模式，通过 键可以切换 PU 与外部运行模式 1：固定为 PU 运行模式 2：固定为外部运行模式，可以在外部、网络运行模式间切换运行 3：外部 /PU 组合运行模式 1		
		频率指令		启动指令
		通过操作面板设定或外部信号输入 外部信号输入（多段速设定，端子 4、5）		外部信号输入（端子 STF、STR）
P.178	60	STF 端子功能选择		60：STF（正转指令）
P.179	61	STR 端子功能选择		61：STR（反转指令） 0：RL（低速运行指令） 1：RM（中速运行指令） 2：RH（高速运行指令）
P.73	1	模拟量输入选择 0：端子 2 输入 0 ~ 10V 1：端子 2 输入 0 ~ 5V		
P.125	50.00	最大电压对应的频率 0 ~ 400Hz		

（3）工作原理。

当接通按钮 SA1 时，STF 端子与变频器的 SD 连接，电动机正转。当接通按钮 SA2 时，

STR 端子与变频器的 SD 连接，电动机反转。通过电位器来调节变频器的频率，当电压信号是 5V 时，变频器的频率为 50Hz，当电压信号是 0V 时，变频器的频率为 0Hz。

13.3.2 PLC 以模拟量方式控制三菱 FR-D700 变频器

案例 6

有一台三菱 FR-D700 变频器：当接通按钮 SB1 时，三相异步电动机正转；当接通按钮 SB2 时，三相异步电动机反转；当接通按钮 SB3 时，三相异步电动机停止运行。对变频器进行电压信号模拟量频率给定，通过触摸屏关联 PLC 地址来修改频率。已知电动机的功率为 0.37kW，额定转速为 1400r/min，额定电压为 220V，额定电流为 1.93A，额定频率为 50Hz。请按上述设计方案。

（1）I/O 分配如表 13-6 所示。

表 13-6　I/O 分配表（三）

输入		输出	
I0.0	正转启动	Q0.0	正转
I0.1	反转启动	Q0.1	反转
I0.2	停止运行		

（2）PLC 以模拟量方式控制三菱 FR-D700 变频器原理图如图 13-7 所示。

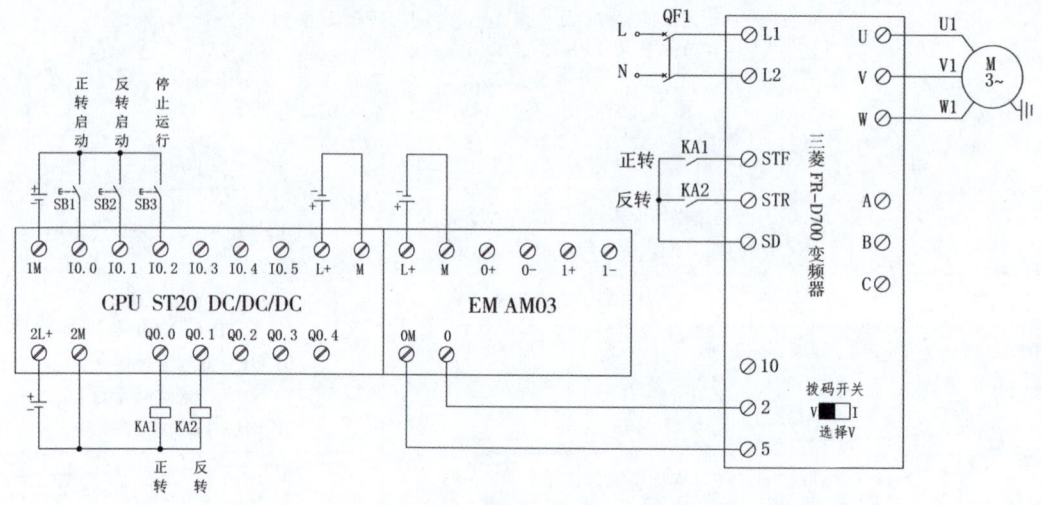

图 13-7　PLC 以模拟量方式控制三菱 FR-D700 变频器原理图

（3）三菱 FR-D700 变频器模拟量输入给定参数设置参考 13.3.1 节。

注意：将参数 P.73 的设定值改为 0。

（4）编写程序。

梯形图程序参考 7.4.2 节。

13.4　三菱 FR-D700 变频器工频与变频切换功能

工频与变频切换是指将工频下运行的电动机（电动机接 50Hz 电源）通过旋转开关切换到变频器控制运行，或相反的切换。工频与变频切换的应用场合主要有：

（1）投入运行后就不允许停机的设备。变频器一旦出现跳闸停机，应马上将电动机切换到工频运行。

（2）变频器是通过轻负载降压来实现节能的。如果变频器达到满载输出，则也应将变频器切换到工频运行。

继电器控制的切换电路如图 13-8 所示。

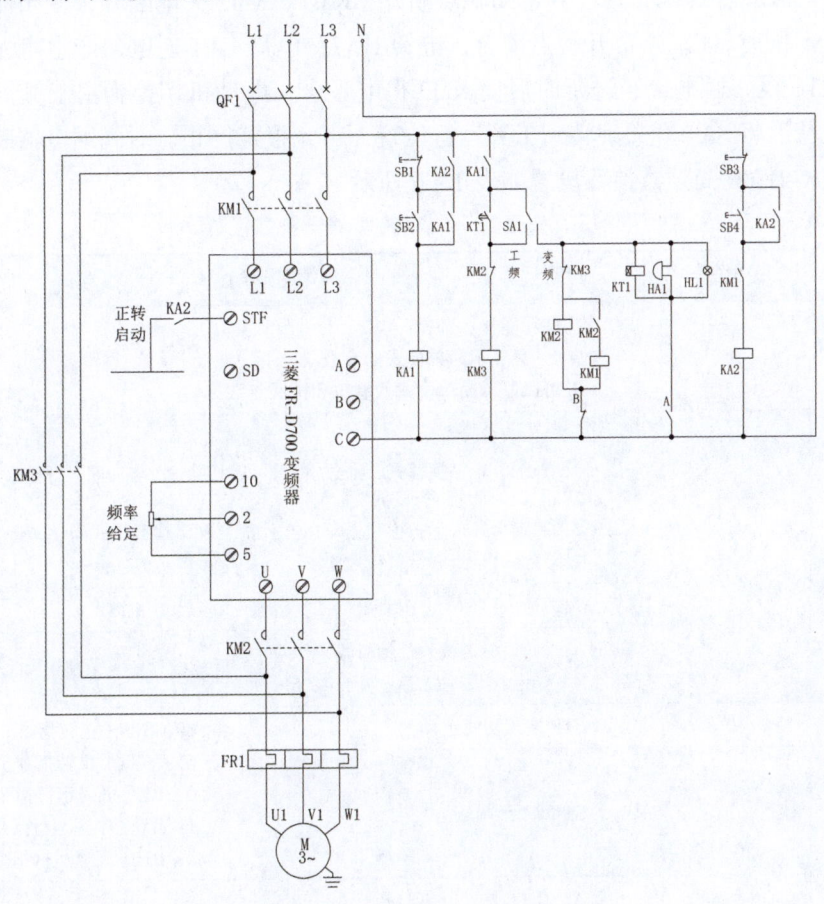

图 13-8　继电器控制的切换电路

切换控制电路的工作过程分析如下。

（1）工频运行。

SB1 为断电按钮，SB2 为通电按钮，KA1 为上电控制继电器，当按下 SB2 按钮时，KA1 线圈得电自锁，KA1 常开触点闭合。SA1 为变频与工频切换旋转开关，KM3 为工频运行接触器。当 KA1 常开触点闭合时，SA1 切到工频位置，KM3 线圈得电，KM3 吸合，电动机由工频供电。

（2）变频运行。

SB3 为变频器停止按钮，SB4 为变频器启动按钮，KM1、KM2 为变频运行接触器。当 KA1 常开触点闭合时，SA1 切到变频位置，KM3 线圈断电，KM3 的主触点断开，KM1、KM2 得电吸合，电动机由变频器控制。按下 SB4 按钮，KA2 得电吸合，变频器控制电动机启动。

（3）故障保护及切换。

① 当变频器正常工作时，变频器的 C、B 常闭触点闭合，C、A 常开触点断开，报警电路不工作。

② 变频器出现故障时，C、B 常闭触点断开，KM1、KM2 失电断开，变频器与电源及电动机断开。同时，C、A 常开触点闭合，电铃 HA1、电灯 HL1 通电，产生声光报警。时间继电器 KT1 线圈通电，经过延时后使 KM3 得电吸合，电动机切换为由工频供电。操作人员发现报警后将 SA1 开关旋转到工频运行位置，声光报警停止，时间继电器断电。

三菱 FR-D700 变频器参数设置如表 13-7 所示。

表 13-7　三菱 FR-D700 变频器参数设置

参数码	设定值	功能说明		
P.160	0	扩展功能显示选择 9999：只显示简单模式的参数 0：可以显示简单模式的参数和扩展参数		
P.79	3	运行模式选择 0：外部/PU 切换模式，通过(PU)键可以切换 PU 与外部运行模式 1：固定为 PU 运行模式 2：固定为外部运行模式，可以在外部、网络运行模式间切换运行 3：外部/PU 组合运行模式 1		
		频率指令		启动指令
		通过操作面板设定或外部信号输入 外部信号输入（多段速设定，端子 4、5)		外部信号输入（端子 STF、STR）
P.178	60	STF 端子功能选择		60：STF（正转指令）
P.179	61	STR 端子功能选择		61：STR（反转指令） 0：RL（低速运行指令） 1：RM（中速运行指令） 2：RH（高速运行指令）
P.192	99	A、B、C 端子功能选择 0：RUN 变频器运行中 3：OL 过载报警 99：ALM 异常输出		

13.5　S7-200 SMART PLC 与三菱 FR-D700 变频器的 Modbus 通信

1. S7-200 SMART PLC 与三菱 FR-D700 变频器 Modbus 通信基本参数设置

（1）恢复变频器出厂值：设定 Pr.CL 和 ALLC 为 1，按下 SET 键，开始复位。

（2）设置变频器的通信参数，如表 13-8 所示。

表 13-8　变频器通信参数

参数码	设定值	功能说明	
P.160	0	扩展功能显示选择 9999: 只显示简单模式的参数 0: 可以显示简单模式的参数和扩展参数	
P.79	0	运行模式选择 0:外部 /PU 切换模式，通过 PU 键可以切换 PU 与外部运行模式 1:固定为 PU 运行模式 2:固定为外部运行模式，可以在外部、网络运行模式间切换运行 3：外部 /PU 组合运行模式 1	
		频率指令	启动指令
		通过操作面板设定或外部信号输入 外部信号输入（多段速设定，端子 4、5）	外部信号输入 （端子 STF、STR）
P.117	1	变频器站号指定：0 ~ 31 一台控制器连接多台变频器时要设定变频器的站号	
P.118	96	通信速率：48、96、192、384 设定值乘 100 即为通信速率 例如，设定为 96 时，通信速率为 9600bps	
P.119	0	PU 通信停止位长 0: 停止位 1 位，数据位 8 位 1: 停止位 2 位，数据位 8 位 10: 停止位 1 位，数据位 7 位 11: 停止位 2 位，数据位 7 位	
P.120	2	PU 通信奇偶校验 0: 无奇偶校验 1: 奇校验 2: 偶校验	
P.124	0	PU 通信有无 CR/LF 选择 0: 无 CR、LF 1: 有 CR 2: 有 CR、LF	
P.340	1	通信启动模式选择 0: 取决于 Pr.79 的设定网络运行模式 1: 网络运行模式 10: 可通过操作面板切换 PU 运行模式与网络运行模式	
P.549	1	协议选择 0: 三菱变频器 (计算机连接) 协议 1: Modbus-RTU 协议	

2. S7-200 SMART PLC 与三菱 FR-D700 变频器 Modbus 通信实物接线

三菱 FR-D700 变频器通信端口如图 13-9 所示。

变频器本体
（插座侧）
从正面看
⑧～①

图 13-9　三菱 FR-D700 变频器通信端口示意图

PU 接口插针排列如表 13-9 所示。

表 13-9　PU 接口插针排列

插针编号	名称	功能
1	SG	接地（与端子 5 导通）
2	—	参数单元电源
3	RDA	变频器接收 +
4	SDB	变频器发送 −
5	SDA	变频器发送 +
6	RDB	变频器接收 −
7	SG	接地（与端子 5 导通）
8	—	参数单元电源

S7-200 SMART PLC 与三菱 FR-D700 变频器的 Modbus 通信电路工作原理如图 13-10 所示。

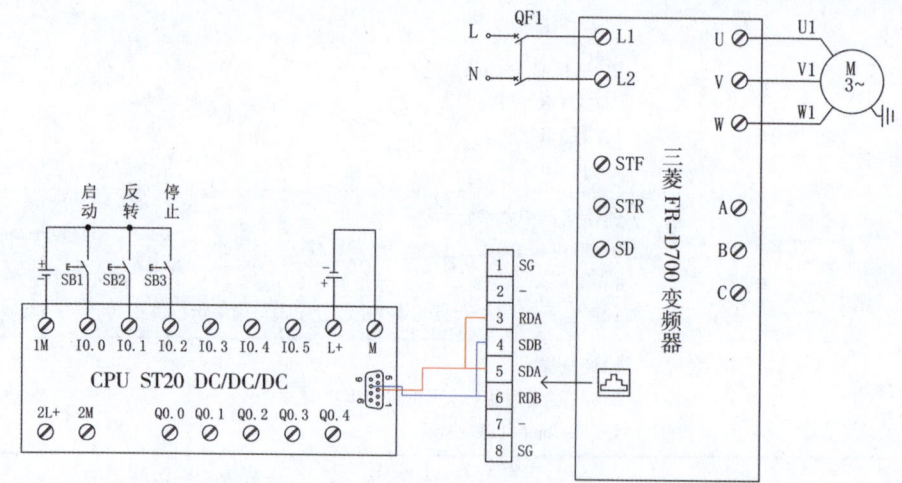

图 13-10　S7-200 SMART PLC 与三菱 FR-D700 变频器的 Modbus 通信电路工作原理

S7-200 SMART PLC 与三菱 FR-D700 变频器的 Modbus 通信电路实物接线如图 13-11 所示。

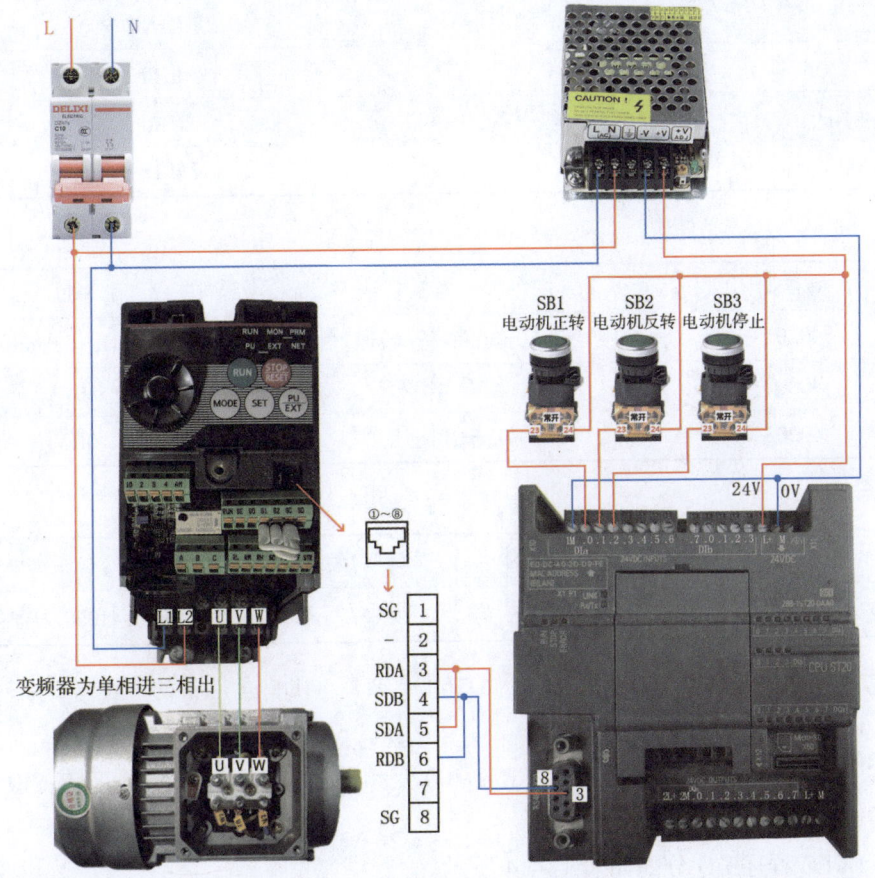

图 13-11　S7-200 SMART PLC 与三菱 FR-D700 变频器的 Modbus 通信电路实物接线

3. 三菱 FR-D700 变频器通信地址

三菱 FR-D700 变频器 Modbus 寄存器（部分）如表 13-10 所示，变频器控制输入命令如表 13-11 所示，实时监视器如表 13-12 所示，参数如表 13-13 所示。

表 13-10　变频器 Modbus 寄存器（部分）

寄存器	定义	读取 / 写入	备注
40002	变频器复位	写入	写入值可任意设置
40003	参数清除	写入	写入值请设定为 H965A
40004	参数全部清除	写入	写入值请设定为 H99AA
40009	变频器状态	读取 / 写入	参照表 13-12
40010	运行模式	读取 / 写入	—
40014	运行频率（RAM 值）	读取 / 写入	—

表 13-11　变频器控制输入命令

Bit	定义
	控制输入命令
0	停止指令
1	正转指令
2	反转指令

表 13-12　实时监视器

寄存器	内容	单位
40201	输出频率 / 转速	0.01Hz/（r/min）
40202	输出电流	0.01A
40203	输出电压	0.1V

表 13-13　参数

参数	寄存器	参数名称	读取 / 写入	备注
0～999	41000～41999	参照参数一览	读取 / 写入	参数编号 +41000 为寄存器编号

4. S7-200 SMART PLC 与三菱 FR-D700 变频器 Modbus 通信的 PLC 程序

（1）案例要求。

PLC 通过 Modbus 通信控制三菱 FR-D700 变频器。I0.0 启动变频器正转，I0.1 启动变频器反转，I0.2 停止变频器。

（2）PLC 程序 I/O 分配如表 13-14 所示。

表 13-14　I/O 分配表（四）

输入	功能
I0.0	正转
I0.1	反转
I0.2	停止

（3）PLC 程序如图 13-12 所示。

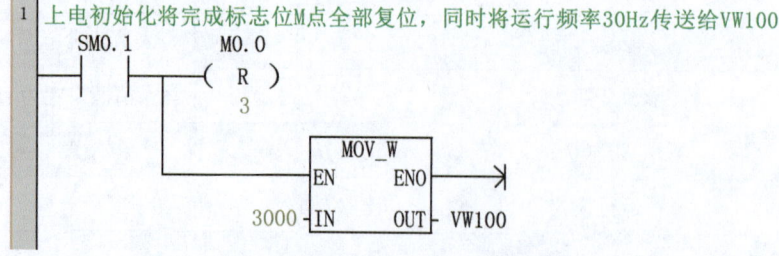

图 13-12　PLC 程序图

2 I0.0正转，命令值写入VW200；I0.1反转，命令值写入VW200；I0.2停止，
命令值写入VW200

```
  SM0.0      I0.0              MOV_W
  ──┤├────┬──┤├──────────┤EN    ENO├────────┤
          │                │            │
          │          2#10 ─┤IN    OUT├─ VW200
          │
          │     I0.1              MOV_W
          ├──┤├──────────┤EN    ENO├────────┤
          │                │            │
          │         2#100 ─┤IN    OUT├─ VW200
          │
          │     I0.2              MOV_W
          └──┤├──────────┤EN    ENO├────────┤
                           │            │
                     2#1 ─┤IN    OUT├─ VW200
```

3 通信初始化指令，设置通信波特率为9600bps，偶校验，通信端口0，通信超时1000ms

```
  SM0.0                 MBUS_CTRL
  ──┤├──────────────────┤EN
                        │
  SM0.0                 │
  ──┤├──────────────────┤Mode
                        │
                 9600 ─┤Baud    Done├─ M0.0
                    2 ─┤Parity Error├─ VB0
                    0 ─┤Port
                 1000 ─┤Timeout
```

4 SM0.5的上升沿接通写入变频器运行指令（正转、反转、停止），把存储于VW200中的运行值写入变频器

```
  SM0.0                 MBUS_MSG
  ──┤├──────────────────┤EN
                        │
  SM0.5                 │
  ──┤├──┤P├─────────────┤First
                        │
                    1 ─┤Slave   Done├─ M0.1
                    1 ─┤RW     Error├─ VB1
                40009 ─┤Addr
                    1 ─┤Count
               &VB200 ─┤DataPtr
```

5 SM0.5的下降沿接通写入变频器频率指令，把存储于VW100中的频率值写入变频器

```
  SM0.0                 MBUS_MSG
  ──┤├──────────────────┤EN
                        │
  SM0.5                 │
  ──┤├──┤N├─────────────┤First
                        │
                    1 ─┤Slave   Done├─ M0.2
                    1 ─┤RW     Error├─ VB2
                40014 ─┤Addr
                    1 ─┤Count
               &VB100 ─┤DataPtr
```

续图 13-12

参 考 文 献

[1] 王延才. 变频器原理及应用 [M]. 3 版. 北京：机械工业出版社，2017.

[2] 李方园. 变频器控制技术 [M]. 北京：电子工业出版社，2010.

[3] 徐海，施利春. 变频器原理及应用 [M]. 北京：清华大学出版社，2010.